シリーズ 情報科学における確率モデル **6**
Series on Stochastic Models in Informatics and Data Science

確率システムにおける制御理論

向谷 博明【著】

コロナ社

**シリーズ 情報科学における確率モデル
編集委員会**

編集委員長

博士（工学） 土肥　　正 （広島大学）

編 集 委 員

博士（工学） 栗田多喜夫 （広島大学）

博士（工学） 岡村　寛之 （広島大学）

2018 年 10 月現在

刊行のことば

われわれを取り巻く環境は，多くの場合，確定的というよりもむしろ不確実性にさらされており，自然科学，人文・社会科学，工学のあらゆる領域において不確実な現象を定量的に取り扱う必然性が生じる。「確率モデル」とは不確実な現象を数理的に記述する手段であり，古くから多くの領域において独自のモデルが考案されてきた経緯がある。情報化社会の成熟期である現在，幅広い裾野をもつ情報科学における多様な分野においてさえも，不確実性下での現象を数理的に記述し，データに基づいた定量的分析を行う必要性が増している。

一言で「確率モデル」といっても，その本質的な意味や粒度は各個別領域ごとに異なっている。統計物理学や数理生物学で現れる確率モデルでは，物理的な現象や実験的観測結果を数理的に記述する過程において不確実性を考慮し，さまざまな現象を説明するための描写をより精緻化することを目指している。一方，統計学やデータサイエンスの文脈で出現する確率モデルは，データ分析技術における数理的な仮定や確率分布関数そのものを表すことが多い。社会科学や工学の領域では，あらかじめモデルの抽象度を規定したうえで，人工物としてのシステムやそれによって派生する複雑な現象をモデルによって表現し，モデルの制御や評価を通じて現実に役立つ知見を導くことが目的となる。

昨今注目を集めている，ビッグデータ解析や人工知能開発の核となる機械学習の分野においても，確率モデルの重要性は十分に認識されていることは周知の通りである。一見して，機械学習技術は，深層学習，強化学習，サポートベクターマシンといったアルゴリズムの違いに基づいた縦串の分類と，自然言語処理，音声・画像認識，ロボット制御などの応用領域の違いによる横串の分類によって特徴づけられる。しかしながら，現実の問題を「モデリング」するためには経験とセンスが必要であるため，既存の手法やアルゴリズムをそのまま

適用するだけでは不十分であることが多い．

本シリーズでは，情報科学分野で必要とされる確率・統計技法に焦点を当て，個別分野ごとに発展してきた確率モデルに関する理論的成果をオムニバス形式で俯瞰することを目指す．各分野固有の理論的な背景を深く理解しながらも，理論展開の主役はあくまでモデリングとアルゴリズムであり，確率論，統計学，最適化理論，学習理論がコア技術に相当する．このように「確率モデル」にスポットライトを当てながら，情報科学の広範な領域を深く概観するシリーズは多く見当たらず，データサイエンス，情報工学，オペレーションズ・リサーチなどの各領域に点在していた成果をモデリングの観点からあらためて整理した内容となっている．

本シリーズを構成する各書目は，おのおのの分野の第一線で活躍する研究者に執筆をお願いしており，初学者を対象とした教科書というよりも，各分野の体系を網羅的に著した専門書の色彩が強い．よって，基本的な数理的技法をマスターしたうえで，各分野における研究の最先端に上り詰めようとする意欲のある研究者や大学院生を読者として想定している．本シリーズの中に，読者の皆さんのアイデアやイマジネーションを掻き立てるような座右の書が含まれていたならば，編者にとっては存外の喜びである．

2018 年 11 月

編集委員長　土肥　正

まえがき

 自然システムにおける物理現象を数学の表記法に従って記述する場合，常微分方程式が利用される。場合によっては，化学プロセスのように，時間と空間によって現在の状態を記述するときには，偏微分方程式が利用される。これらの数理モデルは，ハミルトンの原理「始点と終点の二つの定点を運動する経路は，ラグランジアン，すなわち運動エネルギーとポテンシャルエネルギーの差の時間積分の最小値」として与えられる。実際，解析力学で見られるこの結果を利用して，マニピュレータなどの運動方程式が得られることはよく知られている。あるいは，数理モデルが具体的に得られない場合，統計的手法を基盤としたシステム同定によって，次数とパラメータが決定される。近年では，コンピュータおよびインターネットの発達に伴って，ビッグデータの採取や大規模計算が容易にかつ高速に行われるようになり，複雑な数理モデルを求めることが容易となった。その結果，プロトタイプを作る前に，シミュレーションを行うことによって，ものづくりの期間短縮に貢献していることは周知の事実である。

 数学を基盤としたシステム理論の始まりとして，常微分方程式によって支配される確定システムにおけるラウス・フルビッツやナイキストの安定判別に代表される1950年代に現れた古典制御理論が挙げられる。その後，比例・積分・微分の三つのパラメータを操作することによって制御則を決定するPID制御が確立された。PID制御に至っては，現在でもその不動の地位を保っており，ありとあらゆる電気・機械・プロセスシステムで利用されている。1960年代には，旧ソ連の有人月旅行計画や，アメリカのアポロ計画にみられるように，宇宙船の制御にシステム理論は多大な貢献をなした。具体的には，最大原理を応用した最短時間制御，あるいは，カルマンの提案した状態空間法に基づく時間領域の二次形式評価関数を最小にする最適レギュレータ問題が盛んに研究され，

応用された。さらには，カルマンフィルタに見られるように，必要な信号からノイズを除去する手法が確立された。1980 年代に入ると，最悪外乱を抑える H_∞ ノルムを評価基準とした H_∞ 制御が開発され，車両のセミアクティブサスペンション技術に応用された。近年では，伊藤の確率微分方程式による拡張や，マルコフ過程を導入した新たな確率システム論が研究されるなど，システム理論の発展は，枚挙にいとまがない。

　本書では，伊藤の確率微分方程式によって支配される確率システムを基盤とした電気・機械・プロセスシステムにおけるシステム理論および動的ゲーム理論への応用について述べる。本書を読み進めるにあたり，線形代数学，微分積分学，微分方程式，最適化は既習であることを前提にしている。本書の前半部分では，確率システムにおける基礎となる内容から，システム理論の基盤に至るまで，広範囲に記述している。特に，1章および2章に限っては，既習である場合，読み飛ばしてもなんら問題は生じないと思われる。後半では，動的ゲーム理論についての結果や関連する証明などを記述している。現在に至るまで，ダイナミクスを伴わない静的ゲーム理論に関しては，多数の良書が存在する。一方，ダイナミクスを前提とした動的ゲーム理論に関する書籍は，洋書では，多数の良書があるにもかかわらず，著者が知る限り，和書ではなかなか見当たらない。近年，原子力エネルギーから再生可能エネルギーへのシフトでは，ウィンドファームでの風車の配置問題，あるいは，それらの電力を利用したピークシフト・ピークカット問題などが知られている。さらには，複数ドローンに見られる協調制御など，動的ゲーム理論が大いに活躍できる諸問題が多く存在する。本書では，線形・非線形確率システムに対して，協力ゲームにおけるパレート最適戦略から始まり，非協力ゲームの代表であるナッシュ均衡戦略，階層戦略を構成する非協力スタッケルベルグ均衡戦略について記述している。また，H_∞ 制御問題を定式化できるサドルポイント均衡など，おもなゲーム問題を確率システムを基盤として論じている。通常，これらの戦略を得るためには，連立型確率リカッチ代数方程式や，非線形システムでは，ハミルトン・ヤコビ・ベルマン方程式で有名な偏微分方程式を解く必要がある。本書では，それらの解法

についても詳細を述べている。さらに，MATLAB を利用したシミュレーションも行っている。MATLAB にはさまざまな Tool Box が存在し，制御系設計を容易にし，かつ，Simulink によって，視覚的に設計することが可能となる。

　最後に，前半は，偉大な先人による確率システムに関する良書があるにもかかわらず，薄学な著者による記述をお許しいただきたい。動的ゲーム理論に関しては，詳細な証明は記述できなかったが，概念を理解するには十分と考える。本書によって，動的ゲーム問題が，実際の社会問題を解決する一つの手段として利用されることを願ってやまない。また，本書を作成するにあたり，川上恭平氏には，証明の確認や原稿の校閲を行っていただいた。ここに改めて謝辞を述べさせていただく。

2019 年 5 月

向谷　博明

目　次

第1章　数学的準備

1.1　ベクトル・行列の性質 ……………………………………………… *1*
1.2　二次形式と微分 ………………………………………………………… *5*
1.3　行　列　の　微　分 ………………………………………………………… *9*
1.4　最　　適　　化 ……………………………………………………………… *11*
　　1.4.1　ラグランジュの未定乗数法　*12*
　　1.4.2　カルーシュ・クーン・タッカー（KKT）条件　*14*
　　1.4.3　ニュートン法　*16*
　　1.4.4　勾　　配　　法　*17*
1.5　リアプノフ安定論 …………………………………………………… *18*
1.6　最適レギュレータ …………………………………………………… *25*
　　1.6.1　最大原理による導出　*26*
　　1.6.2　動的計画法による導出　*30*
1.7　リアプノフ代数方程式 ……………………………………………… *36*
1.8　H_∞　制　　御 ………………………………………………………… *39*
　　1.8.1　H_∞ ノ ル ム　*40*
　　1.8.2　H_∞ 制御問題の一般解　*43*
1.9　線形行列不等式：LMI ……………………………………………… *45*
1.10　ま　　と　　め ……………………………………………………………… *46*

第2章　確率過程論

2.1　確　率　過　程 ………………………………………………………… *49*

2.1.1　ウィナー過程　*52*
　2.1.2　ブラウン運動の性質　*53*
　2.1.3　確率微分方程式　*59*
　2.1.4　確率微分方程式によるモデル表現　*61*
　2.1.5　伊藤の公式　*67*
　2.1.6　例　　題　*69*
2.2　確率システムの安定性 ………………………………………… *75*
2.3　シミュレーション技法 ………………………………………… *82*
　2.3.1　ブラウン運動のシミュレーション　*82*
　2.3.2　オイラー・丸山近似　*83*
2.4　ま　と　め ……………………………………………………… *85*

第3章　連続・離散時間線形確率システム

3.1　連続時間線形確率システム …………………………………… *88*
　3.1.1　連続時間線形確率リアプノフ代数方程式　*89*
　3.1.2　連続時間線形確率システムの最適レギュレータ問題　*91*
3.2　離散時間線形確率システム …………………………………… *94*
　3.2.1　離散時間線形確率リアプノフ代数方程式　*96*
　3.2.2　安　定　化　*98*
　3.2.3　離散時間線形確率システムの最適レギュレータ問題　*100*
3.3　ま　と　め ………………………………………………………*103*

第4章　数値計算アルゴリズム

4.1　リカッチ代数方程式 ……………………………………………*104*
4.2　確率リカッチ代数方程式 ………………………………………*110*
　4.2.1　ニュートン法による数値計算アルゴリズム　*110*
　4.2.2　LMIによる数値計算アルゴリズム　*113*
　4.2.3　数　値　例　*114*

4.3 連立型確率リカッチ代数方程式 …………………………………… 115
   4.3.1 ニュートン法による数値計算アルゴリズム　*116*
   4.3.2 リアプノフ代数方程式による数値計算アルゴリズム　*117*
   4.3.3 座標降下法による数値計算アルゴリズム　*118*
4.4 離散型マルコフジャンプ確率システムに関する数値計算アルゴリズム
   ………………………………………………………………………… *120*
4.5 ま と め ……………………………………………………… *124*

第5章　マルコフジャンプ確率システム

5.1 連続時間マルコフジャンプ確率システムの安定化 …………… *126*
   5.1.1 事前結果ならびに準備　*127*
   5.1.2 主 要 結 果　*130*
   5.1.3 モード非依存型制御　*132*
5.2 連続時間マルコフジャンプ確率システムの最適レギュレータ問題 ‥*134*
   5.2.1 事前結果ならびに準備　*135*
   5.2.2 主 要 結 果　*138*
5.3 離散時間マルコフジャンプ確率システムの安定化 …………… *140*
   5.3.1 事前結果ならびに準備　*141*
   5.3.2 主 要 結 果　*143*
5.4 離散時間マルコフジャンプ確率システムの最適レギュレータ問題 ‥*145*
   5.4.1 事前結果ならびに準備　*145*
   5.4.2 主 要 結 果　*147*
5.5 ま と め ……………………………………………………… *152*

第6章　非線形確率システム

6.1 安 定 性 ……………………………………………………… *154*
6.2 最適レギュレータ問題 ………………………………………… *155*
   6.2.1 有限時間の場合　*156*

6.2.2　無限時間の場合　*163*

6.3　H_∞ 制　御 …………………………………………………*168*
   6.3.1　非線形確率有界実補題　*169*
   6.3.2　非線形確率システムにおける H_∞ 制御　*172*

6.4　数　値　解　法 ………………………………………………………*174*
   6.4.1　逐　次　近　似　法　*176*
   6.4.2　ガラーキン・スペクトル法　*177*
   6.4.3　チェビシェフ多項式の導入　*181*

6.5　ま　　と　　め …………………………………………………………*183*

第7章　動的ゲーム理論への応用

7.1　パレート最適戦略 ……………………………………………………*186*
   7.1.1　確率パレート最適戦略　*189*
   7.1.2　確率パレート最適戦略の解　*190*

7.2　ナッシュ均衡戦略 ……………………………………………………*192*
   7.2.1　混合 H_2/H_∞ 制御問題　*194*
   7.2.2　確率ナッシュ均衡戦略　*197*
   7.2.3　マルコフジャンプ確率システムにおけるナッシュ均衡戦略　*200*
   7.2.4　ナッシュ均衡戦略対が存在するための必要十分条件　*203*
   7.2.5　ニュートン法　*207*
   7.2.6　非線形確率ナッシュ均衡戦略　*209*

7.3　スタッケルベルグ均衡戦略 …………………………………………*225*
   7.3.1　スタッケルベルグ均衡戦略問題　*226*
   7.3.2　主　要　結　果　*227*
   7.3.3　数値計算アルゴリズム　*229*
   7.3.4　数　値　例　*235*

7.4　min-max 戦略：サドルポイント均衡 ………………………………*236*
   7.4.1　弱拘束確率ナッシュ均衡戦略問題　*238*
   7.4.2　主　要　結　果　*239*

7.5　ま　　と　　め …………………………………………………………*240*

引用・参考文献 …………………………………………………… *242*

索　　引 …………………………………………………… *254*

1 数学的準備

ここでは,本書で学習するにあたって必要となる数学の基礎的内容について説明を行う。また,関連する表記法についても説明を行う。基礎的内容に関しては,最適化手法を重点に説明を行う。さらに,最適解を得るために必要な数値計算法について触れる。その後,システムの安定性から始まり,システム制御理論ではおなじみの最適レギュレータ問題に関して考察を行う。特に,最大原理や動的計画法による解法について説明を行う。また,近年のシステム制御理論の成果として重要な H_∞ 制御や,線形行列不等式(LMI)について論じる。一方,数学的表記法に関しては,ベクトル・行列表現を導入することによって,記述が簡単化され,見通しがよくなることが示される[1),2)]。

1.1 ベクトル・行列の性質

まず,n 次元実ベクトルを

$$\boldsymbol{x} = \begin{bmatrix} x_1 \\ \vdots \\ x_n \end{bmatrix} \in \mathbb{R}^n$$

のように定義する。本章では,ベクトルを $\boldsymbol{x}$ のように表記するが,以後,特に断らず x のまま記述している場合があることに注意されたい。この $\boldsymbol{x}$ に対して,実数値スカラ関数 $f(x_1, x_2, \cdots, x_n) = f(\boldsymbol{x}) \in \mathbb{R}$ の $\boldsymbol{x}$ に関する微分を以下のように定義する。

$$\frac{\partial f(\boldsymbol{x})}{\partial \boldsymbol{x}} = \nabla f(\boldsymbol{x}) = \mathbf{grad} f(\boldsymbol{x}) = \begin{bmatrix} \dfrac{\partial f}{\partial x_1} \\ \vdots \\ \dfrac{\partial f}{\partial x_n} \end{bmatrix} \in \mathbb{R}^n \tag{1.1}$$

ここで，記号 ∇ をナブラ（nabla），**grad** をグラディエント（gradient，勾配）と読む。

続いて，**ヘッセ行列**（Hessian matrix），およびその行列式である**ヘッシアン**（Hessian）を定義する。実数値関数 $f(\boldsymbol{x})$ において，すべての二階偏微分が存在すると仮定する。このとき，$f = f(\boldsymbol{x})$ のヘッセ行列 $H(f)$ は，以下で表される。

$$H(f) = \nabla^2 f = \begin{bmatrix} \dfrac{\partial^2 f}{\partial x_1^2} & \dfrac{\partial^2 f}{\partial x_1 \partial x_2} & \cdots & \dfrac{\partial^2 f}{\partial x_1 \partial x_n} \\ \dfrac{\partial^2 f}{\partial x_2 x_1} & \dfrac{\partial^2 f}{\partial x_2^2} & \cdots & \dfrac{\partial^2 f}{\partial x_2 \partial x_n} \\ \vdots & \vdots & \ddots & \vdots \\ \dfrac{\partial^2 f}{\partial x_n \partial x_1} & \dfrac{\partial^2 f}{\partial x_n \partial x_2} & \cdots & \dfrac{\partial^2 f}{\partial x_n^2} \end{bmatrix} \tag{1.2}$$

また，式 (1.2) の行列式 $|H(f)| = \mathbf{det} H(f)$ がヘッシアンである。

つぎに，**首座小行列式**（principal minor）を以下のように定義する。

定義 1.1（首座小行列式） つぎの行列 E

$$E = \begin{bmatrix} e_{11} & e_{12} & \cdots & e_{1n} \\ e_{21} & e_{22} & \cdots & e_{2n} \\ \vdots & \vdots & \ddots & \vdots \\ e_{n1} & e_{n2} & \cdots & e_{nn} \end{bmatrix}$$

に対して，首座小行列式とは

$$e_{11}, \quad \begin{vmatrix} e_{11} & e_{12} \\ e_{21} & e_{22} \end{vmatrix}, \quad \begin{vmatrix} e_{11} & e_{12} & e_{13} \\ e_{21} & e_{22} & e_{23} \\ e_{31} & e_{32} & e_{33} \end{vmatrix}, \quad \begin{vmatrix} e_{11} & e_{12} & e_{13} & e_{14} \\ e_{21} & e_{22} & e_{23} & e_{24} \\ e_{31} & e_{32} & e_{33} & e_{34} \\ e_{41} & e_{42} & e_{43} & e_{44} \end{vmatrix},$$

$$\cdots, \quad \begin{vmatrix} e_{11} & e_{12} & \cdots & e_{1n} \\ e_{21} & e_{22} & \cdots & e_{2n} \\ \vdots & \vdots & \ddots & \vdots \\ e_{n1} & e_{n2} & \cdots & e_{nn} \end{vmatrix}$$

を指す。

さらに，行列の符号に関する定義を与える。

定義 1.2（行列の符号）
(1) 対称行列 A が**準（半）正定値対称行列**（positive semidefinite matrix），すなわち，$A \geqq 0$ であるとは，任意のベクトル $\boldsymbol{x}\, (\neq 0)$ に対して $\boldsymbol{x}^T A \boldsymbol{x} \geqq 0$ という条件を満たすことをいう。この条件は A のすべての固有値が非負であることと等価である。一方，対称行列 A が**正定値対称行列**（positive definite symmetric matrix）であるとは，任意のベクトル $\boldsymbol{x}\, (\neq 0)$ に対して $\boldsymbol{x}^T A \boldsymbol{x} > 0$ という条件を満たすことをいう。この条件は A のすべての固有値が正であることと等価である。
(2) 対称行列 B が**準（半）負定値対称行列**（negative semidefinite symmetric matrix），すなわち，$B \leqq 0$ であるとは，任意のベクトル $\boldsymbol{y}\, (\neq 0)$ に対して $\boldsymbol{y}^T B \boldsymbol{y} \leqq 0$ という条件を満たすことをいう。この条件は B のすべての固有値が非正であることと等価である。一方，対称行列 B が**負定値対称行列**（negative definite symmetric matrix）であるとは，任意のベクトル $\boldsymbol{y}\, (\neq 0)$ に対して $\boldsymbol{y}^T B \boldsymbol{y} < 0$ という条件を満たすことを

いう．この条件は B のすべての固有値が負であることと等価である．

ここで，実対称行列の固有値は実数となることに注意されたい．そのほかに，必要十分条件の意味で，対称行列かつ，首座小行列式がすべて正であるとき，正定値対称行列である．同様に，負定値対称行列であれば，対称行列かつ，首座小行列式が負，正，負，正，…を交互に繰り返す．ここで，A が準正定値対称行列であれば，A の任意の首座小行列式が 0 以上はいえるが，その逆は成立しないことに注意されたい．一方，表記方法については，正定値対称行列 A に関して，$A > 0$ を $A \succ 0$ と表す場合もある．

実数値関数 $f(\boldsymbol{x})$ の傾きである $\nabla f(\boldsymbol{x}) = \mathbf{grad} f(\boldsymbol{x})$ が，ある点 $\boldsymbol{x} = \boldsymbol{x}_0$ で $\nabla f(\boldsymbol{x}_0) = \mathbf{grad} f(\boldsymbol{x}_0) = 0$ であるとき，$f(\boldsymbol{x})$ は $\boldsymbol{x} = \boldsymbol{x}_0$ において**停留点** (stationary point) をもつという．停留点において，ヘッセ行列 $H(f)$ を利用して，以下のように**極値** (extreme value)（極大値：local maximum，極小値：local minimum）を判定することが可能となる．

(1) $\boldsymbol{x} = \boldsymbol{x}_0$ において $H(f)$ が正定値対称行列，すなわち，$H(f) > 0$ であれば，f は $\boldsymbol{x} = \boldsymbol{x}_0$ において極小値をとる．

(2) $\boldsymbol{x} = \boldsymbol{x}_0$ において $H(f)$ が負定値対称行列，すなわち，$H(f) < 0$ であれば，f は $\boldsymbol{x} = \boldsymbol{x}_0$ において極大値をとる．

(3) $\boldsymbol{x} = \boldsymbol{x}_0$ において $H(f)$ が正負両方の固有値をもつとき，f は $\boldsymbol{x} = \boldsymbol{x}_0$ において**鞍点**(saddle point) となる．

ちなみに，上記以外の場合には，極値の判定は不確定である．特に，ヘッセ行列が準正定値対称行列や準負定値対称行列であるときには，この判定法ではなにもいえないことに注意を要する．

以上，多変数関数の極値判定をまとめれば以下となる．

式 (1.1) で与えられる $\nabla f(\boldsymbol{x}) = \mathbf{grad} f(\boldsymbol{x})$ を計算する．

いま，$\nabla f(\boldsymbol{x}_0) = \mathbf{grad} f(\boldsymbol{x}_0) = 0$ であるとき，式 (1.2) で与えられるヘッセ行列 $H(f)$ 考える．このとき以下が成立する．

(1) $\boldsymbol{x} = \boldsymbol{x}_0$ において

(1-1) $H(f) > 0$

(1-2) $H(f)$ の固有値がすべて正

(1-3) $H(f)$ の首座小行列式がすべて正

のいずれかが成立すれば，$f(\bm{x})$ は $\bm{x} = \bm{x}_0$ において極小である．

(2) $\bm{x} = \bm{x}_0$ において

(2-1) $H(f) < 0$

(2-2) $H(f)$ の固有値がすべて負

(2-3) $H(f)$ の首座小行列式が負，正，負，正，…を交互に繰り返す

のいずれかが成立すれば，$f(\bm{x})$ は $\bm{x} = \bm{x}_0$ において極大である．

(3) $\bm{x} = \bm{x}_0$ において

$H(f)$ が正と負の固有値の両方をもつ．ただし 0 を含まない．

が成立すれば，$f(\bm{x})$ は $\bm{x} = \bm{x}_0$ において鞍点である．

1.2 二次形式と微分

二次形式（quadratic form）は，いくつかの変数に関する次数が 2 の斉次多項式であるものをいう．ここで，斉次多項式とは，同じ次数の単項式の和として得られるものを指す．例えば，$x^2 + 2xy + 3y^2$ は，二次の斉次多項式である．

実数値スカラ関数 $f(\bm{x}) = f(x_1, x_2, \cdots, x_n)$ における二次形式は，以下のように定義される．

$$f(\bm{x}) = f(x_1, x_2, \cdots, x_n) := \sum_{1 \leq i \leq j \leq n} a_{ij} x_i x_j \tag{1.3}$$

ここで，一般に，行列 A は，対称行列 $\dfrac{A + A^T}{2}$ と，交代行列（ひずみ対称行列）$\dfrac{A - A^T}{2}$ の和で書ける．すなわち

$$A = \frac{A + A^T}{2} + \frac{A - A^T}{2}$$

に注意すれば

$$x^T A x = x^T \left(\frac{A+A^T}{2}\right) x + x^T \left(\frac{A-A^T}{2}\right) x$$

このとき, $x^T A x$ はスカラであるので, 転置しても同じ値である。このことに注意すれば, $\left(x^T A x\right)^T = x^T A^T x$ であるので

$$x^T (A - A^T) x = x^T A x - x^T A^T x = \left(x^T A x\right)^T - x^T A^T x = 0$$

となる。以上から, 二次形式は, 対称行列 M を用いて

$$x^T A x = x^T \left(\frac{A+A^T}{2}\right) x = x^T M x \tag{1.4}$$

と表される。以上の準備のもとで, 二次形式の微分を以下のように与える。

補題 1.1 M を $M = M^T$ を満足する対称行列であると仮定する。このとき, 式 (1.5) が成立する。

$$\frac{\partial}{\partial x} x^T M x = 2 M x \tag{1.5}$$

【証明】 まず, 二次形式を計算する。対称行列であることに注意すれば

$$\begin{aligned}
x^T M x &= x^T \begin{bmatrix} m_{11} & m_{12} & \cdots & m_{1n} \\ m_{12} & m_{22} & \cdots & m_{2n} \\ \vdots & \vdots & \ddots & \vdots \\ m_{1n} & m_{2n} & \cdots & m_{nn} \end{bmatrix} x \\
&= m_{11} x_1^2 + m_{22} x_2^2 + \cdots + m_{nn} x_n^2 \\
&\quad + 2 m_{12} x_1 x_2 + 2 m_{13} x_1 x_3 + \cdots + 2 m_{(n-1)n} x_{n-1} x_n
\end{aligned} \tag{1.6}$$

したがって

$$\begin{aligned}
\frac{\partial}{\partial x_1} x^T M x &= 2 m_{11} x_1 + 2 m_{12} x_2 + \cdots + 2 m_{1n} x_n \\
&= 2 \begin{pmatrix} m_{11} & m_{12} & \cdots & m_{1n} \end{pmatrix} x
\end{aligned}$$

$$\frac{\partial}{\partial x_2}\boldsymbol{x}^T M\boldsymbol{x} = 2m_{12}x_1 + 2m_{22}x_2 + \cdots + 2m_{2n}x_n$$
$$= 2\begin{pmatrix} m_{12} & m_{22} & \cdots & m_{2n} \end{pmatrix}\boldsymbol{x}$$
$$\vdots$$
$$\frac{\partial}{\partial x_n}\boldsymbol{x}^T M\boldsymbol{x} = 2m_{1n}x_1 + 2m_{2n}x_2 + \cdots + 2m_{nn}x_n$$
$$= 2\begin{pmatrix} m_{1n} & m_{2n} & \cdots & m_{nn} \end{pmatrix}\boldsymbol{x}$$

以上から，上式を行列表現すれば，式 (1.5) が得られる。

$\diamondsuit$

対称行列でない場合，式 (1.4) より，式 (1.7) が得られる。

$$\frac{d}{d\boldsymbol{x}}\boldsymbol{x}^T A\boldsymbol{x} = (A + A^T)\boldsymbol{x} \tag{1.7}$$

つぎに，行列 $A \in \mathbb{R}^{\ell \times m}, B \in \mathbb{R}^{p \times q}$ において，**クロネッカ積**（Kronecker product）を定義する。

定義 1.3 行列 $A \in \mathbb{R}^{\ell \times m}, B \in \mathbb{R}^{p \times q}$ において，クロネッカ積を $A \otimes B \in \mathbb{R}^{\ell p \times mq}$ と記述する。具体的な定義は式 (1.8) のとおりである。

$$A \otimes B = \begin{bmatrix} a_{11} & a_{12} & \cdots & a_{1m} \\ a_{21} & a_{22} & \cdots & a_{2m} \\ \vdots & \vdots & \ddots & \vdots \\ a_{\ell 1} & a_{\ell 2} & \cdots & a_{\ell m} \end{bmatrix} \otimes B$$
$$= \begin{bmatrix} a_{11}B & a_{12}B & \cdots & a_{1m}B \\ a_{21}B & a_{22}B & \cdots & a_{2m}B \\ \vdots & \vdots & \ddots & \vdots \\ a_{\ell 1}B & a_{\ell 2}B & \cdots & a_{\ell m}B \end{bmatrix} \in \mathbb{R}^{\ell p \times mq} \tag{1.8}$$

関連する公式として

$$(A \otimes B)(C \otimes D) = (AC) \otimes (BD), \ (A \otimes B)^T = A^T \otimes B^T$$
$$(A \otimes B)^{-1} = A^{-1} \otimes B^{-1}, \ (A \otimes B) \otimes C = A \otimes (B \otimes C)$$

などが知られている。

続いて，行列をベクトル化する記号を導入する．行列 $A \in \mathbb{R}^{\ell \times m}$ の列ベクトル化を $\mathrm{vec}A$ と表す．すなわち

$$\mathrm{vec}A = \mathrm{vec} \begin{bmatrix} a_{11} & a_{12} & \cdots & a_{1m} \\ a_{21} & a_{22} & \cdots & a_{2m} \\ \vdots & \vdots & \ddots & \vdots \\ a_{\ell 1} & a_{\ell 2} & \cdots & a_{\ell m} \end{bmatrix} = \begin{bmatrix} \boldsymbol{a}_1 \\ \boldsymbol{a}_2 \\ \vdots \\ \boldsymbol{a}_m \end{bmatrix} \tag{1.9}$$

ただし

$$\boldsymbol{a}_k = \begin{bmatrix} a_{1k} \\ a_{2k} \\ \vdots \\ a_{\ell k} \end{bmatrix}, \ k = 1, \cdots, m$$

つぎに，**置換行列**（permutation matrix）を定義する．置換行列 $U_{\ell m}$ は，任意行列 $A \in \mathbb{R}^{\ell \times m}$ に対して

$$U_{\ell m} \mathrm{vec}A = \mathrm{vec}A^T \tag{1.10}$$

を満足する．具体的な例として

$$U_{32} := \begin{bmatrix} 1 & 0 \\ 0 & 0 \\ 0 & 0 \end{bmatrix} \otimes \begin{bmatrix} 1 & 0 \\ 0 & 0 \\ 0 & 0 \end{bmatrix}^T + \begin{bmatrix} 0 & 1 \\ 0 & 0 \\ 0 & 0 \end{bmatrix} \otimes \begin{bmatrix} 0 & 1 \\ 0 & 0 \\ 0 & 0 \end{bmatrix}^T$$

$$+ \cdots + \begin{bmatrix} 0 & 0 \\ 0 & 0 \\ 1 & 0 \end{bmatrix} \otimes \begin{bmatrix} 0 & 0 \\ 0 & 0 \\ 1 & 0 \end{bmatrix}^T + \begin{bmatrix} 0 & 0 \\ 0 & 0 \\ 0 & 1 \end{bmatrix} \otimes \begin{bmatrix} 0 & 0 \\ 0 & 0 \\ 0 & 1 \end{bmatrix}^T$$

$$= \begin{bmatrix} 1 & 0 & 0 & 0 & 0 & 0 \\ 0 & 0 & 0 & 1 & 0 & 0 \\ 0 & 1 & 0 & 0 & 0 & 0 \\ 0 & 0 & 0 & 0 & 1 & 0 \\ 0 & 0 & 1 & 0 & 0 & 0 \\ 0 & 0 & 0 & 0 & 0 & 1 \end{bmatrix}$$

置換行列は，直行行列であることが知られている。したがって，$U_{\ell m}^T = U_{\ell m}^{-1} = U_{m\ell}$ が成立する。そのほか，簡単な計算より，以下が成立することが知られている。

$$U_{1n} = U_{n1} = I_n, \ U_{nn} \in \mathbb{R}^{n^2 \times n^2}, \ U_{nn} = U_{nn}^T$$
$$U_{nn} U_{nn}^T = U_{nn} U_{nn} = I_{n^2}, \ (A^T \otimes I_n) U_{nn} = U_{nn} (I_n \otimes A^T)$$

1.3 行列の微分

多変数の最適化問題を解くとき，偏微分を行うことになる。しかしながら，変数の与え方がベクトルであったり，行列であったりする場合，それぞれに応じた微分の定義が必要かつ便利な場合がある。本節では，以後必要となる行列の微分について説明を行う。

補題 1.2 二つの正方行列を $A \in \mathbb{R}^{n \times n}$, $X \in \mathbb{R}^{n \times n}$ とする。行列の対角要素の合計を **Tr** で表すとき，その微分は式 (1.11) で定義される。

$$\frac{\partial \mathbf{Tr} AX}{\partial X} = \frac{\partial \mathbf{Tr} XA}{\partial X} = A^T \tag{1.11}$$

【証明】 $\mathbf{Tr} AX = \mathbf{Tr} XA$ が成立するので，$\partial \mathbf{Tr} AX / \partial X = A^T$ を示せば十分である。まず，$\mathbf{Tr} AX$ を計算する。

$$\mathrm{Tr}\,AX = \mathrm{Tr}\begin{bmatrix} a_{11} & a_{12} & \cdots & a_{1n} \\ a_{21} & a_{22} & \cdots & a_{2n} \\ \vdots & \vdots & \ddots & \vdots \\ a_{n1} & a_{n2} & \cdots & a_{nn} \end{bmatrix}\begin{bmatrix} x_{11} & x_{12} & \cdots & x_{1n} \\ x_{21} & x_{22} & \cdots & x_{2n} \\ \vdots & \vdots & \ddots & \vdots \\ x_{n1} & x_{n2} & \cdots & x_{nn} \end{bmatrix}$$

$$= a_{11}x_{11} + a_{12}x_{21} + \cdots + a_{1n}x_{n1}$$
$$+ a_{21}x_{12} + a_{22}x_{22} + \cdots + a_{2n}x_{n2} + \cdots$$
$$+ a_{n1}x_{1n} + a_{n2}x_{2n} + \cdots + a_{nn}x_{nn} = f(\boldsymbol{x})$$

とおけば

$$\frac{\partial f(\boldsymbol{x})}{\partial X} = \begin{bmatrix} \dfrac{\partial f}{\partial x_{11}} & \dfrac{\partial f}{\partial x_{12}} & \cdots & \dfrac{\partial f}{\partial x_{1n}} \\ \dfrac{\partial f}{\partial x_{21}} & \dfrac{\partial f}{\partial x_{22}} & \cdots & \dfrac{\partial f}{\partial x_{2n}} \\ \vdots & \vdots & \ddots & \vdots \\ \dfrac{\partial f}{\partial x_{n1}} & \dfrac{\partial f}{\partial x_{n2}} & \cdots & \dfrac{\partial f}{\partial x_{nn}} \end{bmatrix}$$

の定義に従い,式 (1.11) を得る。

$\diamond$

応用として,$X = X^T$ であるとき

$$\frac{\partial \mathrm{Tr}\,[A^T X S X A]}{\partial X} = SXAA^T + AA^T XS$$

ただし,$A, S = S^T$ は適切な次元をもつ定数行列である。これらの結果は,システム理論では非常に役に立つ公式である。

補題 1.3 行列 $A \in \mathbb{R}^{n \times n}, B \in \mathbb{R}^{n \times n}, X \in \mathbb{R}^{n \times n}$ に対して,その微分は式 (1.12) で定義される。

$$\frac{\partial \mathrm{vec}\,AXB}{\partial (\mathrm{vec}\,X)^T} = B^T \otimes A \in \mathbb{R}^{n^2 \times n^2} \tag{1.12}$$

【証明】 まず

$$\frac{\partial \mathrm{vec} X}{\partial (\mathrm{vec} X)^T} = \begin{bmatrix} \dfrac{\partial x_1}{\partial x_1} & \dfrac{\partial x_1}{\partial x_2} & \cdots & \dfrac{\partial x_1}{\partial x_n} \\ \dfrac{\partial x_2}{\partial x_1} & \dfrac{\partial x_2}{\partial x_2} & \cdots & \dfrac{\partial x_2}{\partial x_n} \\ \vdots & \vdots & \ddots & \vdots \\ \dfrac{\partial x_n}{\partial x_1} & \dfrac{\partial x_n}{\partial x_2} & \cdots & \dfrac{\partial x_n}{\partial x_n} \end{bmatrix} = I_{n^2}$$

であることが示される。さらに，$\mathrm{vec} AXB = (B^T \otimes A)\mathrm{vec} X$ と変形できるので結果が示される。

$\diamondsuit$

応用として

$$\frac{\partial \mathrm{vec} X^T A}{\partial (\mathrm{vec} X)^T} = (A^T \otimes I_n) U_{nn}, \quad \frac{\partial \mathrm{vec} A^T X}{\partial (\mathrm{vec} X)^T} = I_n \otimes A^T$$

などがあげられる。

1.4 最適化

いま，独立変数

$$\boldsymbol{x} = \begin{bmatrix} x_1 \\ x_2 \\ \vdots \\ x_n \end{bmatrix} \in \mathbb{R}^n, \ x_i \in \mathbb{R}, \ i = 1, \cdots, n$$

に対して，**目的関数**（objective function）f の関数値 $f(\boldsymbol{x})$ をある制約のもとで最大，あるいは最小にする問題を考える[3)~5)]。

目的関数：$f(\boldsymbol{x}) \to$ 最小

制約条件：$\boldsymbol{x} \in V$

ただし，V を**許容集合**（admissible set）という。これらを単純に

$\min f(\boldsymbol{x}), \quad \mathrm{s.t.} \ \boldsymbol{x} \in V$

と記述する。

ここで，最大の場合には，min が max に代わることに注意を要する。続いて，最適化に関する用語を定義する。今後は，説明抜きにこれらの用語を利用するので，ぜひとも覚えておいていただきたい。許容集合 V に対して，**制約条件**（constraint condition）$\bm{x} \in V$ を満たす $\bm{x}$ を**実行可能解**（feasible solution）という。$\bm{x}^* \in V$ が任意の $\bm{x} \in V$ に対して $f(\bm{x}^*) \leqq f(\bm{x})$ を満たすとき $\bm{x}^*$ を**最適解**（optimal solution）という。あるいは，**大域的最適解**（global optimal solution）ともいう。

1.4.1　ラグランジュの未定乗数法

まず，直感的なイメージをもってもらうために，以下の簡単な二次元の問題を考える。ここで，$x_1 = x, x_2 = y$ とおく。点 (x, y) が曲線 $g(x, y) = 0$ 上に制限されているとき，関数 $f(x, y)$ の極値を求める。すなわち，**等式制約**（equality constraint）$g(x, y) = 0$ を伴う以下の最適化問題を解く。

$$\min_{x,y} f(x, y) \tag{1.13a}$$

$$\text{s.t. } g(x, y) = 0 \tag{1.13b}$$

ここで，$f(x, y) : (x, y) \to \mathbb{R}$ である。当然，式 (1.13a) の $\min_{x,y} f(x, y)$ は，$\max_{x,y} f(x, y)$ となる場合も存在する。このとき，この極値問題を解く方法として，以下の定理がある。

定理 1.1　変数 x, y に関して，$f(x, y), g(x, y)$ は C^1 級，すなわち，ともに一階偏微分可能で，そのすべての偏導関数が連続であると仮定する。また，変数 x, y は，$g(x, y) = 0$ かつ，$\partial g(x, y)/\partial y = g_y(x, y) \neq 0$ を満足すると仮定する。このような x, y のうちで，関数 $f(x, y)$ が，点 (a, b) で極値を取れば

$$f_x(a, b) + \lambda g_x(a, b) = 0 \tag{1.14a}$$

$$f_y(a, b) + \lambda g_y(a, b) = 0 \tag{1.14b}$$

を満足する λ が存在する。

λ を**ラグランジュ乗数**（Lagrange multiplier）という。以下に，多変数の場合について結果を述べる。

定理 1.2 等式制約を伴う最適化問題

$$\min_{\boldsymbol{x}} f(\boldsymbol{x}),\ \mathbb{R}^n \to \mathbb{R} \tag{1.15a}$$

$$\text{s.t.}\ g(\boldsymbol{x}) = \begin{bmatrix} g_1(\boldsymbol{x}) \\ \vdots \\ g_m(\boldsymbol{x}) \end{bmatrix} = 0,\ \mathbb{R}^n \to \mathbb{R}^m \tag{1.15b}$$

を考える。ただし，n, m は，$n > m$ を満足する自然数である。このとき，$f(\boldsymbol{x}), g(\boldsymbol{x})$ は，ともに C^1 級で，そのすべての偏導関数が連続であり，また，$g(\boldsymbol{x}) = 0$ かつ

$$\left. \begin{bmatrix} \dfrac{\partial g_1}{\partial x_{n-m+1}} & \dfrac{\partial g_1}{\partial x_{n-m+2}} & \cdots & \dfrac{\partial g_1}{\partial x_n} \\[6pt] \dfrac{\partial g_2}{\partial x_{n-m+1}} & \dfrac{\partial g_2}{\partial x_{n-m+2}} & \cdots & \dfrac{\partial g_2}{\partial x_n} \\ \vdots & \vdots & \ddots & \vdots \\ \dfrac{\partial g_m}{\partial x_{n-m+1}} & \dfrac{\partial g_m}{\partial x_{n-m+2}} & \cdots & \dfrac{\partial g_m}{\partial x_n} \end{bmatrix} \right|_{\boldsymbol{x}=\boldsymbol{b}} \neq 0 \tag{1.16}$$

を満足すると仮定する。

このような $\boldsymbol{x}$ のうちで，関数 $f(\boldsymbol{x})$ が，点 $\boldsymbol{x} = \boldsymbol{a}$ で極値を取れば

$$\nabla f(\boldsymbol{a}) + \nabla \left[\lambda^T g(\boldsymbol{a}) \right] = 0 \tag{1.17}$$

を満足する $\lambda \in \mathbb{R}^m$ が存在する。

1.4.2 カルーシュ・クーン・タッカー（KKT）条件

ラグランジュの未定乗数法では，等式制約のみを扱った。しかしながら，いつも等式制約ばかりとは限らない。すなわち，等式制約だけでなく，不等式制約が課される場合も存在する。このような場合，**カルーシュ・クーン・タッカー条件**（**KKT 条件**, Karush-Kuhn-Tucker condition）の利用が考えられる。KKT 条件は，非線形最適化問題において，一階導関数が満たすべき最適条件を求めることが可能である。ただし，必要条件にしかすぎないことに注意されたい。

まず，以下の簡単な二次元の問題を考える。

点 (x, y) が領域内にある $g(x, y) = 0$, $h(x, y) \leqq 0$ 上に制限されているとき，関数 $f(x, y)$ の極値を求める。すなわち

$$\min_{x,y} f(x, y) \tag{1.18a}$$

$$\text{s.t. } g(x, y) = 0, \ h(x, y) \leqq 0 \tag{1.18b}$$

この等式・不等式制約をもつ極値問題を解く方法として，以下の定理が有用である。

定理 1.3　変数 x, y に関して，$f(x,y), g(x,y), h(x,y)$ は C^1 級で，そのすべての偏導関数が連続であると仮定する。また，変数 x, y は，$g(x, y) = 0$, $h(x, y) \leqq 0$ を満足すると仮定する。このような x, y のうちで，関数 $f(x, y)$ が，点 (a, b) で極値を取れば

$$f_x(a,b) + \lambda g_x(a,b) + \mu h_x(a,b) = 0 \tag{1.19a}$$

$$f_y(a,b) + \lambda g_y(a,b) + \mu h_y(a,b) = 0 \tag{1.19b}$$

$$g(a,b) = 0 \tag{1.19c}$$

$$\mu \geqq 0, \ h(a,b) \leqq 0, \ \mu h(a,b) = 0 \tag{1.19d}$$

を満足する λ, μ が存在する。

式 (1.19a) から式 (1.19d) までが局所的最適解となるための一次の必要条件である．また関係式 (1.19d) の最後の等式は，$\lambda = 0$, $g(a,b) = 0$ の少なくとも一方が 0 となることを意味しており，一般に**相補性条件**（complementarity condition）と呼ばれている．等式制約あり最適化の場合と同様に，λ をラグランジュ乗数という．

一般の場合は，以下のとおりである．

定理 1.4　　不等式制約を伴う最適化問題

$$\min_{\boldsymbol{x}} f(\boldsymbol{x}),\ \mathbb{R}^n \to \mathbb{R} \tag{1.20a}$$

$$\text{s.t.}\ g(\boldsymbol{x}) = \begin{bmatrix} g_1(\boldsymbol{x}) \\ \vdots \\ g_m(\boldsymbol{x}) \end{bmatrix} = 0,\ \mathbb{R}^n \to \mathbb{R}^m \tag{1.20b}$$

$$h_1(\boldsymbol{x}) \leqq 0,\ \cdots,\ h_\ell(\boldsymbol{x}) \leqq 0,\ \mathbb{R}^n \to \mathbb{R} \tag{1.20c}$$

を考える．ただし，n, m は，$n > m$ を満足する自然数とし，ℓ を自然数とする．$f(\boldsymbol{x}), g(\boldsymbol{x}), h(\boldsymbol{x})$ は，ともに C^1 級で，そのすべての偏導関数が連続であると仮定する．このような $\boldsymbol{x}$ のうちで，関数 $f(\boldsymbol{x})$ が，点 $\boldsymbol{x} = \boldsymbol{a}$ で極値を取れば

$$\nabla f(\boldsymbol{a}) + \nabla\left[\lambda^T g(\boldsymbol{a})\right] + \sum_{i=1}^{\ell} \mu_i \nabla h_i(\boldsymbol{a}) = 0 \tag{1.21a}$$

$$g(\boldsymbol{a}) = 0 \tag{1.21b}$$

$$\mu_1 \geqq 0,\ \cdots,\ \mu_\ell \geqq 0 \tag{1.21c}$$

$$h_1(\boldsymbol{a}) \leqq 0,\ \cdots,\ h_\ell(\boldsymbol{a}) \leqq 0 \tag{1.21d}$$

$$\mu_1 h_1(\boldsymbol{a}) = 0,\ \cdots,\ \mu_\ell h_\ell(\boldsymbol{a}) = 0 \tag{1.21e}$$

を満足する $\lambda \in \mathbb{R}^m$, $\mu_i \in \mathbb{R}\ (i=1,\cdots,\ell)$ が存在する．

1.4.3 ニュートン法

停留点を再帰的に求める優れたアルゴリズムにニュートン法があげられる[6]。まず，1変数の場合を考える。

いま，x についての方程式

$$f(x) = 0 \tag{1.22}$$

を解くことを考える。このとき，ニュートン法では

$$a_{n+1} = a_n - \frac{f(a_n)}{f'(a_n)}, \quad a_1 = a, \ n = 1, 2, \cdots \tag{1.23}$$

で与えられる。

ニュートン法に関しては，以下の事実がよく知られている。

(1) 初期値 a_1 が真の解 $x = \alpha$ に十分近いところから出発すれば，二次収束を達成する。

(2) 初期値 a_1 によっては，要求される解に収束しなかったり，最悪，数列 $\{a_n\}$ が発散する場合がある。

(3) $f(\alpha) = f'(\alpha) = 0$ の場合，一次収束となる。

続いて，多変数関数の場合を考える。このとき，n 次元変数 $\boldsymbol{x} \in \mathbb{R}^n$ の方程式

$$\boldsymbol{f}(\boldsymbol{x}) = \begin{bmatrix} f_1(\boldsymbol{x}) \\ f_2(\boldsymbol{x}) \\ \vdots \\ f_n(\boldsymbol{x}) \end{bmatrix} = 0 \tag{1.24}$$

に対するニュートン法は，以下によって与えられる。

$$\boldsymbol{x}_{n+1} = \boldsymbol{x}_n - [\nabla \boldsymbol{f}(\boldsymbol{x}_n)]^{-1} \boldsymbol{f}(\boldsymbol{x}_n), \quad \boldsymbol{x}_1 = \boldsymbol{a}, \ n = 1, 2, \cdots \tag{1.25}$$

ただし

$$\nabla \boldsymbol{f}(\boldsymbol{x}) = \frac{\partial \boldsymbol{f}(\boldsymbol{x})}{\partial \boldsymbol{x}^T} = \begin{bmatrix} \dfrac{\partial f_1}{\partial x_1} & \dfrac{\partial f_1}{\partial x_2} & \cdots & \dfrac{\partial f_1}{\partial x_n} \\ \dfrac{\partial f_2}{\partial x_1} & \dfrac{\partial f_2}{\partial x_2} & \cdots & \dfrac{\partial f_2}{\partial x_n} \\ \vdots & \vdots & \ddots & \vdots \\ \dfrac{\partial f_n}{\partial x_1} & \dfrac{\partial f_n}{\partial x_2} & \cdots & \dfrac{\partial f_n}{\partial x_n} \end{bmatrix} \tag{1.26}$$

ここで，式 (1.26) を**ヤコビ行列**（Jacobian matrix）という。

1.4.4 勾　配　法

ニュートン法 (1.23) は，初期値が求めるべき解に非常に近い場合には，二次収束を達成する。しかしながら，$\boldsymbol{J}(\boldsymbol{x}) = \nabla \boldsymbol{f}(\boldsymbol{x})$ を計算する必要がある。特に，変数の個数が大きくなった場合には，その計算は容易ではない。そこで，これらの困難を克服可能である**最急降下法**（steepest descent method）を紹介する。例えば

$$\boldsymbol{f}(\boldsymbol{x}) = 0 \tag{1.27}$$

を解くための最急降下法を以下に示す。

$$\boldsymbol{x}_{n+1} = \boldsymbol{x}_n + \gamma \boldsymbol{f}(\boldsymbol{x}_n), \quad \boldsymbol{x}_1 = \boldsymbol{a}, \quad n = 1, 2, \cdots \tag{1.28}$$

ただし，γ は十分小さな正のパラメータである。

このアルゴリズムは，微分方程式の**オイラー法**（Euler's method）による数値解法と解釈することができる。すなわち，$\bar{\boldsymbol{x}}$ を適切な初期値とした以下の微分方程式

$$\frac{d\boldsymbol{x}}{dt} = \boldsymbol{f}(\boldsymbol{x}), \quad \boldsymbol{x}_0 = \bar{\boldsymbol{x}} \tag{1.29}$$

に対して，十分小さな正の定数 h を利用し

$$\boldsymbol{f}(\boldsymbol{x}) = \frac{d\boldsymbol{x}(t)}{dt} \approx \frac{\boldsymbol{x}(t+h) - \boldsymbol{x}(t)}{h} \tag{1.30}$$

と考える。このとき $h = \gamma$, $\bm{x}(t+h) = \bm{x}_{n+1}$, $\bm{x}(t) = \bm{x}_n$ とおくことによって得られる。したがって，十分時刻 t が経過したとき，収束解を $\bm{f}(\bm{x}) = 0$ の解として利用する。このような差分化はオイラー法と呼ばれる。

最急降下法は，アルゴリズム的には非常に簡明で，実装も容易である。しかしながら，局所的な解に収束する可能性が十分ある。さらに，γ の値によっては，収束の速度が非常に遅い欠点を有する。これは，収束の程度が，先に紹介したニュートン法と異なり，二次収束性などの有用な性質をもたないためである。

1.5 リアプノフ安定論

以下の微分方程式を考える。

$$\dot{x}(t) = Ax(t),\ x(0) = x_0 \tag{1.31}$$

ただし，$x(t)$ は $x(t) \in \mathbb{R}^n$ である状態変数を表す。また，$A \in \mathbb{R}^{n \times n}$ は実定数行列である。

はじめに，$\tilde{A} = T^{-1}AT$, $\tilde{A} = \textbf{block diag}\begin{pmatrix} \alpha_1 & \alpha_2 & \cdots & \alpha_n \end{pmatrix}$ とする。ただし，α_i は，A の固有値である。このとき，微分方程式 (1.31) の解が

$$x(t) = e^{At}x(0) = \left(\sum_{k=0}^{\infty} \frac{(At)^k}{k!}\right)x(0) \tag{1.32}$$

で表現できることを示す。まず，以下の線形変換 $z(t) = T^{-1}x(t)$ を準備する。

$$T^{-1}\dot{x}(t) = T^{-1}ATT^{-1}x(t),\ \ T^{-1}x(0) = T^{-1}x_0$$
$$\Rightarrow\ \ \dot{z}(t) = \tilde{A}z(t),\ \ z(0) = z_0 \tag{1.33}$$

ここで，話を簡単にするために，A の固有値には重複がないものと仮定する。このとき，式 (1.33) を成分で表現すれば

$$\begin{bmatrix} \dot{z}_1(t) \\ \dot{z}_2(t) \\ \vdots \\ \dot{z}_n(t) \end{bmatrix} = \begin{bmatrix} \alpha_1 & 0 & \cdots & 0 \\ 0 & \alpha_2 & \cdots & 0 \\ \vdots & \vdots & \ddots & \vdots \\ 0 & 0 & \cdots & \alpha_n \end{bmatrix} \begin{bmatrix} z_1(t) \\ z_2(t) \\ \vdots \\ z_n(t) \end{bmatrix}$$

$$\Leftrightarrow z_i(t) = e^{\alpha_i t} z_i(0), \ i = 1, 2, \cdots, n$$

$$\Leftrightarrow \begin{bmatrix} z_1(t) \\ z_2(t) \\ \vdots \\ z_n(t) \end{bmatrix} = \begin{bmatrix} e^{\alpha_1 t} & 0 & \cdots & 0 \\ 0 & e^{\alpha_2 t} & \cdots & 0 \\ \vdots & \vdots & \ddots & \vdots \\ 0 & 0 & \cdots & e^{\alpha_n t} \end{bmatrix} \begin{bmatrix} z_1(0) \\ z_2(0) \\ \vdots \\ z_n(0) \end{bmatrix} \quad (1.34)$$

以上より，$x(t)$ に戻して

$$x(t) = T \begin{bmatrix} e^{\alpha_1 t} & 0 & \cdots & 0 \\ 0 & e^{\alpha_2 t} & \cdots & 0 \\ \vdots & \vdots & \ddots & \vdots \\ 0 & 0 & \cdots & e^{\alpha_n t} \end{bmatrix} T^{-1} x(0) \quad (1.35)$$

このとき，マクローリン展開 $e^x = \sum_{k=0}^{\infty} \dfrac{x^k}{k!}$，および $A^k = (T\tilde{A}T^{-1})^k = T\tilde{A}^k T^{-1}$ を利用して，以下を得る。

$$T \begin{bmatrix} e^{\alpha_1 t} & 0 & \cdots & 0 \\ 0 & e^{\alpha_2 t} & \cdots & 0 \\ \vdots & \vdots & \ddots & \vdots \\ 0 & 0 & \cdots & e^{\alpha_n t} \end{bmatrix} T^{-1}$$

$$= \sum_{k=1}^{\infty} T \begin{bmatrix} \alpha_1^k & 0 & \cdots & 0 \\ 0 & \alpha_2^k & \cdots & 0 \\ \vdots & \vdots & \ddots & \vdots \\ 0 & 0 & \cdots & \alpha_n^k \end{bmatrix} T^{-1} \frac{t^k}{k!} = \sum_{k=1}^{\infty} A^k \frac{t^k}{k!} = \sum_{k=0}^{\infty} \frac{(At)^k}{k!}$$

最終的に，λ がスカラ定数のとき，$\dot{x}(t) = \lambda x(t) \Leftrightarrow x(t) = e^{\lambda t}x(0)$ と記述するように，$e^{At} = \sum_{k=0}^{\infty} \dfrac{(At)^k}{k!}$ と定義する。

つぎに，安定性について考える。以下の定義がよく知られている[7]。

定義 1.4 式 (1.36) の状態方程式で表現される確定システムを考える。

$$\dot{x}(t) = f(x(t)), \quad t \geq 0, \quad x(0) = x_0 \tag{1.36}$$

任意の $\rho > 0$ に対して，ある $\delta = \delta(\rho) > 0$ が存在し，$\|x(0)\| \leq \delta$ を満たす任意の初期状態に対して

$$\|x(t, x_0)\| < \rho, \quad \forall t \geq 0 \tag{1.37}$$

が成り立つとき，システム (1.36) の**平衡解**（equilibrium solution）は**安定**（stable）であるという。ただし，$x(t, x_0)$ は，解が $t = 0$ で，$x(0) = x_0$ から出発したことを表す。さらに，$\delta(\rho)$ が初期時刻 $t = 0$ に依存しない場合を**一様安定**（uniformly stable）であるという。

一方，安定でないとき**不安定**（unstable）という。また，平衡解は安定で，かつ，ある $\delta > 0$ が存在し，$\|x_0\| \leq \delta$ を満たす任意の初期状態に対して

$$\lim_{t \to \infty} \|x(t, x_0)\| = 0 \tag{1.38}$$

が成立するとき，システム (1.36) の平衡解は**漸近安定**（asymptotically stable）であるという。ただし，$\|\cdot\|$ はどのようなベクトルノルムであってもかまわない。

ここで，平衡解を原点という場合もあることに注意されたい。

線形システム (1.31) を考えるとき，漸近安定であるためには，式 (1.35) より，A のすべての固有値の実部が負であればよい。すなわち，式 (1.39) が成立すればよい。

$$\mathbf{Re}[\alpha_i] < 0, \quad i = 1, \cdots, n \tag{1.39}$$

以下の例題を考える。

例題 1.1

$$\dot{x}(t) = \begin{bmatrix} -1 & 1 \\ 0 & -2 \end{bmatrix} x(t), \quad x(0) = \begin{bmatrix} x_1(0) \\ x_2(0) \end{bmatrix} \neq 0$$

を考える。$x(t)$ を具体的に求め，$\lim_{t \to \infty} x(t) = 0$ であることを示せ。

【解答】 まず

$$A = \begin{bmatrix} -1 & 1 \\ 0 & -2 \end{bmatrix}$$

の固有値・固有ベクトルを計算する。$\det|A - \lambda I| = (\lambda + 1)(\lambda + 2) = 0$ より

$$\lambda = -1 \text{ のとき } \boldsymbol{v}_1 = \begin{bmatrix} 1 \\ 0 \end{bmatrix}, \quad \lambda = -2 \text{ のとき } \boldsymbol{v}_2 = \begin{bmatrix} 1 \\ -1 \end{bmatrix}$$

これより

$$T = \begin{bmatrix} 1 & 1 \\ 0 & -1 \end{bmatrix} = T^{-1}$$

と選択すれば

$$AT = T \begin{bmatrix} -1 & 0 \\ 0 & -2 \end{bmatrix} \Leftrightarrow T^{-1}AT = \begin{bmatrix} -1 & 0 \\ 0 & -2 \end{bmatrix}$$

この関係式より

$$(T^{-1}AT)^k = T^{-1}A^k T = \begin{bmatrix} (-1)^k & 0 \\ 0 & (-2)^k \end{bmatrix}$$

以上より

$$A^k = T \begin{bmatrix} (-1)^k & 0 \\ 0 & (-2)^k \end{bmatrix} T^{-1}$$

が成立するので

$$e^{At} = \sum_{k=0}^{\infty} \frac{(At)^k}{k!} = \sum_{k=0}^{\infty} \frac{t^k}{k!} A^k$$
$$= \sum_{k=0}^{\infty} \frac{1}{k!} T \begin{bmatrix} (-t)^k & 0 \\ 0 & (-2t)^k \end{bmatrix} T^{-1} = T \begin{bmatrix} e^{-t} & 0 \\ 0 & e^{-2t} \end{bmatrix} T^{-1}$$

以上の準備のもとで，$x(t)$ を求めることが可能となる．

$$x(t) = e^{At} x(0) = T \begin{bmatrix} e^{-t} & 0 \\ 0 & e^{-2t} \end{bmatrix} T^{-1} x(0)$$
$$= \begin{bmatrix} e^{-t} & e^{-t} - e^{-2t} \\ 0 & e^{-2t} \end{bmatrix} x(0)$$

あるいは，別解として，ラプラス変換を利用して，以下のように求めることが可能である．

$$\mathscr{L}(e^{At}) = (sI - A)^{-1}$$
$$= \begin{bmatrix} s+1 & -1 \\ 0 & s+2 \end{bmatrix}^{-1} = \begin{bmatrix} \dfrac{1}{s+1} & \dfrac{1}{s+1} - \dfrac{1}{s+2} \\ 0 & \dfrac{1}{s+2} \end{bmatrix}$$
$$\Leftrightarrow \quad e^{At} = \exp(At) = \begin{bmatrix} e^{-t} & e^{-t} - e^{-2t} \\ 0 & e^{-2t} \end{bmatrix} \tag{1.40}$$

最後に

$$\lim_{t \to \infty} x(t) = 0 \tag{1.41}$$

なので，漸近安定である．

ここで，$\|T\| = \|T^{-1}\| = 1$ に注意すれば

$$\|x(t)\| \leqq \|e^{At}\| \cdot \|x(0)\| \leqq \|T\| \cdot \left\| \begin{bmatrix} e^{-t} & 0 \\ 0 & e^{-2t} \end{bmatrix} \right\| \cdot \|T^{-1}\| \cdot \|x(0)\|$$
$$\leqq e^{-t} \|x(0)\| \tag{1.42}$$

となるので，$\|x(t)\|$ が指数関数で抑えられていることがわかる．すなわち，解が平衡解 $x(\infty) = 0$ へ時間の経過とともに指数関数的に収束する．

◇

引き続き，安定性について考える。

定義 1.5　以下の不等式

$$\|x(t, x_0)\| \leq \alpha \|x(0)\| e^{-\beta t}$$
$$\forall t \geq 0, \ \forall x(0) \in \{\, x \in \mathbb{R}^n \mid \|x\| \leq r \,\} \tag{1.43}$$

を満足する正定数 α, β, r が存在するなら，システム (1.36) の平衡解は**指数安定**（exponentially stable）という。

さらに，式 (1.44) の不等式

$$\|x(t, x_0)\| \leq \alpha \|x(0)\| e^{-\beta t}, \ \forall t \geq 0, \ \forall x(0) \in \mathbb{R}^n \tag{1.44}$$

を満足する正定数 α, β が存在するなら，システム (1.36) の平衡解は**大域的指数安定**（globally exponentially stable）という。

続いて，正定関数を定義する。

定義 1.6　平衡解を含むある領域で定義されたスカラ関数 $V(x(t))$ は，$x(t)$ について連続であるものとする。このとき，式 (1.45) を満たす正定数 r が存在するなら，$V(x(t))$ は**正定**（positive definite）という。

$$\left. \begin{aligned} &V(x(t)) > 0, \ \forall x(t) \in \{\, x \in \mathbb{R}^n \mid \|x\| \leq r \,\} \\ &x(t) \neq 0, \ V(0) = 0 \end{aligned} \right\} \tag{1.45}$$

さらに，式 (1.46) を満たす正定数 r が存在するなら，$V(x(t))$ は**準（半）正定**（positive semidefinite）という。

$$\left. \begin{aligned} &V(x(t)) \geq 0, \ \forall x(t) \in \{\, x \in \mathbb{R}^n \mid \|x(t)\| \leq r \,\} \\ &x(t) \neq 0, \ V(0) = 0 \end{aligned} \right\} \tag{1.46}$$

正定関数として二次形式による関数がしばしば利用される．すなわち，正定値対称行列 P に対して，$V(x(t)) = x^T(t)Px(t)$ が利用される．

システム (1.36) の $f(x)$ が，平衡解近傍の任意の $x(t)$ に関して，連続であると仮定する．このとき，以下の定理が知られている．

定理 1.5

(1) スカラ関数 $V(x(t))$ が正定で，かつ $\dot{V}(x(t))$ が準負定ならば，システム (1.36) の平衡解は安定である．

(2) スカラ関数 $V(x(t))$ が正定で，かつ $\dot{V}(x(t))$ が負定ならば，システム (1.36) の平衡解は漸近安定である．

(3) 式 (1.47) の不等式を満足するスカラ関数 $V(x(t))$，正定数 $\alpha > 0$, $\beta > 0$, $\gamma > 0$, $r > 0$ および定数 $p \geq 1$ が存在するなら，システム (1.36) の平衡解は指数 p 次安定である．

$$\alpha \|x(t)\|^p \leq V(x(t)) \leq \beta \|x(t)\|^p$$
$$\forall x(t) \in \{\, x \in \mathbb{R}^n \mid \|x(t)\| \leq r \,\},\ x(t) \neq 0 \tag{1.47a}$$

$$\dot{V}(x(t)) \leq -\gamma \|x(t)\|^p$$
$$\forall x(t) \in \{\, x \in \mathbb{R}^n \mid \|x(t)\| \leq r \,\},\ x(t) \neq 0 \tag{1.47b}$$

【証明】 (3) について証明を行う．式 (1.47a), (1.47b) より以下を得る．

$$\dot{V}(x(t)) \leq -\frac{\gamma}{\beta} V(x(t)) \tag{1.48}$$

ここで

$$\dot{V}(x(t)) + \frac{\gamma}{\beta} V(x(t)) = -\phi(x(t)) \tag{1.49}$$

を満足する準正定関数 $\phi(x(t)) \geq 0$ が存在するので，式 (1.49) を解き

$$V(x(t)) = -\exp\left[-\frac{\gamma}{\beta}(t-t_0)\right] \cdot \left[\int_{t_0}^t \phi(x(s))ds + C\right] \tag{1.50}$$

を得る。ただし，C は積分定数である。$t = t_0$ のとき，$V(x(t_0))$ を考慮すれば，$C = -V(x(t_0))$ であるので，$-\int_{t_0}^t \phi(x(s))ds \leq 0$ に注意して

$$V(x(t)) = -\exp\left[-\frac{\gamma}{\beta}(t-t_0)\right] \cdot \left[\int_{t_0}^t \phi(x(s))ds - V(x(t_0))\right]$$
$$\leq V(x(t_0))\exp\left[-\frac{\gamma}{\beta}(t-t_0)\right] \tag{1.51}$$

最終的に，式 (1.47a) を利用すれば，$-\int_{t_0}^t \phi(x(s))ds \leq 0$ に注意して

$$\alpha\|x(t)\|^p \leq V(x(t)) \leq V(x(t_0))\exp\left[-\frac{\gamma}{\beta}(t-t_0)\right]$$
$$\leq \beta\|x(t_0)\|^p \exp\left[-\frac{\gamma}{\beta}(t-t_0)\right]$$
$$\Rightarrow \quad \|x(t)\| \leq \sqrt[p]{\frac{\beta}{\alpha}}\|x(t_0)\|\exp\left[-\frac{\gamma}{p\beta}(t-t_0)\right] \tag{1.52}$$

以上より，指数 p 次安定が示された。

$\diamondsuit$

ちなみに，レイリー商（P を正定値対称行列，P の最大，最小固有値を $\lambda_{\max}$, $\lambda_{\min}$ として）

$$\lambda_{\min}\|x(t)\|^2 \leq x^T(t)Px(t) \leq \lambda_{\max}\|x(t)\|^2$$

を利用すれば，$\alpha = \lambda_{\min}$, $\beta = \lambda_{\max}$, $p = 2$ として，式 (1.53) を得る。

$$\|x(t)\| \leq \sqrt{\frac{\lambda_{\max}}{\lambda_{\min}}}\|x(t_0)\|\exp\left[-\frac{\gamma}{2\lambda_{\max}}(t-t_0)\right] \tag{1.53}$$

1.6 最適レギュレータ

線形制御対象に対して，二次形式の評価関数を最小にする制御入力を求める問題は**最適レギュレータ**（linear quadratic regulator：**LQR**）問題と呼ばれている。具体的には，以下の問題を指す。

つぎの線形時変システム (1.54) を考える。

$$\dot{x}(t) = A(t)x(t) + B(t)u(t), \ x(t_0) = x_0 \tag{1.54}$$

式 (1.54) の拘束条件のもと，二次形式評価関数 (1.55) を最小にする制御入力 $u(t)$ を決定してみよう．

$$J = \frac{1}{2}x^T(t_f)Sx(t_f) + \frac{1}{2}\int_{t_0}^{t_f}\Bigl[x^T(t)Q(t)x(t) + u^T(t)R(t)u(t)\Bigr]dt \tag{1.55}$$

ここで，$x(t) \in \mathbb{R}^n$ は状態変数，$u(t) \in \mathbb{R}^m$ は制御入力，$A(t)$, $B(t)$ は適当な次元をもつ時変行列である．さらに，$S(t)$ および $Q(t)$ は対称な準正定行列，$R(t)$ は対称な正定行列である．また，一般性を失うことなく，行列対 $(A(t), B(t))$ は可制御と仮定する．本節では，**最大原理**（maximum principle）と**動的計画法**（dynamic programming）によって制御入力を求める．

1.6.1 最大原理による導出

本節では，まず，ハミルトニアンとオイラーの正準方程式を導出し，その後，最大原理を紹介する．まず，問題を定義する．以下の微分方程式を考える．

$$\dot{x}(t) = f(t, x(t), u(t)), \ x(t_0) = x_0 \tag{1.56}$$

ただし，$x(t) \in \mathbb{R}^n$ は状態ベクトル，$u(t) \in \mathbb{R}^m$ は制御入力である．このとき，以下の汎関数を最小にする入力 $u = u(t)$ を求める．

$$J = L_f(x(t_f)) + \int_{t_0}^{t_f} L(t, x(t), u(t))dt \tag{1.57}$$

この問題を解くために，以下の関数を定義する．

$$\bar{J} = L_f(x(t_f)) + \int_{t_0}^{t_f}\Bigl[L(t, x(t), u(t)) + p^T\{f(t, x(t), u(t)) - \dot{x}(t)\}\Bigr]dt \tag{1.58}$$

ただし，$p(t) = \begin{bmatrix} p_1(t) & p_2(t) & \cdots & p_n(t) \end{bmatrix}^T \in \mathbb{R}^n$ であり，その要素 $p_i(t) \in$

ℝ は**随伴変数**（adjoint variables）と呼ばれている．つぎに，**ハミルトニアン関数**（Hamiltonian function）H を定義する．

$$H(t, x(t), u(t), p(t)) = L(t, x(t), u(t)) + p^T(t) f(t, x(t), u(t)) \quad (1.59)$$

この H を利用して，式 (1.58) で表現される汎関数 $\bar{J}$ を書き換える．

$$\bar{J} = L_f(x(t_f)) + \int_{t_0}^{t_f} \left[H(t, x(t), u(t), p(t)) - p^T(t) \dot{x}(t) \right] dt \quad (1.60)$$

この式 (1.60) で表現される非積分関数 $F = H - p^T \dot{x}$ に対して，オイラー・ラグランジュ方程式を計算する．ただし，$x = x(t)$, $u = u(t)$ ともに時間関数であるために，オイラー・ラグランジュ方程式は x, u に関して計算される．

$$\frac{\partial F}{\partial x} - \frac{d}{dt}\left(\frac{\partial F}{\partial \dot{x}}\right) = 0 \quad (1.61a)$$

$$\frac{\partial F}{\partial u} - \frac{d}{dt}\left(\frac{\partial F}{\partial \dot{u}}\right) = 0 \quad (1.61b)$$

実際に計算すれば

$$\frac{\partial H}{\partial x} + \frac{dp}{dt} = 0 \Leftrightarrow \dot{p} = -\frac{\partial H}{\partial x} \quad (1.62a)$$

$$\frac{\partial H}{\partial u} = 0 \quad (1.62b)$$

これらを**オイラーの正準方程式**（Euler canonical equation）という．

一方，以下の定理がよく知られている．

定理 1.6 制御入力 $u(t) = u^*(t)$ と，この制御入力を付加した閉ループシステムの軌道 $x(t) = x^*(t)$ が最適であるための必要条件は，以下の三つの条件を満足する関数 $p(t) = p^*(t)$, $t \in [t_0, t_f]$ が存在することである．

(1) $x^*(t)$ および $p^*(t)$ は，以下の微分方程式を満足する．

$$\dot{x}^*(t) = \frac{\partial}{\partial p} H(t, x^*(t), u^*(t), p^*(t)) \quad (1.63a)$$

$$\dot{p}^*(t) = -\frac{\partial}{\partial x} H(t, x^*(t), u^*(t), p^*(t)) \quad (1.63b)$$

(2)
$$p^*(t_f) = \left.\frac{\partial L_f(x)}{\partial x}\right|_{x=x^*(t_f)} \tag{1.64}$$

(3) 任意の時刻 $t \in [t_0,\ t_f]$ に対して

$$H(t, x^*(t), u^*(t), p^*(t)) = \min_{u \in U} H(t, x^*(t), u(t), p^*(t)) \tag{1.65}$$

以上の準備のもとで，最適制御入力を決定する．まず，ハミルトニアン (1.66) を定義する．

$$\begin{aligned} H &= \frac{1}{2}\Big[x^T(t)Q(t)x(t) + u^T(t)R(t)u(t)\Big] \\ &\quad + p^T(t)\Big[A(t)x(t) + B(t)u(t)\Big] \end{aligned} \tag{1.66}$$

このとき，オイラーの正準方程式は，式 (1.67) となる．

$$\dot{p}(t) = -\frac{\partial H}{\partial x} = -Q(t)x(t) - A^T(t)p(t) \tag{1.67a}$$

$$\frac{\partial H}{\partial u} = R(t)u(t) + B^T(t)p(t) = 0 \tag{1.67b}$$

したがって，最適制御入力 $u^*(t)$ は次式で表される．

$$u^*(t) = -R^{-1}(t)B^T(t)p(t) \tag{1.68}$$

ここで $R(t)$ は正定行列であるから逆行列は存在する．そこで，式 (1.68) を式 (1.54) に代入し，式 (1.67a) と一つにまとめて表すと式 (1.69) となる．

$$\begin{bmatrix} \dot{x}(t) \\ \dot{p}(t) \end{bmatrix} = \begin{bmatrix} A(t) & -B(t)R^{-1}(t)B^T(t) \\ -Q(t) & -A^T(t) \end{bmatrix} \begin{bmatrix} x(t) \\ p(t) \end{bmatrix} \tag{1.69}$$

この $2n$ 次元連立一階微分方程式を，つぎの二つの境界条件を使って解く．

[2 点境界値問題]

(1) 初期条件：$x(t_0) = x_0$

(2) 横断性の条件：$p(t_f) = \dfrac{\partial}{\partial x}\left(\dfrac{1}{2}x^T(t)S(t)x(t)\right)\bigg|_{t=t_f} = Sx(t_f)$
$\hspace{10cm}(1.70)$

(2) は $x(t_f)$ が自由端であるために，これに代わる境界条件で，随伴変数に対する終端条件を与える。ここでは**リカッチ微分方程式**の解を利用する方法を示す[8]。$x(t)$ と $p(t)$ の間につぎの関係があると仮定する。

$$p(t) = P(t)x(t),\ t_0 \leqq t \leqq t_f \tag{1.71}$$

ただし，行列 $P(t)$ は後述のリカッチ微分方程式の解として与えられる。ここで，$P(t)$ は $\mathbb{R}^{n\times n}$ である行列である。式 (1.71) を式 (1.69) に代入すると，つぎの式 (1.72) を得る。

$$\dot{x}(t) = [A(t) - B(t)R^{-1}(t)B^T(t)P(t)]x(t) \tag{1.72a}$$

$$\dot{P}(t)x(t) + P(t)\dot{x}(t) = -Q(t)x - A^T(t)P(t)x(t) \tag{1.72b}$$

上式より $\dot{x}(t)$ を消去すると式 (1.73) を得る。

$$\Big[\dot{P}(t) + P(t)A(t) + A^T(t)P(t)$$
$$- P(t)B(t)R^{-1}(t)B^T(t)P(t) + Q(t)\Big]x(t) = 0 \tag{1.73}$$

任意の $x(t)$ に対して上式が成立するためには，$[\,\cdot\,]$ 内が零にならなければならない。ここで $\tau = t_f - t$ とおいて，$X(t) = P(t_f - t)$ として式 (1.74) を得る。

$$\dot{X}(t) - X(t)A(t) - A^T(t)X(t)$$
$$+ X(t)B(t)R^{-1}(t)B^T(t)X(t) - Q(t) = 0 \tag{1.74}$$

式 (1.74) をリカッチ微分方程式という。また，横断性の条件式および式 (1.74) より，$X(t)$ についての初期条件は，$p(t_f) = P(t_f)x(t_f) = Sx(t_f)$ に注意して

$$X(0) = P(t_f) = S \tag{1.75}$$

となる。また，最適制御入力 $u^*(t)$ は，式 (1.71) を式 (1.68) に代入して得られる。

$$u^*(t) = -R^{-1}(t)B^T(t)P(t)x(t) \tag{1.76}$$

すなわち，$u^*(t)$ は状態フィードバック制御系である。

さらに，$t_f \to \infty$ とすれば，$A(t) - B(t)R^{-1}(t)B^T(t)X(t)$ が安定であるので，定常状態に収束する。すなわち，$X(\infty) \to P\,(t_f \to \infty)$，かつ $dX(t)/dt \to 0$ となるので，最終的にリカッチ代数方程式 (1.77) を得る[8]。

$$PA + A^T P - PBR^{-1}B^T P + Q = 0, \ P = X(\infty) \tag{1.77}$$

このとき，最適フィードバック $u^*(t)$ は次式で表される。

$$u^*(t) = -R^{-1}B^T P x(t) \tag{1.78}$$

1.6.2 動的計画法による導出

前節では，LQR 問題に対して，最大原理が利用できることを示したが，動的計画法も同様に適用できることを示す。

まず，動的計画法について説明を行う。以下の最適制御問題を考える。

$$\min_u J = \int_{t_0}^{t_f} f(t,x,u)dt, \ \ x(t_0) = x_0, \ x(t_f) = x_f \tag{1.79}$$

ただし，$x(t_0) = x_0, x(t_f) = x_f$ は固定されていると仮定する。以下の関数を定義する

$$V(t,x) = \min_u \int_t^{t_f} f(t,x,u)dt \tag{1.80}$$

ここで，u についての最小化を考える。

いま，動的計画法を利用するために，最適な軌道を以下のように 2 分割する。すなわち，**最適性の原理**（the principle for optimality）により，下記のように変形できる。

$$V(t,x) = \min_u \int_t^{t_f} f(t,x,u)dt$$
$$= \min_u \int_t^{t+\delta t} f(t,x,u)dt + \min_u \int_{t+\delta t}^{t_f} f(t,x,u)dt$$

1.6 最適レギュレータ

$$= \min_u \int_t^{t+\delta t} f(t,x,u)dt + V(t+\delta t, x+\delta x) \tag{1.81}$$

ただし，$\delta t > 0$ である．さらに，$x(t+\delta t) = x(t) + \delta t \dot{x}(t) + \cdots = x(t) + \delta x(t)$ と定義している．ここで，二変数のテイラー展開を利用すれば

$$\int_t^{t+\delta t} f(t,x,u)dt = f(t,x,u)\delta t + O(\delta t^2) \tag{1.82a}$$

$$V(t+\delta t, x+\delta x) = V(t,x) + \frac{\partial V}{\partial t}\delta t + \left(\frac{\partial V}{\partial x}\right)^T \delta x$$
$$+ O\left(\sqrt{\delta t^2 + \delta x^2}^2\right) \tag{1.82b}$$

が得られる．ただし，$V = V(t,x)$ と略記する．したがって，式 (1.81) は以下のように変形できる．

$$V(t,x) = \min_u \left[f(t,x,u)\delta t + V(t,x) + \frac{\partial V}{\partial t}\delta t + \left(\frac{\partial V}{\partial x}\right)^T \delta x \right.$$
$$\left. + O\left(\sqrt{\delta t^2 + \delta x^2}^2\right) \right] \tag{1.83}$$

ここで，$\delta t \to +0, \delta x \to +0$ とすれば

$$V(t,x) = \min_u \left[f(t,x,u)dt + V(t,x) + \frac{\partial V}{\partial t}dt + \left(\frac{\partial V}{\partial x}\right)^T dx \right] \tag{1.84}$$

すなわち，$dt > 0$ で割って移項すれば

$$-\frac{\partial V}{\partial t} = \min_u \left[f(t,x,u) + \left(\frac{\partial V}{\partial x}\right)^T \dot{x}(t) \right] \tag{1.85}$$

を得る．この式 (1.85) をハミルトン・ヤコビ・ベルマン方程式 (Hamilton-Jacobi-Bellman equation：**HJBE**) (以降，HJBE と略記) という．

以上の準備のもとで，LQR 問題，すなわち，式 (1.54) の拘束条件のもと，二次形式評価関数 (1.55) を最小にする制御入力 $u(t)$ を決定する問題を再度取り上げる．

1. 数学的準備

まず，HJBE (1.85) を計算する。

$$-\frac{\partial V}{\partial t} = \min_{u} \left[\frac{1}{2}\Big(x^T Q(t)x + u^T R(t)u\Big) \right.$$
$$\left. + \left(\frac{\partial V}{\partial x}\right)^T \Big(A(t)x + B(t)u\Big) \right] \tag{1.86}$$

であるので，式 (1.86) の右辺を u について偏微分を行い，0 とすることにより，必要条件であるが，最小を与える $u(t) = u^*(t)$ が得られる。すなわち

$$\frac{\partial}{\partial u}\left[\frac{1}{2}\Big(x^T Q(t)x + u^T R(t)u\Big) + \left(\frac{\partial V}{\partial x}\right)^T \Big(A(t)x + B(t)u\Big)\right]$$
$$= R(t)u + B^T(t)\frac{\partial V}{\partial x} = 0$$
$$\Rightarrow \quad u^* = -R^{-1}(t)B^T(t)\frac{\partial V}{\partial x} \tag{1.87}$$

このとき，式 (1.86) の右辺は以下のようになる。

$$-\frac{\partial V}{\partial t} = \frac{1}{2}x^T Q(t)x + \left(\frac{\partial V}{\partial x}\right)^T A(t)x$$
$$- \frac{1}{2}\left(\frac{\partial V}{\partial x}\right)^T B(t)R^{-1}(t)B^T(t)\frac{\partial V}{\partial x} \tag{1.88}$$

さらに

$$V(t,x) = \frac{1}{2}x^T(t)P(t)x(t) \tag{1.89}$$

であると仮定すれば

$$\frac{\partial V}{\partial t} = \frac{1}{2}x^T(t)\dot{P}(t)x(t), \quad \frac{\partial V}{\partial x} = P(t)x(t) \tag{1.90}$$

であるので，式 (1.88) は以下のように計算される。

$$-x^T \dot{P}(t)x = x^T Q(t)x + 2x^T P(t)A(t)x$$
$$- x^T P(t)B(t)R^{-1}(t)B^T(t)P(t)x \tag{1.91}$$

このとき，$2x^T P(t)A(t)x = x^T(P(t)A(t) + A^T(t)P(t))x$ が成立する。また，すべての状態変数 $x(t)$ に対して，式 (1.91) の微分方程式が成立するので，式

(1.91) は以下のように変形できる。

$$-\dot{P}(t) = P(t)A(t) + A^T(t)P(t) - P(t)B(t)R^{-1}(t)B^T(t)P(t) + Q(t)$$

$$P(t_f) = S(t_f) \tag{1.92}$$

したがって，$P(t)$ を求めることができれば，式 (1.87) および式 (1.92) から，以下のように，制御入力を得ることが可能となる。

$$u^*(t) = -R^{-1}(t)B^T(t)\frac{\partial V}{\partial x} = -R^{-1}(t)B^T(t)P(t)x(t) \tag{1.93}$$

なお，この結果は，式 (1.76) と同一である。

続いて，以下の無限時間最適化問題を考える。

$$\min_u J(u) := \int_0^\infty \left[x^T(t)Qx(t) + u^T(t)Ru(t)\right]dt \tag{1.94a}$$

$$\textbf{s.t.}\ \dot{x}(t) = Ax(t) + Bu(t),\ x(0) = x_0 \tag{1.94b}$$

まず，状態フィードバック $u(t) = Kx(t)$ を仮定し，システムおよび評価関数に代入する。

$$\dot{x}(t) = [A + BK]x(t),\ x(0) = x_0 \tag{1.95a}$$

$$J = \int_0^\infty x^T(t)[Q + K^TRK]x(t)dt \tag{1.95b}$$

ここで，評価関数の値は，K の関数として，以下のように得られる。

$$J = x^T(0)Xx(0) \tag{1.96}$$

ただし

$$X(A + BK) + (A + BK)^TX + Q + K^TRK = 0 \tag{1.97}$$

である。したがって，もとの問題は，式 (1.97) の等式制約条件のもとで，式 (1.96) を最小化する問題となる。そこで，等式制約条件が課されている最適化問題なので，ラグランジュの未定乗数法を利用する。以下のラグランジュ関数を導入する。

34   1. 数 学 的 準 備

$$L := L(X, K, S)$$
$$= x^T(0)Xx(0)$$
$$+ \mathbf{Tr}\Big[S\big[X(A+BK) + (A+BK)^T X + Q + K^T RK\big]\Big]$$
(1.98)

ただし，S はラグランジュ乗数である．ここで，微分を行えば，以下を得る．

$$\frac{\partial L}{\partial X} = (A+BK)S + S(A+BK)^T + x^T(0)x(0) = 0 \qquad (1.99\text{a})$$

$$\frac{\partial L}{\partial K} = 2(B^T X + RK)S = 0 \qquad (1.99\text{b})$$

ここで，式 (1.99a) より，$S > 0$ であり，仮定より $R > 0$ であるので，逆行列 S^{-1}，R^{-1} がともに存在する．したがって，式 (1.99b) より，最適制御ゲイン

$$K = -R^{-1} B^T X \qquad (1.100)$$

が求まる．さらに，式 (1.97) に K を代入すれば，以下のリカッチ代数方程式を得る．

$$XA + A^T X - XBR^{-1}B^T X + Q = 0 \qquad (1.101)$$

この結果は，式 (1.77) と同一である．

最後に，この問題は，以下の**半正定値計画問題** (semidefinite programming：**SDP**) として定式化できる．

$$\min_X \quad \mathbf{Tr}\,[X] \qquad (1.102\text{a})$$

$$\text{s.t.} \quad \begin{bmatrix} A^T X + XA + Q & XB \\ B^T X & R \end{bmatrix} \geq 0 \qquad (1.102\text{b})$$

これは，後述する**線形行列不等式** (linear matrix inequality：**LMI**) によって，容易に解くことが可能である[9],[10]．通常，LMI を利用する場合，最初からプログラムをコーディングすることは非常に時間を有する．しかし，現在では，MATLAB などの制御設計ソフトウェアが開発されており，これらのパッ

ケージを利用すれば容易に解を得ることが可能である。

ラグランジュ関数 (1.98) のように，行列の対角和（**Tr**）となる理由は，以下のとおりである．まず，拘束条件を

$$X(A+BK) + (A+BK)^T X + Q + K^T RK$$

$$= \begin{bmatrix} f_{11} & f_{12} & \cdots & f_{1n} \\ f_{12} & f_{22} & \cdots & f_{2n} \\ \vdots & \vdots & \ddots & \vdots \\ f_{1n} & f_{2n} & \cdots & f_{nn} \end{bmatrix} = 0$$

とおく．ただし，拘束条件の左辺は対称行列であることに注意されたい．一方，ラグランジュ乗数 S は，同じく対称行列であることに注意すれば

$$S = S^T = \begin{bmatrix} s_{11} & s_{12} & \cdots & s_{1n} \\ s_{12} & s_{22} & \cdots & s_{2n} \\ \vdots & \vdots & \ddots & \vdots \\ s_{1n} & s_{2n} & \cdots & s_{nn} \end{bmatrix}$$

したがって

$$\mathbf{Tr}\left[S[X(A+BK) + (A+BK)^T X + Q + K^T RK] \right]$$

$$= \mathbf{Tr} \left[\begin{bmatrix} s_{11} & s_{12} & \cdots & s_{1n} \\ s_{12} & s_{22} & \cdots & s_{2n} \\ \vdots & \vdots & \ddots & \vdots \\ s_{1n} & s_{2n} & \cdots & s_{nn} \end{bmatrix} \begin{bmatrix} f_{11} & f_{12} & \cdots & f_{1n} \\ f_{12} & f_{22} & \cdots & f_{2n} \\ \vdots & \vdots & \ddots & \vdots \\ f_{1n} & f_{2n} & \cdots & f_{nn} \end{bmatrix} \right]$$

$$= \begin{bmatrix} s_{11} & s_{12} & \cdots & s_{1n} \end{bmatrix} \begin{bmatrix} f_{11} \\ f_{12} \\ \vdots \\ f_{1n} \end{bmatrix} + \begin{bmatrix} s_{12} & s_{22} & \cdots & s_{2n} \end{bmatrix} \begin{bmatrix} f_{12} \\ f_{22} \\ \vdots \\ f_{2n} \end{bmatrix}$$

$$+ \cdots + \begin{bmatrix} s_{1n} & s_{2n} & \cdots & s_{nn} \end{bmatrix} \begin{bmatrix} f_{1n} \\ f_{2n} \\ \vdots \\ f_{nn} \end{bmatrix}$$

したがって，行列でもすべての成分について，ラグランジュ関数が定義されている。

1.7 リアプノフ代数方程式

まず，リアプノフ関数 (1.103) を定義する。

$$V(x(t)) = x^T(t) P x(t) \tag{1.103}$$

システム (1.31) の軌道に沿っての $V(x(t))$ の時間微分は式 (1.104) になる。

$$\dot{V}(x(t)) = \dot{x}^T(t) P x(t) + x^T P \dot{x}(t) = x^T(t)(PA + A^T P) x(t) \tag{1.104}$$

したがって，システム (1.31) が漸近安定であるための十分条件は，$V(x(t)) > 0$，$\dot{V}(x(t)) < 0$ から

$$PA + A^T P + Q = 0 \tag{1.105}$$

が成立すればよい。ただし，Q は正定値対称行列である。ここで，式 (1.105) を**リアプノフ代数方程式**（algebraic Lyapunov equation）と呼ぶ。

以下に結果を示す[1]。

定理 1.7 式 (1.105) の解 P が任意の $Q \in \mathbb{R}^{n \times n}$ に対して存在し，かつ一意に定まるためには，A および A^T の固有値が

$$\lambda_i(A) + \lambda_j(A^T) \neq 0, \quad i, j = 1, \cdots, n \tag{1.106}$$

を満足することが必要十分である。すなわち，A の固有値が虚軸上にないことである。

Q の対称性から式 (1.105) の解が存在すれば，必ず実対称行列解 P が存在する。したがって，式 (1.105) の一意解の存在とその性質については，つぎの定理によって示されている[1]。

定理 1.8 A が漸近安定であると仮定する。式 (1.105) は任意の $Q = Q^T \in \mathbb{R}^{n \times n}$ に対して一意解 P をもち，解 P は式 (1.107) で与えられる。

$$P = \int_0^\infty \exp(A^T t) Q \exp(At) dt \tag{1.107}$$

このとき，$Q > 0$ ならば $P > 0$，$Q \geq 0$ ならば $P \geq 0$ である。さらに，$Q = C^T C \geq 0$ かつ (C, A) が可観測ならば $P > 0$ である。

一方，与えられた半正定値対称行列 $Q = C^T C \geq 0$ に対して，(C, A) が可観測であると仮定する。このとき，式 (1.105) の解 $P = P^T > 0$ が存在する必要十分条件は，A が漸近安定となることである。

【証明】 解 P が式 (1.107) で表現できることのみ証明を与える。式 (1.31) で表される微分方程式を考える。ここで

$$J = \frac{1}{2} \int_0^\infty x^T(t) Q x(t) dt \tag{1.108}$$

を考える。したがって

$$\begin{aligned}
J &= -\frac{1}{2} \int_0^\infty x^T(t) \left[PA + A^T P \right] x(t) dt \\
&= -\frac{1}{2} \int_0^\infty \left[x^T(t) P \dot{x}(t) + \dot{x}^T(t) P x(t) \right] dt \\
&= -\frac{1}{2} \int_0^\infty \left[\frac{d}{dt} x^T(t) P x(t) \right] dt = -\frac{1}{2} \left[x^T(t) P x(t) \right]_0^\infty \\
&= -\frac{1}{2} x(\infty) P x^T(\infty) + \frac{1}{2} x^T(0) P x(0)
\end{aligned} \tag{1.109}$$

となるが，システムが漸近安定（A が安定行列）なので，$x(\infty) = 0$ となり

38　1. 数学的準備

$$J = \frac{1}{2}x^T(0)Px(0) \tag{1.110}$$

となる。また，$\dot{x}(t) = Ax(t)$ の解は，$x(t) = \exp(At)x(0)$ より

$$\begin{aligned}
J &= \frac{1}{2}x^T(0)Px(0) = \frac{1}{2}\int_0^\infty x^T(t)Qx(t)dt \\
&= \frac{1}{2}\int_0^\infty x^T(0)\exp(A^T t)Q\exp(At)x(0)dt \\
&= \frac{1}{2}x^T(0)\left[\int_0^\infty \exp(A^T t)Q\exp(At)dt\right]x(0) \tag{1.111}
\end{aligned}$$

以上より，式 (1.107) が示される。

◇

そのほか，$Q = Q^T > 0$ かつ $P = P^T > 0$ ならば，A は漸近安定である。さらに $Q = C^T C \geqq 0$，(C, A) が可検出かつ $P = P^T \geqq 0$ ならば，A は漸近安定である。

例題 1.2

$$A = \begin{bmatrix} -1 & 1 \\ 0 & -2 \end{bmatrix}, \ Q = \begin{bmatrix} 2 & 2 \\ 2 & 6 \end{bmatrix}$$

を考える。式 (1.105) で与えられるリアプノフ方程式 $PA + A^T P + Q = 0$ を満足する P を求めよ。

【解答】　式 (1.107) を利用した方法によれば，式 (1.40) を利用して

$$\begin{aligned}
P &= \int_0^\infty \exp(A^T t)Q\exp(At)dt \\
&= \int_0^\infty \begin{bmatrix} e^{-t} & e^{-t} - e^{-2t} \\ 0 & e^{-2t} \end{bmatrix}^T Q \begin{bmatrix} e^{-t} & e^{-t} - e^{-2t} \\ 0 & e^{-2t} \end{bmatrix} dt \\
&= \int_0^\infty \begin{bmatrix} 2e^{-2t} & 2e^{-2t} \\ 2e^{-2t} & 2e^{-2t} + 4e^{-4t} \end{bmatrix} dt = \begin{bmatrix} 1 & 1 \\ 1 & 2 \end{bmatrix}
\end{aligned}$$

別解として，クロネッカ積の導入を考え，式 (1.105) を次式のように変形する。

$$(A^T \otimes I_2 + I_2 \otimes A^T)\text{vec}P = -\text{vec}Q$$

$$\Rightarrow \text{vec}P = -(A^T \otimes I_2 + I_2 \otimes A^T)^{-1}\text{vec}Q$$

$$= -\begin{bmatrix} -2 & 0 & 0 & 0 \\ 1 & -3 & 0 & 0 \\ 1 & 0 & -3 & 0 \\ 0 & 1 & 1 & -4 \end{bmatrix}^{-1} \begin{bmatrix} 2 \\ 2 \\ 2 \\ 6 \end{bmatrix}$$

$$= -\begin{bmatrix} -\dfrac{1}{2} & 0 & 0 & 0 \\ -\dfrac{1}{6} & -\dfrac{1}{3} & 0 & 0 \\ -\dfrac{1}{6} & 0 & -\dfrac{1}{3} & 0 \\ -\dfrac{1}{12} & -\dfrac{1}{12} & -\dfrac{1}{12} & -\dfrac{1}{4} \end{bmatrix} \begin{bmatrix} 2 \\ 2 \\ 2 \\ 6 \end{bmatrix} = \begin{bmatrix} 1 \\ 1 \\ 1 \\ 2 \end{bmatrix}$$

(1.112)

したがって，ベクトル化 vec を戻せば P を代数計算のみによって得られる．ただし，正則な行列 S, T に対して，ブロック行列の逆行列の公式

$$\begin{bmatrix} S & 0 \\ U & T \end{bmatrix}^{-1} = \begin{bmatrix} S^{-1} & 0 \\ -T^{-1}US^{-1} & T^{-1} \end{bmatrix}$$

を利用した．

◇

1.8 H_∞ 制御

数学を要とする体系化されたシステム理論のなかで，H_∞ 制御は，確立された制御手法の一つとして広く知られている[11)~15)]。H_∞ 制御は，制御系のロバスト性を改善しようとしたとき，LQR 問題のような二次評価関数に基づく最適化より，最悪ケースを抑える効果が期待できる H_∞ ノルムを規範とし，外部入力から制御量までの伝達関数の H_∞ ノルムの最適化を行うべきだという Zames[16)]

の主張を契機として発展してきた。H_∞ 制御が研究され始めたころは，H_∞ 制御は，複素数を主とした周波数領域の評価に基づくもので，時間領域の評価関数を最小にする最適制御とは異なるように思われていた。しかし，文献17) により，制御則構築には，根本的に二つのリカッチ代数方程式を解けばよいことが示された。さらに，両者の制御方式は密接に関係しており，H_∞ 制御においてその条件を緩めていくと H_2 制御すなわち最適制御に近づくことが，有名なDGKF論文[18]により示された。その後，H_∞ 制御系の性質が調べられるとともに，計算手順のパッケージ化が進むなど，より応用的な制御設計理論の構築が目指されている。以下では，文献11)〜15) に記されている結果を中心に説明する。

1.8.1 H_∞ ノルム

まず，記号の説明をする。複素数 s の複素共役を $\bar{s}$ のように表す。そして無限遠点 ∞ を含む複素閉右半平面 $\mathbf{Re}(s) \geq 0$ を $\mathbb{C}_{+e}$ で表し拡張閉右半平面と呼ぶことにする。有理関数 $f(s)$ が無限遠点に極をもたないとき，すなわち，$|f(\infty)| < \infty$ を満足するとき $f(s)$ は**プロパ**（proper）であるといい，特に，$|f(\infty)| = 0$ を満足するとき**真にプロパ**（strictly proper）という。

プロパとは限らない有理関数 $f(s)$ が安定とは $\mathbf{Re}(s) \geq 0$ に極をもたないときをいう。ここで，プロパで安定な実有理関数の全体の集合を $\mathbb{RH}_\infty$ とする。$\mathbb{RH}_\infty$ は有界入力有界出力の意味で安定な伝達関数のクラスと一致する。ここで，プロパ性を要求しているのは微分器を考慮から外すためである。

有理関数 $f(s)$ において，$s \in \mathbb{C}$ であり，閉右半平面 $\mathbf{Re}(s) > 0$ において

$$|f(s)| \leq b \tag{1.113}$$

を満たす実数 b を H_∞ ノルムといい，$\|f\|_\infty$ と定義する。また，これは

$$\|f\|_\infty \equiv \sup_s \{|f(s)|, \mathbf{Re}(s) > 0\} \tag{1.114}$$

と同値である。関数解析の**最大値原理**（maximum modulus theorem）によっ

て，最大値は境界上でとるので

$$\|f\|_\infty \equiv \sup_\omega \{|f(j\omega)|,\ \omega \in \mathbb{R}\} \tag{1.115}$$

によって無限大ノルムを求めることができる．

式 (1.115) で定義される H_∞ ノルムの概念を幾何学的に解釈すれば，$f(s)$ のナイキスト線図を描いたとき，出発点から一番遠くの点までの距離であることを意味する．H_∞ ノルムは安定でプロパな伝達関数，または伝達関数行列のある意味での「大きさ」を表す正の数で次式で定義される．

$$\|G(s)\|_\infty = \sup_{\omega \in \mathbb{R}} |G(j\omega)| \tag{1.116a}$$

$$\|G(s)\|_\infty = \sup_{\omega \in \mathbb{R}} \sigma_{\max}(G(j\omega)) \tag{1.116b}$$

式 (1.116a) はスカラの場合の H_∞ ノルムであり，$G(s)$ のベクトル軌跡で原点から最も遠い距離を意味する．また，式 (1.116b) は，行列の場合の H_∞ ノルムであり，$\sigma_{\max}(G(j\omega))$ は，$G^T(-j\omega)G(j\omega)$ の最大固有値の平方根である最大特異値である．すなわち，複素数を要素とする行列 $G(s)$ に対し，$G(s)$ と $G(s)$ の共役転置 $G^*(s)$ の積 $G^*(s)G(s)$ における最大固有値の平方根を意味する．

以上の準備のもとで，出力フィードバックによる H_∞ 標準問題を考える．

次式で表現される線形時不変システムを考える．

$$\dot{x}(t) = Ax(t) + B_1 w(t) + B_2 u(t) \tag{1.117a}$$

$$z(t) = C_1 x(t) + D_{11} w(t) + D_{12} u(t) \tag{1.117b}$$

$$y(t) = C_2 x(t) + D_{21} w(t) + D_{22} u(t) \tag{1.117c}$$

ここで，$x(t) \in \mathbb{R}^n$ は状態ベクトル，$u(t) \in \mathbb{R}^{m_2}$ は制御入力，$w(t) \in \mathbb{R}^{m_1}$ は外部入力（外乱，基準入力など），$z(t) \in \mathbb{R}^{p_1}$ は制御量，$y(t) \in \mathbb{R}^{p_2}$ は観測出力を表す．また，各係数行列は適当な次元をもつものとする．

続いて，次式で表現される一般化制御対象が与えられたとする．

$$\begin{bmatrix} Z(s) \\ Y(s) \end{bmatrix} = \begin{bmatrix} G_{11}(s) & G_{12}(s) \\ G_{21}(s) & G_{22}(s) \end{bmatrix} \begin{bmatrix} W(s) \\ U(s) \end{bmatrix} \tag{1.118}$$

$G_{ij}(s) \in \mathbb{R}^{p_i \times m_i}, \ i,j = 1,2$

$W(s) = \mathscr{L}[w(t)] \in \mathbb{R}^{m_1}, \ Z(s) = \mathscr{L}[z(t)] \in \mathbb{R}^{p_1}$

$U(s) = \mathscr{L}[u(t)] \in \mathbb{R}^{m_2}, \ Y(s) = \mathscr{L}[y(t)] \in \mathbb{R}^{p_2}$

ただし，記号 $\mathscr{L}$ はラプラス変換

$$\mathscr{L}[f(t)] = \int_0^\infty f(t) e^{-st} dt$$

を意味する。また，$G_{ij}(s)$ は伝達関数行列である。ここで

$$\begin{aligned} G(s) &= \begin{bmatrix} G_{11}(s) & G_{12}(s) \\ G_{21}(s) & G_{22}(s) \end{bmatrix} \\ &= \begin{bmatrix} D_{11} & D_{12} \\ D_{21} & D_{22} \end{bmatrix} + \begin{bmatrix} C_1 \\ C_2 \end{bmatrix} (sI - A)^{-1} \begin{bmatrix} B_1 & B_2 \end{bmatrix} \\ &= \left[\begin{array}{c|cc} A & B_1 & B_2 \\ \hline C_1 & D_{11} & D_{12} \\ C_1 & D_{21} & D_{22} \end{array} \right] = \left[\begin{array}{c|c} A & B \\ \hline C & D \end{array} \right] \end{aligned} \tag{1.119}$$

いま，制御則を

$$U(s) = K(s)Y(s), \ K(s) \in \mathbb{R}^{m_2 \times p_2} \tag{1.120}$$

と定める。この制御系において，$W(s)$ から $Z(s)$ までの伝達関数を $\Phi(s) \in \mathbb{RH}_\infty^{p_1 \times m_1}$ とおく。すなわち

$$Z(s) = \Phi(s) W(s) \tag{1.121a}$$

$$\Phi(s) = G_{11}(s) + G_{12}(s) K(s) \Big(I - G_{22}(s) K(s) \Big)^{-1} G_{21}(s) \tag{1.121b}$$

とする。このとき，H_∞ 標準問題は，以下のように表される[16]。

正数 $\gamma > 0$ が与えられたとき

$$\|\Phi\|_\infty < \gamma \tag{1.122}$$

を満たす安定化補償器 $K(s)$ をすべて求めよ．

1.8.2　H_∞ 制御問題の一般解

準備として，まず，リカッチ代数方程式に関する記号を定義する．いま，一般に A, Q, R を $\mathbb{R}^{n \times n}$ 実定数行列とし，Q, R を対称行列とする．このとき，$\mathbb{R}^{2n \times 2n}$ のハミルトニアン行列 H を

$$H \equiv \begin{bmatrix} A & -R \\ -Q & -A^T \end{bmatrix} \tag{1.123}$$

と定義し，これに対応するリカッチ代数方程式

$$A^T X + XA - XRX + Q = 0 \tag{1.124}$$

の $\mathbb{R}^{n \times n}$ の実対称解 X のうち，$A - RX$ を安定とするものが存在するとき，これを式 (1.124) の安定化解といい

$$X = \mathbf{Ric}\{H\} \tag{1.125}$$

と表すことにする．標準問題の解 $K(s)$ が，存在するための必要十分条件を求めるために以下の仮定 1.～4. を導入する．

1. (A, B_2)：可安定．(C_2, A)：可検出

2. $\mathrm{rank} D_{12} = m_2$（列フルランク），$\mathrm{rank} D_{21} = p_2$（行フルランク）

3. $\mathrm{rank} \begin{bmatrix} A - j\omega I_n & B_2 \\ C_1 & D_{12} \end{bmatrix} = n + m_2; \forall \omega \in \mathbb{R}$（列フルランク）

4. $\mathrm{rank} \begin{bmatrix} A - j\omega I_n & B_1 \\ C_2 & D_{21} \end{bmatrix} = n + p_2; \forall \omega \in \mathbb{R}$（行フルランク）

これらの仮定のなかで 1. は制御系の内部安定化に必要なものである。ほかは理論上の便宜のための仮定である。ここでは，表記を簡単にするため直達項に関してつぎの仮定を加える。

5. $D_{11} = 0, D_{22} = 0, D_{12} = \begin{bmatrix} 0 \\ I_{m_2} \end{bmatrix}, D_{21} = \begin{bmatrix} 0 & I_{p_2} \end{bmatrix}$

以上の準備のもとで，H_∞ 制御問題が可解であるための必要十分条件と，仕様を満たすすべての補償器の集合は，つぎの補題で与えられる[18]。

補題 1.4 仮定 1.～5. のもとで，与えられた $\gamma > 0$ と一般化制御対象に対して H_∞ 制御問題の解 $K(s)$ が存在するための必要十分条件は

$$X = \mathbf{Ric}\{H_X\}, \ Y = \mathbf{Ric}\{H_Y\} \tag{1.126}$$

が存在し

$$X \geqq 0, \ Y \geqq 0, \ \lambda_{\max}(XY) < \gamma^2 \tag{1.127}$$

を満たすことである。ここで，$\lambda_{\max}(\cdot)$ は行列の最大固有値を表し

$$H_X = \begin{bmatrix} A - B_2 D_{12}^T C_1 & \gamma^{-2} B_1 B_1^T - B_2 B_2^T \\ -C_1^T C_1 + C_1^T D_{12} D_{12}^T C_1 & -(A - B_2 D_{12}^T C_1)^T \end{bmatrix} \tag{1.128}$$

$$H_Y = \begin{bmatrix} (A - B_1 D_{21}^T C_2)^T & \gamma^{-2} C_1^T C_1 - C_2^T C_2 \\ -B_1 B_1^T + B_1 D_{21}^T D_{21} B_1^T & -(A - B_1 D_{21}^T C_2) \end{bmatrix} \tag{1.129}$$

である。また，上記条件が成立するとき，仕様を満たすすべての制御則は

$$K(s) = \hat{K}_{11}(s) + \hat{K}_{12}(s) U(s) \left(I - \hat{K}_{22}(s) U(s) \right)^{-1} \hat{K}_{21}(s) \tag{1.130}$$

と自由パラメータ $U(s)$ を用いて表現できる。ただし，$U(s) \in \mathbb{R}\mathbb{H}_\infty^{m_2 \times p_2}$，$\|U(s)\|_\infty < \gamma$ を満足する。このとき，$\hat{K}_{ij}(s)$ は次式により定まる。

$$\hat{K}(s) = \begin{bmatrix} \hat{K}_{11}(s) & \hat{K}_{12}(s) \\ \hat{K}_{21}(s) & \hat{K}_{22}(s) \end{bmatrix} = \left[\begin{array}{c|cc} \hat{A} & \hat{B}_1 & \hat{B}_2 \\ \hline \hat{C}_1 & 0 & I_{m_2} \\ \hat{C}_2 & I_{p_2} & 0 \end{array} \right] \quad (1.131)$$

すなわち，$\hat{K}_{ij}(s) = \hat{C}_i(sI - \hat{A})\hat{B}_j + \hat{D}_{ij}$ $(i,j = 1,2)$ であり，$\hat{A}, \hat{B}_1, \hat{C}_1$ などは以下で定義される。

$$\hat{B}_1 = B_1 D_{21}^T + YC_2^T, \ \hat{B}_2 = B_2 + \gamma^{-2} YC_1^T D_{12}$$
$$\hat{C}_1 = -(D_{12}^T C_1 + B_2^T X)(I - \gamma^{-2} YX)^{-1}$$
$$\hat{C}_2 = -(C_2 + \gamma^{-2} D_{21} B_1^T X)(I - \gamma^{-2} YX)^{-1}$$
$$\hat{A} = (A - B_1 D_{21}^T C_2) + Y(\gamma^{-2} C_1^T C_1 - C_2^T C_2) + \hat{B}_2 \hat{C}_1 (I - \gamma^{-2} YX)^{-1}$$

この補題は，$G(s)$ の状態空間データ (A, B_1, B_2) から定まる二つのリカッチ代数方程式の安定化解 (1.126) を求め，それらが準正定などの三つの条件 (1.127) を満たせば，与えられた H_∞ 制御問題に対する仕様を満たす安定化補償器が存在すること，および，そのような制御則が式 (1.130) の形式で自由パラメータ $U(s)$ を用いて記述されることを示している。特に，$U(s) = 0$ と選ぶとき，$K(s) = \hat{K}_{11}(s)$ となるが，これは中心解と呼ばれ，その次数は $\hat{A}$ と A のサイズが同じであり，一般化制御対象の次数 n に等しい。

1.9 線形行列不等式：LMI

凸最適化問題（convex optimization problem）とは最適化問題の分野の一つであり，一般的な最適化問題よりも簡単に最適化が可能である。また，局所的な最大値や最小値ではなく，大域的な最大値や最小値を保証するという重要な性質を有する。近年，凸最適化問題において，**線形行列不等式**（linear matrix inequality：**LMI**）を利用した数値最適化が注目されている[9),10)]。本節では，LMIにおける基本的な事項について説明を行う。

LMIの一般形は，式 (1.132) のような線形関数（アフィン関数）による不等式によって表現される。

$$F(\boldsymbol{x}) := F_0 + x_1 F_1 + x_2 F_2 + \cdots + x_n F_n > 0 \tag{1.132}$$

ただし，$\boldsymbol{x} := \begin{bmatrix} x_1 & x_2 & \cdots & x_n \end{bmatrix}^T \in \mathbb{R}^n$ は，変数ベクトルであり，$F_i \in \mathbb{R}^{n \times n}$ $(i = 1, 2, \cdots, n)$ は，与えられた対称行列である。

いま，$F(\boldsymbol{x}) > 0, F(\boldsymbol{y}) > 0$ を満足する任意の変数 $\boldsymbol{x}, \boldsymbol{y}$ に対して

$$F(\lambda \boldsymbol{x} + (1-\lambda)\boldsymbol{y}) = \lambda F(\boldsymbol{x}) + (1-\lambda)F(\boldsymbol{y}) > 0, \ \forall \lambda \in [0, 1] \tag{1.133}$$

が成立するので，明らかに $F(\boldsymbol{x})$ は，凸関数となる。

LMIによる制約を伴う線形の目的関数の最適化問題は，一般に**半正定値計画問題**（semidefinite programming problem：**SDP**）と呼ばれる。具体的には，以下のような問題を指す。

$$\min_{\boldsymbol{x}} \boldsymbol{c}^T \boldsymbol{x} \tag{1.134a}$$

$$\textbf{s.t.} \ F(\boldsymbol{x}) \geqq 0 \tag{1.134b}$$

ただし，$\boldsymbol{c} \in \mathbb{R}^n$ は，与えられた定数ベクトルである。

現在，MATLAB の LMI コントロールツールボックスなどのソフトウェアが開発され，容易に計算機に実装できるようになった。近年では，LMIによる制御系設計手法は，なくてはならない方法論の一つになっている。

1.10 まとめ

コンピュータおよびインターネットの発達においても，最適化は，古典的でありながら数理的問題解決の重要手段として，いまなお健在である[4),5),19)]。最適

1.10 まとめ

化の学習手順としては，大学の教養教育課程で扱われる偏微分を利用した多変数の最大・最小問題から始まり，等式や不等式制約条件を考慮した問題が扱われる[20]〜[23]。専門課程に入ると，∇などの記号を利用して，最適化の解を表現することが一般的となる。本章で紹介した KKT 条件も扱う場合もあるであろう。さらに，最適性を達成する解が，多変数の非線形代数方程式から得られることが示される。ここでは，大半の問題が非凸性を有し，得られた最適性の条件が必要条件となることが示される。また，一般の工学的問題では，リカッチ方程式[8]に見られるように方程式の変数が多いことや，非線形性を有するなど，解を見つけることは非常に困難であることが示される。実際には，コンピュータを使用して解く必要が生じるため，解を得るための数値解法も扱われる。特に，ニュートン法を利用した数値解法が一般的によく説明される[6]。これらの内容は，一般に非線形最適化と呼ばれる単元となっている。これと同時に，あるいは非線形最適化問題を扱う前に，線形計画法による最適化問題も扱われる場合もある。本書では説明しなかったが，シンプレックス法による解法も非常に重要な最適化手法の一つである。専門課程も後半になると，関数の関数といわれる汎関数に関して，変分法が取り上げられる。さらに，動的計画法を利用することによって，大規模な最適化問題が，コンピュータで扱えるようになることが示される。

本章で扱った内容は，上記の最適化問題に関連した内容を中心として，次章以降必要な数理的・基礎的テクニックについて解説した。多変数を扱うため，記述の大半は，ベクトル・行列に基づいている[1],[2]。さらに，静的な最適化に限らず，汎関数を基盤とした変分法[24]による動的な最適化理論も紹介した。これらの結果は，システム理論に深くかかわっており，最適制御問題として知られている[25]。紙面の都合上，証明が与えられなかった定理や補題などがあるが，巻末に示す参考文献から知ることができる。これらは，良書として知られており，もっと深く学びたい，あるいは，知りたい場合にはぜひ参考にしてほしい。

2 確率過程論

　ノーバート・ウィナー（Norbert Wiener）は，サイバネティクスの提唱者としてよく知られている。サイバネティクスとは，通信工学と制御工学を融合し，生理学，機械工学，システム工学を総合的に扱うことを目的とする学問分野のことであり，著書『ウィーナー サイバネティックス―動物と機械における制御と通信』[1]の中で定義されている。さまざまな応用数学分野で顕著な業績をあげてきたウィナーであるが，特に，数理的に理論化されたブラウン運動は，近年において，数理ファイナンスにおける基礎的成果として知られている。ブラウン運動とは，水面上に浮かべた花粉の微粒子が，熱運動する水の分子の衝突によって，不規則な動きをすることを指し，英国の植物学者ロバート・ブラウン（Robert Brown）によって発見された。この微粒子の動きを，ランダム・ウォークの事象として，数理的に表現することにより，工学・理学・経済学で現れる「不規則運動・揺れ」を数学的に厳密に記述し，解析することが可能となる。

　ブラウン運動の理論的な基礎づけは，1905年，アインシュタインによって与えられた。その特徴の一つとして，ブラウン運動を確率過程として扱ったことがあげられる。特に，微小時間 Δt における微粒子の変位 $\Delta w(t)$ は，$\sqrt{\Delta t}$ に比例する。すなわち，$\Delta w(t) \propto \sqrt{\Delta t}$ が成立することを発見した。この関係式は，理論面だけでなく，シミュレーションにも大きな貢献を与えるもので，画期的な結果であった。このように，確率過程という数学的な側面と現実問題を扱ううえで，ブラウン運動はたいへん興味深いものとなっている。

　本章では，まず，連続時間における確率過程であるウィナー過程に対して，ブラウン運動を定義し，その性質について解説する。その後，マルコフ過程にお

いては，マルコフジャンプ確率システムについて述べる。ただし，関連する定理や補題の導出にあたっては，数学的に厳密な議論は行わず，簡易な説明に留める。

2.1 確 率 過 程

通常，物理現象における観測状態は，n 個の要素をもつベクトルで表現される。例えば，自動車がある地点を通過するとき，時間，位置，速度，加速度といった四次元の値をもって表現できる。一般論では，n 次元空間の 1 点として表現されるが，このような点を**標本点**（sample point）という。さらに，すべての標本点を含む空間を**標本空間**（sample space）といい，通常 Ω と表記する。すべての標本点の中から，ある条件に適合する標本点のみの集合を定義することができるが，このような標本点の集まりを**事象**（event）という。標本空間とは，**試行**（trial）の結果として起こりうるすべての**根源事象**（fundamental event）の集合であると解釈できる。さらに，起こりうるすべての事象の和であるとも解釈できる。また，標本空間 Ω の部分集合で，いろいろな事象の集まりを $\bm{F}$ で表記する[2]~[4]。

続いて，**σ–加法族**（σ-algebra）を定義する。

定義 2.1　標本空間 Ω の部分集合からなる集合族 $\bm{F}$ が Ω の σ–加法族であるとは，以下の三つの条件を $\bm{F}$ が満足することをいう。
(1) $\Omega \in \bm{F}$
(2) $A \in \bm{F}$ ならば，$A^c = \{\omega \in \Omega, \omega \notin A\} \in \bm{F}$
(3) $A_1, A_2, \cdots, A_n \in \bm{F}$ ならば，$\cup_{k=1}^{n} A_k \in \bm{F}$

標本空間の集合，つまり事象のうち，確率を測ることができる事象の全体が σ–加法族になっていると考えることにより，測度論的確率論が議論できるようになる。具体的には，コルモゴロフによる**確率**（probability）を以下の公理 2.1

から公理 2.4 によって定義することが可能となる[2)~4)]。

公理 2.1 事象集合の中から，一つの集合 A をとり，この A に対して

$$0 \leq P(A) \leq 1 \tag{2.1}$$

を満足するような一つの実数 $P(A)$ を対応させる。この実数 $P(A)$ を確率という。

公理 2.2

$$P(\Omega) = 1, \ P(\phi) = 0 \tag{2.2}$$

ただし，ϕ は空集合を表す。

公理 2.3 二つの事象 A_1 および A_2 がたがいに排反である。すなわち，$A_1 \cap A_2 = \phi$ であるならば

$$P(A_1 \cup A_2) = P(A_1) + P(A_2) \tag{2.3}$$

公理 2.4 事象 $A_1, A_2, \cdots, A_n$ がたがいに排反である。すなわち，$A_i \cap A_j = \phi \ (i \neq j)$ であるならば

$$P\left(\bigcup_{k=1}^{n} A_k\right) = \sum_{k=1}^{n} P(A_k) \tag{2.4}$$

公理 2.1 から公理 2.4 によって定義された確率という一つの集合関数を P と

する。ここで，P は確率測度を意味する。

　これらの記号を利用して，$(\Omega, \bm{F}, \bm{P})$ を**確率空間**という。一方，フィルトレーション (filtration) を $\bm{F}_t$ で表し，$\bm{F}$ の部分 σ–加法族の増大列を示す。すなわち，$\bm{F}$ の部分集合かつ σ–加法族である $\bm{F}_s, \bm{F}_t$ に対して，以下を満足する。

$$\bm{F}_s \subset \bm{F}_t \subset \bm{F}, \quad 0 \leq s < t$$

これは，時刻 t までに得られた不確定性に関する情報と考えることができる[2)~6)]。このとき，$(\Omega, \bm{F}, \bm{F}_t, \bm{P})$ を**フィルタ付き確率空間** (filtered probability space) という。

　通常，さまざまな動的システムが稼働しているとき，時間の経過とともに，信号など，状態値の変動の大きさが不規則に変化する場合がある。例えば，伝送路を流れる電気信号は，**雑音**（noise）によって，入力値の波形が崩壊するといったことが観測される。このような現象を**不確定現象**（uncertain phenomenon）という。不確定現象が，時間の経過とともに発生することがよく知られており，時間とともに変化する不確定現象を**確率過程**（stochastic process）という。確率過程に関して，数学的には，以下の定義 2.2 が一般的である。

定義 2.2　　$[0, \infty)$ における各実数 t に対し，確率変数 $X(t)$ が与えられているとき，この確率変数の系

$$X(t, \omega) = \{x(t, \omega) \; ; \; t \in [0, \infty)\} \tag{2.5}$$

を確率過程という。ただし，$x(t, \omega)$ は，時刻 t における標本点の集合 $\omega = \{\omega_1, \omega_2, \cdots, \omega_n, \cdots\}$ における不確定変動データを表す。

　確率過程では，時間 t を固定すれば $X(t, \cdot)$ が確率変数，標本点 ω を固定すれば $X(\cdot, \omega)$ が解の標本を意味する。すなわち，確率過程 $X(t, \omega)$ は，時刻 t を固定すれば，確率空間 $(\Omega, \bm{F}, \bm{P})$ における標本空間 Ω の要素 ω によって値が変わる確率変数となり，逆に根元事象を一つ固定して考えると，時間パラメー

タ t の関数となる.根元事象を固定して得られる t の関数を確率過程の**標本路** (sample path) という.一般に,確率変数の値が根元事象によって異なるように,根元事象が異なれば確率過程の標本路も異なる点に注意を要する.具体的には,確率システムでは,初期状態 x_0 と入力が固定されても,システムにウィナー過程である不規則過程 $w(t)$ が内在するため,各試行ごとに実現される解過程である標本路は異なる.確率論および確率過程の詳細については,文献2)~4)がよく知られているので,そちらを参照されたい.

先に定義したように,ある標本路が実現する事象を ω と表したとき,そのすべてを含む集合を標本空間といい,Ω と表記することを述べた[5),6]。ここで,確率過程は,時刻 t を添え字にもつ確率空間 $(\Omega, \boldsymbol{F}, \boldsymbol{P})$ 上の**確率変数** (random variable) の族を指す.

一般に,システムの状態 X は,時間とともに変化するので,時間 t をパラメータとして,X_t,あるいは $X(t)$ のように略記できる.以後,記述が簡略化できる場合には X_t を利用し,時刻 t の関数であることを強調したい場合には $X(t)$ と表記する.

2.1.1　ウィナー過程

確率空間 $(\Omega, \boldsymbol{F}, \boldsymbol{P})$ 上で定義された連続時間の確率過程 $w(t)$ に対して,以下の四つの条件を満足するとき,**一次元ブラウン運動** (one-dimensional Brownian motion) または**一次元ウィナー過程** (one-dimensional Wiener process) と呼ばれる.

(1) $w(0) = 0$, a.s. あるいは,$\boldsymbol{P}(w(0) = 0) = 1$

(2) ある自然数 n および,時刻 $0 \leqq t_0 < t_1 < \cdots < t_n$ に対して,n 個の確率変数

$$w(t_1) - w(t_0),\ w(t_2) - w(t_1),\ \cdots,\ w(t_n) - w(t_{n-1})$$

は独立である.すなわち,定常増分および独立増分をもつ.

(3) 各時刻 $0 \leqq s < t$ に対して,確率変数 $w(t) - w(s)$ の分布は,$w(t) - w(s) \sim$

$N(0,\ t-s)$。特に，$t>0$ に対し，$w(t) \sim N(0,\ t)$。ただし，$N(\mu,\ \sigma^2)$ は，平均 μ，分散 σ^2 の正規分布を表す。

(4) 確率 1 で，標本路は連続である。

以下に，上記で使用されている用語について補足する。a.s とは，almost surly の略であり，ほとんど確実に確率 1 でという意味で用いている。一般には，a.s. は，**概収束**（almost sure convergence）を意味し，その定義は確率変数の列 $\{X_n\}$ が与えられたとき

$$P\left(\lim_{n\to +\infty} X_n = X\right) = 1$$

のように表される。$X_n \xrightarrow{\text{a.s.}} X$ と表すこともある。

定常増分は，$t, s \in T,\ s < t$ となる実数に対して，確率過程 X_t，X_s の差 $X_t - X_s$ として定義される。ここで，増分 $X_t - X_s$ は，確率変数となることに注意されたい。独立増分をもつ過程は**マルコフ過程**（Markov process）であることが知られている。マルコフ過程とは，将来の挙動が現在の値だけで決定され，過去の挙動と無関係であるという性質をもつ確率過程を指す。一方，独立増分をもつとは，$t, s, t+h, s+h \in T,\ s < t,\ h \geqq 0$ を満たす任意の t, s, h に対して，$X_t - X_s$ と $X_{t+h} - X_{s+h}$ が同じ分布に従うことをいう。

2.1.2 ブラウン運動の性質

ブラウン運動には，以下のような性質が知られている。

〔1〕 **マルコフ性** 確率変数 $w(t,\omega)$ は，一次元ブラウン運動であると仮定する。このとき，$\{w(t,\omega) - w(s,\omega)\}$ は，実数値増分かつ正規分布であり，以下を満足する。

$$\mathbb{E}[w(t,\omega) - w(s,\omega)] = 0 \tag{2.6a}$$

$$\mathbb{E}\left[\big(w(t,\omega) - w(s,\omega)\big)^2\right] = \sigma^2 |t-s| \tag{2.6b}$$

ただし，σ は正の定数である。特に，分散 $\sigma^2 = 1$ であるとき，**標準ブラウン運動**，**標準ウィナー過程**という。

これは，ブラウン運動の増分 $\{w(t,\omega) - w(s,\omega)\}$ は，実数値でその確率密度関数 $f(x) = f(w_t - w_s)$ が

$$f(w_t - w_s) = \frac{1}{\sqrt{2\pi(t-s)}\sigma} \exp\left[-\frac{(w_t - w_s)^2}{2\sigma^2(t-s)}\right] \qquad (2.7)$$

で表されることを示す．さらに，以下が成立する．

$$\boldsymbol{P}(w(0,\omega) = 0) = 1 \qquad (2.8a)$$
$$\mathbb{E}\Big[\big(w(t_3,\omega) - w(t_2,\omega)\big)\big(w(t_2,\omega) - w(t_1,\omega)\big)\Big] = 0, \ t_1 < t_2 < t_3 \qquad (2.8b)$$

これは，初期値が確率 1 で $w(0,\omega) = 0$ であることを示す．さらに，相異なる時間帯における標本過程の増分は，たがいに無相関であることを示している．

そのほかに，標本路は確率 1 で至る所が微分不可能である．これは，ブラウン運動による標本路は非常にギザギザな曲線となることを意味する．あとに，シミュレーションによって示される．

ブラウン運動が定常増分および独立増分をもつ過程であるから，マルコフ過程であることがわかる．すなわち，$t > 0$ を満足する実数に対して，将来の増分 $w(t+h) - w(t)$ $(h \geqq 0)$ が，$w(s)$ $(s \leqq t)$ と独立であることを表す．物理的には，将来の増分 $w(t+h) - w(t)$ が時刻 t 以前の挙動と独立であることを意味する．

〔2〕 マルチンゲール性　まず，例として，為替のランダムな時間的推移を考える．ただし，日々の為替相場，例えば円とドルの売買は以下の条件を満足すると仮定する．

(1) 日々における変動は独立である．
(2) 為替の増減の期待値は 0 である．
(3) その日の為替は，前日までの過去の為替の増減の累積和である．

このとき，「為替はマルチンゲールである」といわれる．

以下に，マルチンゲールの数学的定義を与える．

定義 2.3　任意の $t \geqq 0$ に対して，X_t が，つぎの三つの条件を満足する

とき，F_t に関するマルチンゲールという。

(1) 任意の $t \geqq 0$ に対して，$\mathbb{E}[|X_t|] < \infty$
(2) 任意の $t \geqq 0$ に対して，X_t は，F_t–可測
(3) $0 \leqq s \leqq t$ を満足する任意の s, t に対して

$$\mathbb{E}[X_t \mid F_s] = X_s \tag{2.9}$$

ここで，時刻 t までに X_t がどんな値を取ったのかがわかることを F_t–可測（F_t–measurable）という。また，任意の $t \geqq 0$ に対して，X_t が F_t–可測であることと，X_t が F_t–適合（F_t–adapted）であることは同値であることに注意されたい。さらに $\mathbb{E}[X_t \mid F_s]$ は後に説明する条件付き期待値を表す。

$\mathbb{E}[X_t \mid F_s] \leqq X_s$ を満たすとき，X_t を優マルチンゲールという。さらに $X_t \geqq 0$ ($t \geqq 0$) のとき，優マルチンゲール収束定理より，$t \to \infty$ において X_t はほとんど確実に有界な収束値をもつ。以下の定理 2.1 は，非負優マルチンゲール確率不等式と呼ばれる重要な定理である。

定理 2.1 $v(t) \in \mathbb{R}$ を非負優マルチンゲールとする。このとき任意の $\lambda > 0$ に対して $P\{\sup_{t \geqq 0} v(t) \geqq \lambda\} \leqq E\{v(0)\}/\lambda$ が成り立つ。

引き続き，条件付き期待値とその性質について述べる。

定理 2.2 確率空間 (Ω, F, P) とする。ある可積分な確率変数 X は $\mathbb{E}[|X|] < \infty$ を満足し，G を F の部分 σ–加法族と仮定する。このとき，以下の三つの条件を満足する確率変数 Y が唯一存在する。

(1) $\mathbb{E}[|Y|] < \infty$
(2) Y は，G–可測
(3) $\displaystyle\int_G Y dP = \int_G X dP, \ \ G \in G$ \hfill (2.10)

このとき,Y を X の $\boldsymbol{G}$ に関する条件付き期待値といい,$Y = \mathbb{E}[X \mid \boldsymbol{G}]$, a.s. で表す.

さらに,X, X_i, $(i = 1, 2)$ を $\mathbb{E}[|X|] < \infty$, $\mathbb{E}[|X_i|] < \infty$ である確率変数,$\boldsymbol{G}$ を $\boldsymbol{F}$ の部分 σ–加法族であると仮定するとき,以下の性質が知られている.

(1) $Y = \mathbb{E}[X \mid \boldsymbol{G}]$, a.s. ならば,$\mathbb{E}[Y] = \mathbb{E}[X]$

(2) X が,$\boldsymbol{G}$–可測ならば,$\mathbb{E}[X \mid \boldsymbol{G}] = X$, a.s.

(3) X と $\boldsymbol{G}$ が独立ならば,$\mathbb{E}[X \mid \boldsymbol{G}] = \mathbb{E}[X]$, a.s.

(4) X が,$\boldsymbol{G}$–可測,$\mathbb{E}[Y]$, $\mathbb{E}[XY]$ が存在するとき

$$\mathbb{E}[XY \mid \boldsymbol{G}] = X\mathbb{E}[Y] \mid \boldsymbol{G}, \text{ a.s.}$$

(5) α, β を定数とする.このとき

$$\mathbb{E}[\alpha X_1 + \beta X_2 \mid \boldsymbol{G}] = \alpha \mathbb{E}[X_1 \mid \boldsymbol{G}] + \beta \mathbb{E}[X_2 \mid \boldsymbol{G}], \text{ a.s.} \quad (2.11)$$

例題 2.1 確率過程 X_t $(t \geqq 0)$ は,標準ブラウン運動であるとする.このとき,以下の確率過程がマルチンゲールになることを示せ.

(1) $X_t^2 - t$

(2) 任意の $a \in \mathbb{R}$ に対して,$\exp\left(aX_t - \dfrac{a^2 t}{2}\right)$

【解答】 ブラウン運動 X_t が生成する σ–加法族を $\boldsymbol{F}_t$ で表す.このとき,(1), (2) で表現される確率過程は,ともに $\boldsymbol{F}_t$–適合である.すなわち,任意の $t \geqq 0$ に対して,X_t は $\boldsymbol{F}_t$–可測であることと可積分であることは明らかである.したがって,ある確率過程 Y_t がマルチンゲールであることを示すためには,$0 \leqq s < t$ に対して

$$\mathbb{E}[Y_t \mid \boldsymbol{F}_s] = Y_s, \text{ a.s.}$$

を満たすことを示せばよい.

(1) 条件付き期待値の線形性を利用すれば

$$\begin{aligned}\mathbb{E}[X_t^2 - t \mid \boldsymbol{F}_s] &= \mathbb{E}[(X_t - X_s + X_s)^2 - t \mid \boldsymbol{F}_s] \\ &= \mathbb{E}[(X_t - X_s)^2 + 2(X_t - X_s)X_s + X_s^2 - t \mid \boldsymbol{F}_s] \\ &= \mathbb{E}[(X_t - X_s)^2 \mid \boldsymbol{F}_s] + 2\mathbb{E}[(X_t - X_s)X_s \mid \boldsymbol{F}_s] + \mathbb{E}[X_s^2 \mid \boldsymbol{F}_s] - t\end{aligned}$$

つぎに，ブラウン運動の性質および条件付き期待値の性質，および標準ブラウン運動であるため式 (2.6b) で $\sigma = 1$ として利用すれば

$$\mathbb{E}[(X_t - X_s)^2 \mid \boldsymbol{F}_s] = \mathbb{E}[(X_t - X_s)^2] = t - s$$

が成立する。一方，以下が成立する。

$$\mathbb{E}[(X_t - X_s)X_s \mid \boldsymbol{F}_s] = X_s \mathbb{E}[X_t - X_s] = 0, \ \mathbb{E}[X_s^2 \mid \boldsymbol{F}_s] = X_s^2$$

これらを代入すれば

$$\mathbb{E}[X_t^2 - t \mid \boldsymbol{F}_s] = (t - s) + X_s^2 - t = X_s^2 - s$$

よって，$X_t^2 - t$ がマルチンゲールであることが示された。

(2) 前問と同様に条件付き期待値の性質を利用する。

$$\begin{aligned}
& \mathbb{E}\left[\exp\left(aX_t - \frac{a^2 t}{2}\right) \;\Big|\; \boldsymbol{F}_s\right] \\
&= \mathbb{E}\left[\exp\left(a(X_t - X_s + X_s)\right) - \frac{a^2 t}{2} \;\Big|\; \boldsymbol{F}_s\right] \\
&= \mathbb{E}\left[\exp\left(a(X_t - X_s)\right) \exp\left(aX_s - \frac{a^2 t}{2}\right) \;\Big|\; \boldsymbol{F}_s\right] \\
&= \exp\left(aX_s - \frac{a^2 t}{2}\right) \mathbb{E}\left[\exp\left(a(X_t - X_s)\right)\right]
\end{aligned}$$

が成立する。$X_t - X_s$ は平均 0，分散 $t - s$ の正規分布 $\boldsymbol{N}(0, \ t - s)$ に従うので

$$\mathbb{E}\left[\exp\left(a(X_t - X_s)\right)\right] = \int_{-\infty}^{\infty} \exp(ay) f(y) dy$$

ただし，$f(y)$ は正規分布 $\boldsymbol{N}(0, \ t - s)$ である以下の確率密度関数を満足する。

$$f(y) = \frac{1}{\sqrt{2\pi(t-s)}} \exp\left[-\frac{y^2}{2(t-s)}\right]$$

被積分関数を平方完成すれば

$$\begin{aligned}
& \int_{-\infty}^{\infty} \exp(ay) f(y) dy \\
&= \int_{-\infty}^{\infty} \exp(ay) \times \frac{1}{\sqrt{2\pi(t-s)}} \exp\left[-\frac{y^2}{2(t-s)}\right] dy \\
&= \exp\left[\frac{(t-s)a^2}{2}\right] \times \frac{1}{\sqrt{2\pi(t-s)}} \int_{-\infty}^{\infty} \exp\left[-\frac{(y - a(t-s))^2}{2(t-s)}\right] dy
\end{aligned}$$

このとき，$\int_{-\infty}^{\infty} \frac{1}{\sqrt{2\pi}\sigma} \exp\left[-\frac{(x-\mu)^2}{2\sigma^2}\right] dx = 1$ を用いると

$$\mathbb{E}\left[\exp\bigl(a(X_t - X_s)\bigr)\right] = \exp\left[\frac{(t-s)a^2}{2}\right]$$

と求められる。よって

$$\mathbb{E}\left[\exp\left(aX_t - \frac{a^2 t}{2}\right) \Big| \boldsymbol{F}_s\right]$$
$$= \exp\left(aX_s - \frac{a^2 t}{2}\right) \times \exp\left[\frac{(t-s)a^2}{2}\right] = \exp\left(aX_s - \frac{a^2 s}{2}\right)$$

なので，マルチンゲールであることが示される。

$\diamond$

〔3〕 **微分不可能性** ブラウン運動の標本路は連続であるが，至る所で微分不可能であることが知られている。ブラウン運動に従う $X_t = X(t)$ に対して，定常増分をもつことにより，式 (2.6b) から以下を得る。

$$\mathbb{E}[(B_{t+h} - B_t)^2] = \sigma^2 h \tag{2.12}$$

したがって

$$\mathbb{E}\left[\frac{d}{dt}\{X(t)\}^2\right] = \lim_{h \to 0} \mathbb{E}\left[\left(\frac{B_{t+h} - B(t)}{h}\right)^2\right] = \lim_{h \to 0} \mathbb{E}\left[\frac{\sigma^2 h}{h^2}\right] = \infty \tag{2.13}$$

を得る。以上より，式 (2.13) の極限値は存在しない。すなわち，$X(t)$ は t において微分不可能であることが示された。

上記の結果より

$$\frac{dB(t)}{dt} \tag{2.14}$$

という表現は許されない。しかしながら，パワースペクトル密度関数が周波数に対して，一定値をとる**正規白色雑音**（normal white noise）を $v(t)$ とおくとき，次式が成立する[7]。

$$dB(t) = v(t)dt \tag{2.15}$$

2.1.3 確率微分方程式

$w(t) \in \mathbb{R}$ ($t \geq t_0$) を $w(t_0) = 0$ を満たす連続時間標準ブラウン運動とするとき,以下の積分方程式を満足すると仮定する.

$$x(t) = x(t_0) + \int_{t_0}^{t} f(u, x(u))du + \int_{t_0}^{t} g(u, x(u))dw(u) \tag{2.16}$$

ここで,$x = x(t) \in \mathbb{R}^n$ は状態ベクトルを表す.

式 (2.16) の第一項は通常のリーマン積分であり,第二項は**確率積分** (stochastic integral) である.確率積分については,**リーマン・スティルチェス積分** (Riemann-Stieltjes integral) に基づく以下の定義が知られている.

$$\int_{t_0}^{t} g(u, x(u))dw(u) = \lim_{h \to 0} \sum_{k=0}^{n-1} g(t_k, x(t_k))\Delta w_k \tag{2.17}$$

ただし,$\Delta w_k = w(t_{k+1}) - w(t_k)$, $h = \max_{k}(t_{k+1} - t_k)$ である.さらに,点列 $\{t_k\}$ は,以下を満足する.

$$t_0 < t_1 < t_2 < \cdots < t_k < t_{k+1} < \cdots < t_n = t \tag{2.18}$$

一方,別の表記として,$g(u, x(u))$ がフィルトレーション適合かつ確率 1 で,標本関数が左連続,各時刻で有限な右極限をもつならば,以下の定義が知られている.

$$\begin{aligned}
&\int_{t_0}^{t} g(u, x(u))dw(u) \\
&= \lim_{n \to \infty} \sum_{k=1}^{n} g\left(t_0 + \frac{k-1}{n}(t - t_0), x\left(t_0 + \frac{k-1}{n}(t - t_0)\right)\right) \\
&\quad \times \left[w\left(t_0 + \frac{k}{n}(t - t_0)\right) - w\left(t_0 + \frac{k-1}{n}(t - t_0)\right)\right]
\end{aligned} \tag{2.19}$$

この定義に従って,以下の簡単な例題を紹介する.

例題 2.2　次式の積分を計算せよ.

$$\int_{0}^{t} w(u)dw(u)$$

【解答】 式 (2.19) に従って計算する。

$$\int_0^t w(u)dw(u) = \lim_{n\to\infty} \sum_{k=1}^n w\left(\frac{(k-1)t}{n}\right)\left[w\left(\frac{kt}{n}\right) - w\left(\frac{(k-1)t}{n}\right)\right]$$

$$= \lim_{n\to\infty} \sum_{k=1}^n \frac{1}{2}\left[w\left(\frac{(k-1)t}{n}\right) + w\left(\frac{kt}{n}\right) - w\left(\frac{kt}{n}\right) + w\left(\frac{(k-1)t}{n}\right)\right]$$
$$\times \left[w\left(\frac{kt}{n}\right) - w\left(\frac{(k-1)t}{n}\right)\right]$$

$$= \frac{1}{2}\lim_{n\to\infty} \sum_{k=1}^n \left[w^2\left(\frac{kt}{n}\right) - w^2\left(\frac{(k-1)t}{n}\right)\right]$$
$$- \frac{1}{2}\lim_{n\to\infty} \sum_{k=1}^n \left(w\left(\frac{kt}{n}\right) - w\left(\frac{(k-1)t}{n}\right)\right)^2$$

$$= \frac{1}{2}\left([w(t)]^2 - [w(0)]^2\right) - \frac{1}{2}\lim_{n\to\infty}\sum_{k=1}^n\left(w\left(\frac{kt}{n}\right) - w\left(\frac{(k-1)t}{n}\right)\right)^2$$

$$= \frac{1}{2}[w(t)]^2 - \frac{1}{2}t$$

ここで，$w(0) = 0$ およびブラウン運動の二次変分の性質を利用していることに注意されたい。

$$\diamondsuit$$

積分方程式 (2.16) を

$$dx(t) = f(t, x(t))dt + g(t, x(t))dw(t) \tag{2.20}$$

で表記したものを**確率微分方程式** (stochastic differential equations) という。この方程式は，連続時間の確率過程 $x(t)$ の振舞いを一般のルベーグ積分と伊藤積分の和で表現したものである。詳細には，微小時間間隔 Δt において，確率過程 $x(t)$ の変化が，期待値 $f(t, x(t))\Delta t$，分散 $g^2(t, x(t))\Delta t$ の正規分布に従って変化し，さらに，過去の同確率過程の振舞いと独立である事実から導出されている。これは，ウィナー過程の変化は，たがいに独立な正規分布に従うことから容易に解釈できる。

通常，関数 $f(t, x(t))$ は，**ドリフト係数** (drift coefficient)，関数 $g(t, x(t))$ は，**拡散係数** (diffusion coefficient) と呼ばれている。確率微分方程式の解として得られる確率過程 $x(t)$ は，**拡散過程** (diffusion process) と呼ばれており，

通常はマルコフ過程である。

2.1.4 確率微分方程式によるモデル表現

本項では，実際の問題を例に，確率微分方程式を利用したモデル化のいくつかの例を示す。

〔1〕 **ブラック・ショールズモデル**　　株式，為替レートなど，価格が確率的に変動する資産のモデル化を考える。いま，資産の時刻 t における価格を $S(t)$ とするとき，微小時間 dt におけるその収益率は，以下によって与えられる[8),9)]。

$$\frac{dS(t)}{S(t)} = \frac{S_{t+dt} - S(t)}{S(t)} \tag{2.21}$$

ブラウン運動の性質より，$B_t - B_s$ は平均 0，分散 $t-s$ の正規分布 $\boldsymbol{N}(0, t-s)$ に従うので

$$dB(t) = B(t+dt) - B(t) \sim \boldsymbol{N}(0, dt) \tag{2.22}$$

が成立する。したがって，確率的な部分からの収益率は $\boldsymbol{N}(0, \sigma^2 dt)$ に従う確率変数となる。これらを合わせて $S(t)$ の時間変化は

$$\frac{dS(t)}{S(t)} = \mu dt + \sigma dB(t) \tag{2.23}$$

あるいは，$S(t)$ を両辺に掛けることにより

$$dS(t) = \mu S(t)dt + \sigma S(t)dB(t) \tag{2.24}$$

を得る。ただし，μ は，資産の平均成長率，すなわち確定的な収益を意味し，σ は，確率的な変動の激しさを表す。$B(t)$ を一次元標準ブラウン運動であると仮定する。以上から，確定的な部分からは，収益率 μdt で確実な収益が得られる。一方，確率的な部分からの収益はブラウン運動の増分 $dB(t)$ によって定義される。

このモデルを**ブラック・ショールズモデル**と呼ぶ。ブラック・ショールズモデルは，1973 年にフィッシャー・ブラックとマイロン・ショールズによって提唱された。具体的には，1 種類の配当のない株と 1 種類の債券の二つが存在す

る証券市場のモデルを表す。さらに連続的な取引が可能で，市場は完全市場であることを仮定している。この功績によって，1997年にノーベル経済学賞を受賞している。

μ は，ドリフトと呼ばれ，平均成長率を表す。σ は，標準偏差の単位をもち，確率的な変動の激しさを表す量である。すなわち，$\sigma dB(t)$ は，予期せぬ微小変動をブラウン運動として表しており，この項を**ボラティリティ**（volatility）あるいは**変動率**という。ボラティリティとは，具体的に価格変動の度合いを示す言葉で，「ボラティリティが大きい」場合は，その資産の変動が大きいことを意味し，「ボラティリティが小さい」場合は，その資産の変動が小さいことを意味する。具体的には，安定した会社の株価はドリフトは低いがボラティリティも小さいため暴落などのリスクが小さく，ベンチャー企業の株価はドリフトは高いが，ボラティリティも大きいためリスクが大きいことが知られている。このように，ブラック・ショールズモデルでは，さまざまな資産を収益率とボラティリティという二つのパラメータによって特徴づけることが可能となる。これは，以下に示される物理的・工学的モデルであっても，ブラック・ショールズモデルに限らず，確率微分方程式で，ノイズの影響の大きさを表すパラメータとして表現することができる。

〔2〕 **台車の確率モデル**　確率微分方程式の具体的なモデル化の例として，ばね定数が統計的な不確定要素として表現されることが知られている[10),11)]。具体的には，図 **2.1** に示す二つの台車がばねで結合されているシステムは，確率微分方程式によって記述されることが示されている。

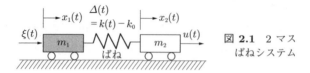

図 **2.1**　2マスばねシステム

いま，i ($i = 1, 2$) 番目の台車の位置を $x_i(t)$，外乱を $\xi(t)$，二番目の台車に加わる制御入力を $u(t)$，状態変数 $x(t)$ を $x(t) = [x_1(t) \; x_2(t) \; \dot{x}_1(t) \; \dot{x}_2(t)]^T$ とすれば，以下の状態方程式が得られる。

$$\dot{x}(t) = [A + H(k(t) - k_0)S]x(t) + B_1 u(t) + B_2 \xi(t) \qquad (2.25)$$

ただし，A, B_1, B_2, H, S は

$$A = \begin{bmatrix} 0 & 0 & 1 & 0 \\ 0 & 0 & 0 & 1 \\ -\dfrac{k_0}{m_1} & \dfrac{k_0}{m_1} & 0 & 0 \\ \dfrac{k_0}{m_2} & -\dfrac{k_0}{m_2} & 0 & 0 \end{bmatrix},$$

$$B_1 = \begin{bmatrix} 0 \\ 0 \\ 0 \\ 1 \end{bmatrix}, \quad B_2 = \begin{bmatrix} 0 \\ 0 \\ 1 \\ 0 \end{bmatrix},$$

$$H = \begin{bmatrix} 0 \\ 0 \\ -1 \\ 1 \end{bmatrix}, \quad S = \begin{bmatrix} 1 & -1 & 0 & 0 \end{bmatrix}$$

である。

また，$k(t)$ はある時刻でのばね定数であり，k_0 はノミナルなばね定数の値である。

ばね定数の変動 $\Delta(t) := k(t) - k_0$ が，$\mathbb{E}[\Delta(t)] := 0, \mathbb{E}[\Delta^2(t)] := \sigma^2$ のガウス性白色正規雑音に従うものとする。このとき，確定システム (2.25) は，以下の状態に依存するノイズを伴う確率システムとして扱うことができる。

$$dx(t) = [Ax(t) + B_1 u(t) + B_2 \xi(t)]dt + \sigma H S x(t) dw(t) \qquad (2.26)$$

〔3〕 **電力システム**　大規模電力システムにおける確定常微分方程式は，以下によって与えられることが知られている[12]。ただし，使用される定数などを**表 2.1** に示す。

(1) エリア i における電力平衡方程式は

表 2.1 電力システムで使用される定数など

$H_i = \dfrac{W_{kin}}{P_{ri}}$	慣性定数〔sec〕
W_{kin}	運動エネルギー
$\dfrac{2W_{kin}}{f^*}\dfrac{d}{dt}\Delta f_i$	運動エネルギー増加度
f^*	公称周波数
D_i	公称周波数により判定されるシステム負荷変化率
$D_i \Delta f_i$	負荷消費（増加）量
P_{ri}	エリア i における定格電力〔MW〕
X_{iv}	無損失線路リアクタンス
$\Delta P_{tie\ i}$	連係送電線内電力の増分変化
ΔP_{di}	電力需要量
ΔP_g	発電増分変化〔pu MW〕
ΔX_{gv}	調速機バルブ位置の増分変化
R	ジェネレータの自己制御〔Hz/pu MW〕
ΔP_c	変速機位置の増分変化〔pu MW〕
T_t	タービンの時定数
T_{gv}	調速機の時定数
T_{12}^*	伝送定数

$$\frac{2H_1}{f^*}\frac{d}{dt}\Delta f_i + D_i \Delta f_i + \Delta P_{tie\ i} = \Delta P_{gi} - \Delta P_{di}$$

である。

(2) エリア i における連係送電線内電力の増分変化は

$$\Delta P_{tie\ i} = \sum_v T_{iv}^* \left(\int \Delta f_i dt - \int \Delta f_v dt \right)$$

ただし

$$V_i = |V_i|e^{j\delta_i},\ V_v = |V_v|e^{j\delta_v}$$
$$T_{iv}^* = 2\pi \frac{|V_i||V_v|}{X_{iv}P_{ri}}\cos(\delta_i^* - \delta_v^*)$$

である。

(3) 増分電力方程式は

$$\frac{d}{dt}\Delta P_g = -\frac{1}{T_t}\Delta P_g + \frac{1}{T_t}\Delta X_{gv}$$

$$\frac{d}{dt}\Delta X_{gv} = -\frac{1}{T_{gv}}\Delta X_{gv} - \frac{1}{T_{gv}R}\Delta f + \frac{1}{T_{gv}}\Delta P_c$$

である。

エリア i における電力平衡，増分的な連係送電線内流動，発電および調速装置の位置変化を考慮することにより

$$\Delta P_{gi} - \Delta P_{di} = \frac{2H_i}{f^*}\frac{d}{dt}\Delta f_i + D_i\Delta f_i$$
$$+ \sum_v T_{iv}^* \left(\int \Delta f_i dt - \int \Delta f_v dt\right)$$
$$\frac{d}{dt}\Delta P_{gi} = -\frac{1}{T_{ti}}\Delta P_{gi} + \frac{1}{T_{ti}}\Delta X_{gvi}$$
$$\frac{d}{dt}\Delta X_{gvi} = -\frac{1}{T_{gvi}}\Delta X_{gvi} - \frac{1}{T_{gvi}R_i}\Delta f_i + \frac{1}{T_{gvi}}\Delta P_{ci}$$

で表現される方程式を得ることができる。

2 エリア電力システムにおいて，状態変数および制御入力を

$$x(t) := \begin{bmatrix} \int \Delta P_{tie1} dt & \int \Delta f_1 dt & \Delta f_1 & \Delta P_{g1} & \Delta X_{gv1} \\ \int \Delta f_2 dt & \Delta f_2 & \Delta P_{g2} & \Delta X_{gv2} \end{bmatrix}^T$$

$$u_i := \Delta P_{ci}$$

のように定義する。

ゆえに，電力システム

$$dx(t) = [Ax(t) + B_1 u_1(t) + B_2 u_2(t)]dt + A_p x(t)dw(t) \qquad (2.27)$$

における各係数行列は以下の要素で与えられる。ただし，公称周波数に関連するシステム負荷変化率 D_i は，電力需要者側の時間変化にシビアであるためこの部分が不確定要素としてシステム中に存在すると仮定する[13]。したがって，この項を状態に依存するノイズとして考えることにより，システムを確率微分方程式として表現することが可能となる[14]。

$$A := \begin{bmatrix} 0 & T_{12}^* & 0 & 0 & 0 & -T_{12}^* & 0 & 0 & 0 \\ 0 & 0 & 1 & 0 & 0 & 0 & 0 & 0 & 0 \\ 0 & -\dfrac{f^* T_{12}^*}{2H_1} & -\dfrac{f^* D_1}{2H_1} & \dfrac{f^*}{2H_1} & 0 & \dfrac{f^* T_{12}^*}{2H_1} & 0 & 0 & 0 \\ 0 & 0 & 0 & -\dfrac{1}{T_{t1}} & \dfrac{1}{T_{t1}} & 0 & 0 & 0 & 0 \\ 0 & 0 & -\dfrac{1}{T_{gv1} R_1} & 0 & -\dfrac{1}{T_{gv1}} & 0 & 0 & 0 & 0 \\ 0 & 0 & 0 & 0 & 0 & 0 & 1 & 0 & 0 \\ 0 & -\dfrac{a_{12} f^* T_{12}^*}{2H_2} & 0 & 0 & 0 & \dfrac{a_{12} f^* T_{12}^*}{2H_2} & -\dfrac{f^* D_2}{2H_2} & \dfrac{f^*}{2H_2} & 0 \\ 0 & 0 & 0 & 0 & 0 & 0 & 0 & -\dfrac{1}{T_{t2}} & \dfrac{1}{T_{t2}} \\ 0 & 0 & 0 & 0 & 0 & 0 & -\dfrac{1}{T_{gv2} R_2} & 0 & -\dfrac{1}{T_{gv2}} \end{bmatrix}$$

$$B_1^T := \begin{bmatrix} 0 & 0 & 0 & 0 & \dfrac{1}{T_{gv1}} & 0 & 0 & 0 & 0 \end{bmatrix}$$

$$B_2^T := \begin{bmatrix} 0 & 0 & 0 & 0 & 0 & 0 & 0 & 0 & \dfrac{1}{T_{gv2}} \end{bmatrix}$$

ここで，物理定数の数値の具体例を以下に示す[15]。

$$P_{r1} = P_{r2} = 2\,000\,\text{MW}, \ H_1 = H_2 = 5\,\text{sec}$$

$$D_1 = D_2 = 8.33 \times 10^{-3}\,\text{pu MW/Hz}$$

$$T_{t1} = T_{t2} = 0.3\,\text{sec}, \ T_{gv1} = T_{gv2} = 0.03\,\text{sec}$$

$$R_1 = R_2 = 2.4\,\text{Hz/pu MW}, \ f^* = 60\,\text{Hz}$$

$$P_{tie\ max} = 200\,\text{MW}, \ \delta_1^* - \delta_2^* = 60\,\text{degree}$$

$$T_{12}^* = 0.315\,\text{pu MW}, \ \Delta P_{di} = 0.01\,\text{pu MW}$$

ただし，$a_{12} = -P_{r1}/P_{r2} = -1$ として，最終的に係数行列 A が構成されることに注意されたい[12]。

以上の結果より，係数行列 A, B_i の各要素は以下のように計算される。

$$A = \begin{bmatrix} 0 & 0.315 & 0 & 0 & 0 & -0.315 & 0 & 0 & 0 \\ 0 & 0 & 1 & 0 & 0 & 0 & 0 & 0 & 0 \\ 0 & -1.888 & -0.0498 & 6 & 0 & 1.888 & 0 & 0 & 0 \\ 0 & 0 & 0 & -3.333 & 3.333 & 0 & 0 & 0 & 0 \\ 0 & 0 & -13.9 & 0 & -33.333 & 0 & 0 & 0 & 0 \\ 0 & 0 & 0 & 0 & 0 & 0 & 1 & 0 & 0 \\ 0 & 1.888 & 0 & 0 & 0 & -1.888 & -0.0498 & 6.0 & 0 \\ 0 & 0 & 0 & 0 & 0 & 0 & 0 & -3.333 & 3.333 \\ 0 & 0 & 0 & 0 & 0 & 0 & -13.9 & 0 & -33.333 \end{bmatrix}$$

$$B_1^T = \begin{bmatrix} 0 & 0 & 0 & 0 & 33.333 & 0 & 0 & 0 & 0 \end{bmatrix}$$

$$B_2^T = \begin{bmatrix} 0 & 0 & 0 & 0 & 0 & 0 & 0 & 0 & 33.333 \end{bmatrix}$$

2.1.5 伊 藤 の 公 式

以下の確率微分方程式を考える。

$$dx(t) = f(t,x(t))dt + g(t,x(t))dw(t),\ x(0) = x_0 \tag{2.28}$$

このとき，t, x について2回連続微分可能であるスカラ関数 $V(t, x(t))$ について，以下の**伊藤の公式** (Itô formula)，あるいは，**伊藤の連鎖則** (Itô chain rule) と呼ばれる公式が成立する[2)~4)]。

$$\begin{aligned} dV(t,x) &= \left[\frac{\partial V(t,x)}{\partial t} + f^T(t,x(t))\frac{\partial V(t,x)}{\partial x}\right]dt \\ &+ \frac{1}{2}g^T(t,x(t))\frac{\partial}{\partial x}\left(\frac{\partial V(t,x)}{\partial x}\right)^T g(t,x(t))dt \\ &+ g^T(t,x(t))\frac{\partial V(t,x)}{\partial x}dw(t) \end{aligned} \tag{2.29}$$

伊藤の公式の厳密な証明は，文献2)~4), 16) を参照されたい。なお，直観的な理解としては，$V(t, x)$ に2変数のテーラ展開を用いる。

$$dV(t,x) = \frac{\partial V(t,x)}{\partial t}dt + dx^T \frac{\partial V(t,x)}{\partial x} + \frac{1}{2}dx^T \frac{\partial}{\partial x}\left(\frac{\partial V(t,x)}{\partial x}\right)^T dx$$
$$+ dx^T \frac{\partial}{\partial t}\left(\frac{\partial V(t,x)}{\partial x}\right)dt + \frac{1}{2}\frac{\partial}{\partial t}\left(\frac{\partial V(t,x)}{\partial t}\right)dt^2 + \cdots \quad (2.30)$$

ここで，$O(dt^2)$ までの項を考えることにする．まず，式 (2.6b) を利用して，$(dw(t))^2$ の期待値を計算する．標準ブラウン運動を考えているので，式 (2.6b) で $\sigma = 1$ として，以下のように計算できる．

$$\mathbb{E}[(dw(t))^2] = \mathbb{E}\left[(w(t+dt) - w(t))^2\right] = dt \quad (2.31)$$

一方

$$\mathbb{E}[dw(t)dt] = dt\sqrt{dt} \approx 0, \ dt^2 \approx 0 \quad (2.32)$$

とみなしてよい．以上より，式 (2.28) を考慮して dx を消去すれば，式 (2.31) を利用して

$$dV(t,x) = \frac{\partial V(t,x)}{\partial t}dt + \Big[f(t,x(t))dt + g(t,x(t))dw(t)\Big]^T \frac{\partial V(t,x)}{\partial x}$$
$$+ \frac{1}{2}\Big[f(t,x(t))dt + g(t,x(t))dw(t)\Big]^T \frac{\partial}{\partial x}\left(\frac{\partial V(t,x)}{\partial x}\right)^T$$
$$\times \Big[f(t,x(t))dt + g(t,x(t))dw(t)\Big]$$
$$+ \Big[f(t,x(t))dt + g(t,x(t))dw(t)\Big]^T \frac{\partial}{\partial t}\left(\frac{\partial V(t,x)}{\partial x}\right)dt$$
$$= \frac{\partial V(t,x)}{\partial t}dt + f^T(t,x(t))\left(\frac{\partial V(t,x)}{\partial x}\right)dt$$
$$+ \frac{1}{2}g^T(t,x(t))\frac{\partial}{\partial x}\left(\frac{\partial V(t,x)}{\partial x}\right)^T g(t,x(t))dt$$
$$+ g^T(t,x(t))\frac{\partial V(t,x)}{\partial x}dw(t)$$

したがって，伊藤の公式 (2.29) が得られる．

2.1.6 例　　題

まず，通常の微分方程式と同様に，確率微分方程式 (2.28) で，特殊な場合に解析解が得られることを示す．最も簡単な例として，$f(t,x(t))$, $g(t,x(t))$ がともに定数の場合を考える．すなわち，μ, σ を実数定数として，$f(t,x(t)) \equiv \mu$, $g(t,x(t)) \equiv \sigma$ で表現される以下の確率微分方程式を考える．

$$dx(t) = \mu dt + \sigma dB(t) \tag{2.33}$$

ただし，$w(t) = B(t)$ である．式 (2.33) の両辺を積分すれば

$$\int_0^t dx(t) = \int_0^t \mu dt + \int_0^t \sigma dB(t)$$
$$\Rightarrow \int_0^t dx(t) = \mu \int_0^t dt + \sigma \int_0^t dB(t)$$
$$\Rightarrow x(t) - x(0) = \mu t + \sigma \Big(B(t) - B(0)\Big) \tag{2.34}$$

ここで，$B(0) = 0$ に注意して

$$x(t) = x(0) + \mu t + \sigma B(t) \tag{2.35}$$

を得る．以上より，確率微分方程式 (2.33) を解いて $x(t)$ を $B(t)$ の関数として陽に表現することができた．なお，式 (2.33) で表現される確率微分方程式を算術ブラウン運動という．

続いて，以下では，ブラック・ショールズの資産価格モデルを例に，確率微分方程式の具体的な解析方法について述べる．

〔1〕 **ブラック・ショールズモデルの解析解**　ブラック・ショールズモデルである，式 (2.24) の確率微分方程式

$$dS(t) = \mu S(t) dt + \sigma S(t) dB(t) \tag{2.36}$$

を伊藤の公式 (2.29) を利用して解析的に解く．詳細は文献8) を参照されたい．なお，式 (2.36) に従う確率過程 $S(t)$ を **幾何ブラウン運動** (geometric (fractional) Brownian motion) という．

まず，値関数 $V(t, S(t)) = \log S(t)$ を定義する。このとき，伊藤の公式 (2.29) において，$x(t) = S(t) = S, f(t, x(t)) = f(t, S) = \mu S, g(t, x(t)) = g(t, S) = \sigma S$ と考えることにより

$$
\begin{aligned}
dV(t, S) = d\log S &= \frac{1}{S}dS \\
&= \left(\frac{\partial V(t, S)}{\partial t} + \mu S \frac{\partial V(t, S)}{\partial S}\right)dt \\
&\quad + \frac{1}{2}\sigma^2 S^2 \frac{\partial^2 V(t, S)}{\partial S^2(t)}dt + \sigma S \frac{\partial V(t, S)}{\partial S}dB(t) \\
&= \left(\frac{\partial \log S}{\partial t} + \mu S \frac{\partial \log S}{\partial S}\right)dt \\
&\quad + \frac{1}{2}\sigma^2 S^2 \frac{\partial^2 \log S}{\partial S^2}dt + \sigma S \frac{\partial \log S}{\partial S}dB(t) \\
&= \left(\mu - \frac{1}{2}\sigma^2\right)dt + \sigma dB(t) \tag{2.37}
\end{aligned}
$$

を得る。

したがって，$S = S(t)$ は，以下で与えられる定数係数の確率微分方程式を満足する。

$$
\frac{dS(t)}{S(t)} = \left(\mu - \frac{1}{2}\sigma^2\right)dt + \sigma dB(t) \tag{2.38}
$$

ここで，式 (2.38) の両辺を積分すれば，$B(0) = 0$ に注意して

$$
\begin{aligned}
\int_{S(0)}^{S(t)} \frac{dS(t)}{S(t)} &= \int_0^t \left(\mu - \frac{1}{2}\sigma^2\right)dt + \sigma \int_0^t dB(t) \\
\Rightarrow \log S(t) - \log S(0) &= \left(\mu - \frac{1}{2}\sigma^2\right)t + \sigma B(t) \tag{2.39}
\end{aligned}
$$

を得る。このとき，資産価格は

$$
S(t) = S(0)\exp\left[\left(\mu - \frac{1}{2}\sigma^2\right)t + \sigma B(t)\right] \tag{2.40}
$$

と $B(t)$ の関数として求めることができる。

このように，ブラウン運動の指数関数として定義される確率過程を幾何ブラウン運動という。

つぎに，理解を深めるために，例題を考える[20]。

例題 2.3 与えられた任意の終短時間 $T(>0)$ に対して，次式を計算せよ。

$$\mathbb{E}\left[S^2(T)\right]$$

【解答】 伊藤の公式 (2.29) による解法とコルモゴルフの後退方程式（Kolmogorov's backward equation）による解法の二通りを与える。なお，コルモゴルフの後退方程式とは，スカラかつ二階連続微分可能関数 $V = V(t,x)$ および確率微分方程式 (2.28) に対して

$$\begin{aligned} \boldsymbol{L}V(t,x) &= \frac{\partial V(t,x)}{\partial t} + f^T(t,x(t))\frac{\partial V(t,x)}{\partial x} \\ &\quad + \frac{1}{2}g^T(t,x(t))\frac{\partial}{\partial x}\left(\frac{\partial V(t,x)}{\partial x}\right)^T g(t,x(t)) = 0 \end{aligned}$$

を指す。ただし，$\boldsymbol{L}\phi(t,x)$ は，**無限小生成作用素**（infinitesimal generator）と呼ばれ，以下のように定義される。

$$\begin{aligned} \boldsymbol{L}\phi(t,x) &= \frac{\partial \phi(t,x)}{\partial t} + f^T(x)\frac{\partial \phi(t,x)}{\partial x} + \frac{1}{2}g^T(x)\frac{\partial}{\partial x}\left(\frac{\partial \phi(t,x)}{\partial x}\right)^T g(x) \\ &= \frac{\partial \phi(t,x)}{\partial t} + f^T(x)\frac{\partial \phi(t,x)}{\partial x} \\ &\quad + \frac{1}{2}\mathbf{Tr}\left[\frac{\partial}{\partial x}\left(\frac{\partial \phi(t,x)}{\partial x}\right)^T g(x)g^T(x)\right] \end{aligned} \tag{2.41}$$

まず，$S^2(t)$ に，軌道 (2.36) に沿って，伊藤の公式 (2.29) を適用すれば，以下を得る。

$$dS^2(t) = 2S(t)\bigl(\mu S(t)dt + \sigma S(t)dw(t)\bigr) + \sigma^2 S^2(t)dt$$

このとき，両辺期待値に関する積分を行えば以下を得る。

$$\mathbb{E}\bigl[S^2(t)\bigr] - S^2(0) = (2\mu + \sigma^2)\int_0^t \mathbb{E}\bigl[S^2(s)\bigr]ds$$

このとき，確率項がないので，$u(t) = \mathbb{E}\bigl[S^2(t)\bigr]$ とすれば，$u(t)$ に関する微分方程式を得る。

$$\frac{d}{dt}u(t) = (2\mu + \sigma^2)u(t),\ u(0) = S^2(0)$$

したがって，この微分方程式を解けば以下を得る。

$$u(t) = S^2(0)\exp[(2\mu+\sigma^2)t] \Rightarrow \mathbb{E}[S^2(T)] = S^2(0)\exp[(2\mu+\sigma^2)T]$$

【別解】 コルモゴルフの後退方程式の利用を考える。まず

$$V(t,S) = \mathbb{E}[S^2(T) \mid S(t) = S],\ 0 \leqq t \leqq T$$

を定義する。このとき，コルモゴルフの後退方程式より以下を得る。

$$\boldsymbol{L}V(t,S) = \frac{\partial V(t,S)}{\partial t} + \mu S\frac{\partial V(t,S)}{\partial S}$$
$$+ \frac{1}{2}\sigma^2 S^2\frac{\partial V(t,S)}{\partial S} = 0,\ V(T,S) = S^2$$

ここで，解の候補として $V(t,S) = P(t)S^2$, $P(T) = 1$ を仮定する。以上より，代入して計算を行えば以下を得る。

$$\dot{P}(t)S^2 + 2\mu S^2 P(t) + \sigma^2 S^2 P(t) = 0$$

これがすべての S について成立するので

$$\dot{P}(t) + (2\mu+\sigma^2)P(t) = 0,\ P(T) = 1$$

したがって，この終端値問題を解けば

$$P(t) = \exp[(2\mu+\sigma^2)(T-t)]$$

以上から

$$V(t,S) = \mathbb{E}[S^2(T) \mid S(t) = S] = S^2\exp[(2\mu+\sigma^2)(T-t)]$$

であり

$$\mathbb{E}[S^2(T)] = V(0,S(0)) = P(0)S^2(0) = S^2(0)\exp[(2\mu+\sigma^2)T]$$

を得る。これは，伊藤の公式 (2.29) による解法と同一の結果である。

◇

〔2〕 ブラック・ショールズの偏微分方程式の導出[8]　時刻 t における株価を $S(t)$ とする。値関数 $V = V(t,S(t))$ が二つの独立変数 t, $S = S(t)$ の関数として表されると仮定する。このとき，伊藤の公式より，式 (2.24) を考慮すれば，以下を得る。

$$dV = \left(\frac{\partial V}{\partial t} + \mu S\frac{\partial V}{\partial S} + \frac{1}{2}\sigma^2 S^2\frac{\partial^2 V}{\partial S^2}\right)dt + \sigma S\frac{\partial V}{\partial S}dB(t) \qquad (2.42)$$

ここで，オプション 1 単位と資産 $-\Delta$ 単位からなるポートフォリオを考える。

すなわち，オプションの価値が dB に依存してランダムに変動することを考慮し，オプション 1 単位を購入するとともに原資産の株式を $-\Delta$ 単位売却するポートフォリオ P を作成する．ただし，Δ は定数とする．このポートフォリオの微小時間 dt における価値変化は，式 (2.42) から式 (2.24) を引くことにより以下となる．

$$dP = d(V - \Delta S) = \left(\frac{\partial V}{\partial t} + \mu S\left(\frac{\partial V}{\partial S} - \Delta\right) + \frac{1}{2}\sigma^2 S^2 \frac{\partial^2 V}{\partial S^2}\right)dt$$
$$+ \sigma S\left(\frac{\partial V}{\partial S} - \Delta\right)dB(t) \qquad (2.43)$$

このとき，特に $\Delta = \partial V/\partial S$ と仮定すれば，式 (2.43) において，ドリフト係数 μ，および確率項 $dB(t)$ が消えて，以下の確定型偏微分方程式が得られる．

$$d(V - \Delta S) = \left(\frac{\partial V}{\partial t} + \frac{1}{2}\sigma^2 S^2 \frac{\partial^2 V}{\partial S^2}\right)dt \qquad (2.44)$$

したがって，ポートフォリオ $V - \Delta S$ はリスクがなくなり，銀行預金などの安全資産となる．

ところで，安全資産の収益率（利子率）は r であったから，もしこのポートフォリオの収益率が r でないとすると，無裁定条件に反する．ここで，元手 0 から出発して正の利得を得るという取引を**裁定取引**（arbitrage）といい，裁定取引が存在しないという経済の基本的な原則を**無裁定条件**（no arbitrage）ということに注意されたい．したがって

$$dP = d(V - \Delta S) = r(V - \Delta S)dt \qquad (2.45)$$

が成立する必要がある．これを式 (2.44) に代入すれば

$$\frac{\partial V}{\partial t} + rS\frac{\partial V}{\partial S} + \frac{1}{2}\sigma^2 S^2 \frac{\partial^2 V}{\partial S^2} - rV = 0 \qquad (2.46)$$

を得る[8]．これがオプション価格の満たすべき偏微分方程式である．特に，この偏微分方程式を**ブラック・ショールズの偏微分方程式**という．オプション価格は，偏微分方程式 (2.46) を満期時のペイオフを境界条件にして解くことによって求められることに注意されたい．

〔3〕 **熱伝導方程式への変形** ブラック・ショールズの偏微分方程式は，式

(2.42) と異なり，確率項 $dB(t)$ が存在しないため，通常の確定系偏微分方程式として扱うことが可能である．しかしながら，解析的に解くことは非常に困難であるため，適切な変数変換のもと，よく知られている熱伝導方程式に帰着できることを以下で示す[8],[17]．

まず，$x = \log S$ とおく．このとき

$$\frac{\partial V}{\partial S} = \frac{\partial x}{\partial S}\frac{\partial V}{\partial x} = \frac{1}{S}\frac{\partial V}{\partial x} \tag{2.47a}$$

$$\frac{\partial^2 V}{\partial S^2} = \frac{\partial}{\partial S}\left(\frac{1}{S}\frac{\partial V}{\partial x}\right) = -\frac{1}{S^2}\frac{\partial V}{\partial x} + \frac{1}{S}\frac{\partial}{\partial S}\left(\frac{\partial V}{\partial x}\right)$$

$$= -\frac{1}{S^2}\frac{\partial V}{\partial x} + \frac{1}{S}\frac{\partial x}{\partial S}\frac{\partial}{\partial x}\left(\frac{\partial V}{\partial x}\right) = -\frac{1}{S^2}\frac{\partial V}{\partial x} + \frac{1}{S^2}\frac{\partial^2 V}{\partial x^2} \tag{2.47b}$$

一方，$\tau = T - t$ と定義すれば

$$\frac{\partial t}{\partial \tau} = -1 \tag{2.48}$$

であるので，これらを式 (2.46) に代入すれば，以下を得る．

$$-\frac{\partial V}{\partial \tau} + \left(r - \frac{1}{2}\sigma^2\right)\frac{\partial V}{\partial x} + \frac{1}{2}\sigma^2\frac{\partial^2 V}{\partial x^2} - rV = 0 \tag{2.49}$$

つぎに，変数 $V = V(\tau, x) = e^{\alpha x + \beta \tau}U(\tau, x) = e^{\alpha x + \beta \tau}U$ を導入する．このとき

$$\frac{\partial V}{\partial \tau} = \beta e^{\alpha x + \beta \tau}U + e^{\alpha x + \beta \tau}\frac{\partial U}{\partial \tau} \tag{2.50a}$$

$$\frac{\partial V}{\partial x} = \alpha e^{\alpha x + \beta \tau}U + e^{\alpha x + \beta \tau}\frac{\partial U}{\partial x} \tag{2.50b}$$

$$\frac{\partial^2 V}{\partial x^2} = \alpha^2 e^{\alpha x + \beta \tau}U + 2\alpha e^{\alpha x + \beta \tau}\frac{\partial U}{\partial x} + e^{\alpha x + \beta \tau}\frac{\partial^2 U}{\partial x^2} \tag{2.50c}$$

であるので，これらを式 (2.49) に代入すれば，以下を得る．

$$-\frac{\partial U}{\partial \tau} + \left[\left(r - \frac{1}{2}\sigma^2\right) + \alpha \sigma^2\right]\frac{\partial U}{\partial x} + \frac{1}{2}\sigma^2\frac{\partial^2 U}{\partial x^2}$$
$$+ \left[-\beta + \alpha\left(r - \frac{1}{2}\sigma^2\right) + \frac{1}{2}\sigma^2\alpha^2 - r\right]U = 0 \tag{2.51}$$

このとき，式 (2.51) において U および項 $\partial U/\partial x$ を消去するには

$$\begin{cases} \left(r - \dfrac{1}{2}\sigma^2\right) + \alpha\sigma^2 = 0 \\ -\beta + \alpha\left(r - \dfrac{1}{2}\sigma^2\right) + \dfrac{1}{2}\sigma^2\alpha^2 - r = 0 \end{cases} \tag{2.52}$$

となるように α, β を定めればよい。すなわち

$$\begin{cases} \alpha = \dfrac{1}{2} - \dfrac{r}{\sigma^2} = 0 \\ \beta = \alpha\left(r - \dfrac{1}{2}\sigma^2\right) + \dfrac{1}{2}\sigma^2\alpha^2 - r = -\dfrac{1}{8\sigma^2}(\sigma^2 + 2r)^2 \end{cases} \tag{2.53}$$

と選択する。以上の結果より

$$-\frac{\partial U}{\partial \tau} + \frac{1}{2}\sigma^2\frac{\partial^2 U}{\partial x^2} = 0 \tag{2.54}$$

を得ることができ，最後に，$\bar{t} = \tau\left(\dfrac{1}{2}\sigma^2\right)$ とおくと

$$\frac{\partial U}{\partial \bar{t}} = \frac{\partial^2 U}{\partial x^2} \tag{2.55}$$

となり，ブラック・ショールズ方程式は最終的に熱伝導方程式に変形される。これは，従来からよく知られている偏微分方程式であり，差分化に基づく数値計算によって解くことが可能である。

2.2 確率システムの安定性

システム理論における非線形の動的システムにウィナー過程のような不規則外乱が介入する非線形確率システムの安定化問題については，近年，精力的に研究されている。本節では，安定化の基盤的結果である安定性について，文献 2)~4), 6), 7), 18) の内容を概観しつつ説明する。

まず，以下の非線形確率システムを考える。

$$dx(t) = f(t, x(t))dt + g(t, x(t))dw(t), \; x(0) = x_0 \tag{2.56}$$

あるいは，積分形式として以下の方程式を考える。

$$x(t) = x(0) + \int_0^t f(s, x(s))ds + \int_0^t g(s, x(s))dw(s) \tag{2.57}$$

ただし，恒等的に $f(t,0) \equiv 0$, $g(t,0) \equiv 0$ を仮定する．さらに，拡散項に対する積分に関しては，以下のように定義される．

$$\mathbb{E}\left[\int_0^t g(s,x(s))dw(s) - \sum_{i=1}^{N-1} g(s_i,x(s_i))\bigl(w(s_{i+1}) - w(s_i)\bigr)\right]^2 \to 0$$
$$(\max(s_{i+1} - s_i) \to 0) \tag{2.58}$$

このとき，$x(t) \in \mathbb{R}^n$ は状態ベクトルを表す．また，$w(t) \in \mathbb{R}$ は一次元標準ブラウン運動である．この節では，一般性を失うことなく任意の時刻までの解の存在と一意性を仮定する．これは，$f(t,x(t))$, $g(t,x(t))$ に対して，以下の**局所的リプシッツ条件**（local Lipschitz condition）(2.59a) と**線形増大条件**（linear growth condition）(2.59b) を仮定すれば十分条件の意味で無理のない仮定である[2]~[4], [18]。

$$\|f(t,x(t)) - f(t,y(t))\| + \|g(t,x(t)) - g(t,y(t))\| \leqq L(\|x(t) - y(t)\|) \tag{2.59a}$$
$$\|f(t,x(t))\|^2 + \|g(t,x(t))\|^2 \leqq M(1 + \|x(t)\|^2) \tag{2.59b}$$

ただし，L, M は正の適切な定数である．特に L を**リプシッツ定数**（Lipschitz constant）という．

これらの条件は，以下のように緩和することもできる．

$$\max\{\|f(t,x(t)) - f(t,y(t))\|^2, \|g(t,x(t)) - g(t,y(t))\|^2\}$$
$$\leqq L(\|x(t) - y(t)\|^2) \tag{2.60a}$$
$$\max\{\|f(t,x(t))\|^2, \|g(t,x(t))\|^2\} \leqq M(1 + \|x(t)\|^2) \tag{2.60b}$$

ここで，文献によっては，$\max(a,b)$ を $a \vee b$, $\min(a,b)$ を $a \wedge b$ と記述することがあることに留意されたい．

確率システムにおける安定性について考える．基本的には，リアプノフの安定

性に基づくもので，確定システムにおける安定性に類似している．まず，確率システムの状態 $x(t)$ が，**平衡解**（equilibrium solution）$x(t) = 0$ の近傍に留まるならば**確率安定**（stochastically stable）という．さらに，十分時間が経過したあと，平衡解へ収束するならば，**確率漸近安定**（stochastically asymptotically stable）という．同様に，状態 $x(t)$ が，平衡解 $x(t) = 0$ の近傍へ確率 1 で留まるならば**確率 1 で安定**（almost surely stable）という．また，平衡解へ確率 1 で収束する場合，**確率 1 で漸近安定**（almost surely asymptotically stable）という．つぎに，解の p 乗モーメント $\mathbb{E}[\|x(t)\|^p]$ が平衡解の近傍に留まるのであれば，p 乗モーメント安定という[7]．確率安定は一番弱い指標ではあるが，特に非線形確率システムにおいては，確率 1 での安定性を保証することが困難であり，確率リアプノフ関数に基づく解析が容易であることから，よく議論されている．当然，確率 1 での安定性に基づく研究も多く存在する．以下では，数学的に厳密な定義を与える[19]．

定義 2.4 任意の $\rho > 0, \varepsilon \in (0, 1)$ に対して，ある $\delta = \delta(\rho, \varepsilon) > 0$ が存在し，$\|x(0)\| \leq \delta$ を満たす任意の初期状態に対して

$$P\left(\sup_{t \geq 0} \|x(t, x_0)\| < \rho\right) \geq 1 - \epsilon \tag{2.61}$$

が成立するとき，確率システム (2.56) の平衡解は，確率安定であるという．ただし，$x(t, x_0)$ は，解が $t = 0$ で，$x(0) = x_0$ から出発したことを表す．一方，確率安定でないとき**確率不安定**（stochastically unstable）という．

さらに，任意の $\varepsilon \in (0, 1)$ に対して，ある $\delta_0 = \delta_0(\varepsilon) > 0$ が存在し，$\|x(0)\| \leq \delta_0$ を満たす任意の初期状態に対して

$$P\left(\lim_{T \to \infty} \sup_{t \geq T} \|x(t, x_0)\| = 0\right) \geq 1 - \varepsilon \tag{2.62}$$

が成立するとき，確率システム (2.56) の平衡解は，確率漸近安定であるという．

任意の $x(0)$ に対して

$$\lim_{x_0 \to 0} \boldsymbol{P} \left(\lim_{t \to \infty} \|x(t, x_0)\| = 0 \right) = 1 \tag{2.63}$$

が成立するとき，確率システム (2.56) の平衡解は，**局所的確率漸近安定** (locally stochastically asymptotically stable) であるという。

最後に，任意の $x(0)$ に対して

$$\boldsymbol{P} \left(\lim_{t \to \infty} \|x(t, x_0)\| = 0 \right) = 1 \tag{2.64}$$

が成立するとき，確率システム (2.56) の平衡解は，**大域的確率漸近安定** (globally stochastically asymptotically stable) であるという。

続いて，**p 乗モーメント指数安定** (exponentially stable in the pth mean) を定義する。

定義 2.5 式 (2.65) の不等式

$$\left. \begin{array}{l} \mathbb{E}[\|x(t, x_0)\|^p] \leq \alpha \|x(0)\|^p e^{-\beta t} \\ \forall t \geq 0, \quad \forall x(0) \in \{\, x \in \mathbb{R}^n \mid \|x\| \leq r \,\} \end{array} \right\} \tag{2.65}$$

を満足する正定数 α, β, r が存在するなら，確率システム (2.56) の平衡解は，p 乗モーメント指数安定という。特に，$p = 2$ の場合を**平均二乗指数安定** (mean square exponentially stable) という。

最後に，**p 乗モーメント大域的漸近安定** (globally asymptotically stable in the pth mean) を定義する。

定義 2.6 式 (2.66) の不等式

$$\lim_{t \to \infty} \mathbb{E}[\|x(t, x_0)\|^p] = 0 \tag{2.66}$$

を満足するなら，確率システム (2.56) の平衡解は，p 乗モーメント大域的漸近安定という。

2.2 確率システムの安定性

以降では，確率リアプノフ関数に基づく安定性解析の準備をする．確率システム

$$dx(t) = f(x)dt + g(x)dw(t),\ x(0) = x_0$$

の解過程に沿ったスカラ関数 $\phi(x)$ の時間変化を計算するために，式 (2.67) によって与えられる無限小生成作用素を利用する．特に，時刻 t に依存しないことを考慮して，$\phi(x) = V(x)$ としたとき，無限小生成作用素 $\boldsymbol{L}_x V(x)$ の定義は，以下によって与えられることに注意されたい．

$$\begin{aligned}
\boldsymbol{L}_x V(x) &= \lim_{\Delta t \to 0} \frac{\mathbb{E}\bigl[V(x(t+\Delta t))|x(t)=x\bigr] - V(x)}{\Delta t} \\
&= f^T(x)\frac{\partial V(x)}{\partial x} + \frac{1}{2}g^T(x)\frac{\partial}{\partial x}\left(\frac{\partial V(x)}{\partial x}\right)^T g(x) \quad (2.67)
\end{aligned}$$

式 (2.67) の第一項は確定システムにおける $f(x)$ に沿ったリー微分と同じであるが，確率解析ではさらに不確定性の影響を評価した第二項が現れる．これを利用することで，ノイズや外乱の影響を定量的に評価した制御則の設計が可能となる．

式 (2.41) の無限小生成作用素 $\boldsymbol{L}\tilde{V}(t,x)$ は，式 (2.67) を考慮して伊藤の公式 (2.29) を利用すれば，以下となる．

$$d\tilde{V}(t,x) = \left[\frac{\partial \tilde{V}(t,x)}{\partial t} + \boldsymbol{L}_x \tilde{V}(t,x)\right]dt + \frac{\partial \tilde{V}^T(t,x)}{\partial x}g(t,x)dw(t) \quad (2.68)$$

したがって，$t_0 \leqq s \leqq t$ において，積分形式は

$$\begin{aligned}
\tilde{V}(t,x) - \tilde{V}(s,x(s)) &= \int_s^t \left[\frac{\partial \tilde{V}(\tau,x)}{\partial \tau} + \boldsymbol{L}_x \tilde{V}(\tau,x)\right]d\tau \\
&\quad + \int_s^t \frac{\partial \tilde{V}^T(\tau,x)}{\partial x}g(\tau,x)dw(\tau) \quad (2.69)
\end{aligned}$$

となる．したがって

$$\mathbb{E}\bigl[\tilde{V}(t,x(t))|x(s)=x_s\bigr] - \tilde{V}(s,x(s))$$

$$= \int_s^t \mathbb{E}\left[\frac{\partial \tilde{V}(\tau,x)}{\partial \tau} + \boldsymbol{L}_x \tilde{V}(\tau,x)\bigg|x(s)=x_s\right]d\tau \tag{2.70}$$

となる．これをディンキンの公式（Dynkin's formula）という．

特に，C^2 級関数 $V(x): \mathbb{R}^n \to \mathbb{R}$ の $x(t)$ に沿った時間変化は，伊藤の公式より次式で計算できる[7),20)]．

$$\mathbb{E}[V(x(t))] - \mathbb{E}[V(x(0))] = \mathbb{E}\left[\int_0^t \boldsymbol{L}V(x(s))ds\right] \tag{2.71}$$

$V(0) = 0$ かつ $\boldsymbol{L}V(x) \leqq 0$ を満たす正定関数 $V(x)$ を確率リアプノフ関数という．ここで，確率リアプノフ関数に基づく確率安定性の定理を示す．

定理 2.3 確率システム (2.56) を考える．原点を含むある開近傍 $D \subset \mathbb{R}^n$ 上で，$V(0) = 0$ かつ $\boldsymbol{L}V(x) \leqq 0$ を満たす正定関数 $V(x): D \to \mathbb{R}$ が存在するならば，確率システム (2.56) の原点は確率安定である．さらに，$V(x)$ が $x \in D\setminus\{0\}$ において $\boldsymbol{L}V(x) < 0$ を満たすならば，原点は確率漸近安定という．

安定性解析では，$V(x) := V(x(t))$ として頻繁に用いられるが，これらの議論は多次元確率過程の場合も同様に定義できる．

定理 2.4 確率システム (2.56) を考える．$V(0) = 0$ かつ $\boldsymbol{L}V(\xi) \leqq 0$, $\forall \xi \in \mathbb{R}^n$ を満たす正定関数 $V(\xi)$ が存在するならば，式 (2.56) の解過程 $x(t)$ は確実に $\boldsymbol{L}V(x) = 0$ を満たす集合内の最大不変集合に収束する．

1 章で紹介した確定システムにおける安定性同様に，確率システムの安定性に関するさまざまな結果が知られている．証明は，文献20) を参照されたい．

定理 2.5

(1) 確率リアプノフ関数 $V(t, x(t))$ が存在し，かつ $\boldsymbol{L}V(t, x(t))$ が準負定

ならば，システム (2.56) の平衡解は確率安定である．
(2) スカラ関数 $V(t,x(t))$ が正定で，かつ $\boldsymbol{L}V(t,x(t))$ が負定ならば，システム (2.56) の平衡解は確率漸近安定である．
(3) 以下の不等式を満足するスカラ関数 $V(t,x(t))$，正定数 $\alpha>0,\beta>0,\gamma>0, r>0$ および定数 $p\geq 1$ が存在するなら，システム (2.56) の平衡解は指数 p 次確率安定である．

$$\alpha\|x(t)\|^p \leq V(t,x(t)) \leq \beta\|x(t)\|^p$$
$$\forall x(t) \in \{\ x\in\mathbb{R}^n\ |\ \|x(t)\|\leq r\ \},\ x(t)\neq 0 \tag{2.72a}$$

$$\boldsymbol{L}V(t,x(t)) \leq -\gamma\|x(t)\|^p$$
$$\forall x(t) \in \{\ x\in\mathbb{R}^n\ |\ \|x(t)\|\leq r\ \},\ x(t)\neq 0 \tag{2.72b}$$

【証明】 (3) について証明を行う．まず，確率システム (2.56) において，解が $t=t_0=s$ で，$x(t_0)=x(s)=x_s$ から出発した解を $x(t,s,x_s)$ で表すとする．

式 (2.71) より以下を満足する $\mathbb{E}[V(t,x(t))]$ が存在する．

$$\mathbb{E}[V(t,x(t,s,x_s))] - \mathbb{E}[V(s,x)] = \mathbb{E}\left[\int_s^t \boldsymbol{L}V(\tau,x(\tau,s,x_s))d\tau\right] \tag{2.73}$$

ここで，式 (2.73) の両辺を t について微分を行い，式 (2.72) を利用すれば，以下を得る．

$$\frac{d}{dt}\mathbb{E}[V(t,x(t,s,x_s))] = \mathbb{E}[\boldsymbol{L}V(t,x(t,s,x_s))]$$
$$\leq -\mathbb{E}[\gamma\|x(t,s,x_s)\|^p] \leq -\frac{\gamma}{\beta}\mathbb{E}[V(t,x(t,s,x_s))] \tag{2.74}$$

このとき，式 (2.74) を解き，以下を得る．

$$\mathbb{E}[V(t,x(t,s,x_s))] \leq V(s,x)\exp\left[-\frac{\gamma}{\beta}(t-s)\right] \tag{2.75}$$

最終的に，式 (2.72a) を利用すれば

$$\alpha\mathbb{E}[\|x(t,s,x_s)\|^p] \leq \mathbb{E}[V(t,x(t,s,x_s))] \leq \beta\|x(s)\|^p \exp\left[-\frac{\gamma}{\beta}(t-s)\right]$$

$$\Rightarrow \ \|x(t,s,x_s)\| \leq \sqrt[p]{\frac{\beta}{\alpha}} \|x(s)\| \exp\left[-\frac{\gamma}{p\beta}(t-s)\right] \quad (2.76)$$

以上より，指数 p 次確率安定が示された．

2.3 シミュレーション技法

2.3.1 ブラウン運動のシミュレーション

コンピュータ上で実際のブラウン運動 $B(t)$ のシミュレーションを行うことを考える．通常は，連続時間では計算できないため，微分方程式を差分化し，解を近似的に逐次計算するのと同様な手法を用いることになる．ここでは，$0 \leq t \leq T$ でシミュレーションを行うことを考える．

まず，区間 $[0, T]$ を n 等分し，サンプリング間隔を $h = T/n$ と定義する．このとき

$$t_0 = 0, \ t_1 = h, \ t_2 = 2h, \ \cdots, \ t_i = ih = \frac{Ti}{n}, \ \cdots, t_n = T \quad (2.77)$$

である．ブラウン運動の性質より，$i = 1, 2, \cdots, n$ に対して，n 個の確率変数

$$B(t_1) - B(t_0), \ B(t_2) - B(t_1), \ \cdots, \ B(t_n) - B(t_{n-1})$$

は独立である．さらに，各時刻 $0 \leq s < t$ に対して，確率変数 $B(t) - B(s)$ の分布は，$\boldsymbol{N}(0, t-s)$ の正規分布に従うことが知られているので，$B_{t_i} - B_{t_{i-1}}$ は独立で，$\boldsymbol{N}(0,h)$ に従うことがわかる．そこで，$s_i \sim \boldsymbol{N}(0,h)$ のとき

$$\frac{s_i - 0}{\sqrt{h}} \sim \boldsymbol{N}(0,1) \ \Rightarrow \ s_i \sim \sqrt{h}\boldsymbol{N}(0,1)$$

であることに注意すれば，$B(t)$ の差分アルゴリズムは以下によって与えられる．

$$B_0 = 0, \ B_{t_i} = B_{t_{i-1}} + \sqrt{h}\boldsymbol{N}(0,1)$$

ただし，$\boldsymbol{N}(0,1)$ は，標準正規分布である．シミュレーションでは，$\boldsymbol{N}(0,1)$ を標準正規乱数で置き換える．この離散アルゴリズムにより生成したブラウン運

動の標本路を図 **2.2** に示す。ただし，$T=10.0$, $n=1000$ である。$B(t)$ はきわめて不規則に変動していることが確認される。

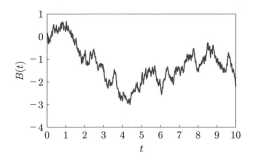

図 **2.2** ブラウン運動の状態軌道

2.3.2 オイラー・丸山近似

以下の一次元確率微分方程式

$$dx(t) = f(t,x(t))dt + g(t,x(t))dB(t),\ 0 \leq t \leq T,\ x(0) = x_0 \quad (2.78)$$

あるいは，等価な

$$x(t) = x(0) + \int_0^t f(s,x(s))ds + \int_0^t g(s,x(s))dB(s),\ 0 \leq t \leq T \quad (2.79)$$

を考える。ただし，$B(t)$ は標準ブラウン運動である。この方程式の数値解を求めることを考える。ドリフト項 $f(t,x(t))$ と拡散項 $g(t,x(t))$ がリプシッツ連続性を満足するとき，ピカール近似によって解が構成できることが示されている。その後，オイラー近似の手法を用いて解が得られることが丸山によって示されている[21]。

すなわち解 $x(t)$ に対して，ある時間の分割 $0 \leq t_0 < t_1 < \cdots < t_n$ に対して

$$X(n+1) = X(n) + hf(nh, X(n)) + g(nh, X(n))\sqrt{h}\boldsymbol{N}(0,1),\ h = \frac{T}{n}$$

$$X(0) = x_0 \quad (2.80)$$

と定義できるとき，$X(n)$ を**オイラー・丸山近似**（Euler-Maruyama approximation）という。

ブラック・ショールズモデル

$$dS(t) = \mu S(t)dt + \sigma S(t)dB(t),\ S(0) = 1$$

の解析解が

$$S(t) = \exp\left[\left(\mu - \frac{1}{2}\sigma^2\right)t + \sigma B(t)\right]$$

で与えられることは既知であるので，オイラー・丸山近似との比較をシミュレーションによって示す．まず，オイラー・丸山近似による差分方程式は以下のとおりである．

$$S(n+1) = S(n) + h\mu S(n) + \sigma S(n)\sqrt{h}\boldsymbol{N}(0,1),\ h = \frac{T}{n} \qquad (2.81)$$

ただし，$S(0) = 1$, $\boldsymbol{N}(0,1)$ は，標準正規乱数である．

$h = 0.001, T = 5, \mu = 0.3, \sigma = 1.5$ として，シミュレーションの結果を図 **2.3** に示す．実線は解析解で，点線はシミュレーションによる解である．図 2.3 より，非常に良い近似精度を達成していることが確認される．

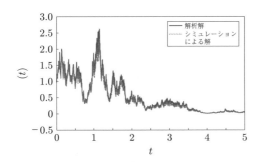

図 2.3 ブラック・ショールズモデルの状態軌道

最後に，$\mu < 0$ の場合を考える．このとき，**ランジュバン方程式**（Langevin equation）といわれ，統計力学において，あるポテンシャルのもとでのブラウン運動を記述する確率微分方程式を意味する．具体的には，コンデンサと抵抗をつなげると，電源がないのに非常に微細な電流が雑音のように流れることが知られており，この現象をランジュバン方程式として表現できる．数理的な性

質としては，時間が十分経過すると**平均二乗安定**（mean square stable）であることが知られている．ここで，平均二乗安定の定義を以下に示す．

定義 2.7　つぎの確率微分方程式を考える．
$$dx(t) = f(t, x(t))dt + g(t, x(t))dw(t) \tag{2.82}$$
もし，$\lim_{t \to \infty} \mathbb{E}[x^T(t)x(t)] = 0$ を満足するとき，$x(t)$ は平均二乗安定であるという．このとき，平衡解 $x(t) \equiv 0$ は，大域的確率漸近安定になる．

ランジュバン方程式
$$dx(t) = \mu x(t)dt + \sigma x(t)dB(t), \; x(0) = 1, \; \mu < 0$$
の平均二乗安定性の証明は，確率リアプノフ関数によるので，ここでは省略する．ここでは，$\mu = -0.5$，$\sigma = 1.5$ として，シミュレーションを行う．**図 2.4**より，解 $x(t)$ が平衡解 $x(t) = 0$ に漸近していることが確認される．

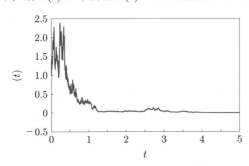

図 2.4　ランジュバン方程式の状態軌道

2.4　ま　と　め

ウィナー過程について，定義から始まり，有名な伊藤の確率微分方程式，実際のモデル表現，安定性に関した定理や証明，伊藤の公式，シミュレーション技法など，広く浅く紹介した．特に前半部分は，古くから多くの良書が存在しており，もっと進んだ内容や，数学的に厳密に議論しているものまで，さまざ

まな文献が刊行されている。中でも，文献4)は，非常に有名な書籍であり，証明を含め，さらに深く確率システムのことを学習する場合，有益な情報を与えてくれる。

モデル化に関しては，ブラック・ショールズモデルを中心に，熱伝導方程式への変換まで記述した。紙面の都合上，差分化を利用した数値計算に関しては，触れることができなかったが，文献8),17) などを参考に，偏微分方程式の解のシミュレーションを行うことも重要である。数値計算に関しては，解が発散するなど，現在でも研究中の課題が多く存在する。そのほか，本章では，紹介しなかったが，確率システムの最適制御問題を扱う場合，有限時刻では二点境界値問題を解く必要が生じる。特に，確率システムでは，6,7章で扱う4ステップスキームが有用であることが知られている。これらの問題も，結局は偏微分方程式の数値解に帰着される。以上から，偏微分方程式の数値解法の重要性を認識する必要がある。

本書では，ブラック・ショールズモデル以外に，台車のモデル化や電力システムのモデル化についても言及した。これらは，従来確定系として制御設計を行ってきた過去を有するが，精密な制御を必要とする場合，確率システムとしての設計が有用な場合が存在する。ブラック・ショールズモデルを基盤としたファイナンス系では，数%の変動（ボラティリティ）で，資産が変動するため，リスク回避のため，非常に多くの有用な研究結果が存在している。電気・機械システムにおいても，今後の研究の発展が望まれる。

最後に，ブラウン運動の再現法として，伊藤の確率微分方程式のシミュレーション技法に基づくオイラー・丸山近似を紹介した。アルゴリズムも提示しているので，興味がある場合，容易にシミュレーションが実行できると思われる。

3 連続・離散時間線形確率システム

　近年，確率システムにおける最適制御問題に関する研究が幅広く行われてきた。これらの結果は，太陽光・風力・潮力発電に見られる再生可能エネルギーを基盤とした電力の周波数安定化問題や，スマートグリッドに見られる大規模送電システムにおける系統安定化制御問題等に応用され，非常に注目されている。その理由として，自然を相手にするシステムの場合，例えば，太陽光発電に関しては，昼夜だけでなく，天候そのものが発電結果に多大な影響を及ぼす。風力発電では，風向や風量により，発電量は大きく変動し，潮力発電では，潮の流れや潮汐によって発電量はつねに一定ではない。以上から，これらの発電量を変化させる要因は，つねにリアルタイムで変動しており，システムを確率過程として扱うことが望まれる。このような状況のもとで，システムの大規模複雑化，ならびにインターネットの普及などにより，莫大な計測・統計データをリアルタイムで制御システムにフィードバックすることができるようになった現在，従来の確率制御とは異なる新規なアプローチが必要となってきた。具体的には，伊藤の確率微分方程式によって表現される確率システムに対して，平均二乗安定化や最適制御問題をはじめ，さまざまな制御問題が解かれてきたが，計算機への実装を意識して，離散時間確率システムへの拡張が必須となっている。

　本章では，連続・離散時間線形確率システムに対して，安定性・安定化，ならびに最適制御に関する基礎的結果を考察する。これらの結果は，あとに動的ゲーム問題を解くための基盤的解法となる。本章では，一般性を失うことなく，標準ブラウン運動である $w(t)$ $(t \geq 0)$ に対して，フィルタ付き確率空間 $(\Omega, \bm{F}, \bm{F}_t, P)$ を仮定する。

3.1 連続時間線形確率システム

まず,連続時間線形確率システムに対して,基本的な結果である確率システムにおける可制御性,可観測性に関して議論する。ただし,拡散項に関して,状態依存型ノイズを中心に扱う。より一般的な結果である状態および制御依存型ノイズに関しては,文献1) を参照されたい。さらに,状態に依存しないノイズについては,文献2) を参照されたい。

以下に,安定化可能に関する定義を示す。

定義 3.1 $x(0) = x_0$ を初期値にもつ確率システム (3.1)

$$dx(t) = [Ax(t) + Bu(t)]dt + [A_p x(t) + B_p u(t)]dw(t) \qquad (3.1)$$

を考える。ただし,$x(t) \in \mathbb{R}^n$ は状態ベクトルを,$u(t) \in \mathbb{R}^m$ は制御入力を表す。また,$w(t) \in \mathbb{R}$ は一次元標準ウィナー過程である。いま,状態フィードバック

$$u(t) = Kx(t),\ K \in \mathbb{R}^{m \times n} \qquad (3.2)$$

によって閉ループ確率システム

$$dx(t) = (A + BK)x(t)dt + (A_p + B_p K)x(t)dw(t) \qquad (3.3)$$

が平均二乗漸近安定 (asymptotically mean square stable:**AMSS**) であれば,**平均二乗安定化可能** (mean square stabilizability) であるという。

ここで,平均二乗漸近安定とは

$$\lim_{t \to \infty} \mathbb{E}[\|x(t)\|^2] = 0 \qquad (3.4)$$

が成立することをいう。以下では,確率システム (3.1) が安定化可能な場合,(A, B, A_p, B_p) を安定化可能と呼ぶことにする。

続いて，制御入力を伴わない自律系確率システムに対して，可制御性と同様に，可観測性に関する定義を以下に示す．

定義 3.2　$x(0) = x_0$ を初期値にもつ自律系確率システム (3.5)

$$dx(t) = Ax(t)dt + A_p x(t)dw(t) \tag{3.5a}$$
$$y(t) = Cx(t) \tag{3.5b}$$

を考える．ただし，$y(t) \in \mathbb{R}^p$ は観測出力を表す．いま，確率システム (3.5) が平均二乗漸近安定（AMSS）であれば，(A, A_p) は安定であるという．さらに，$t \geqq 0$ において，$y(t) \equiv 0$ ならば $x_0 = 0$ を満足するとき，$(A, A_p \mid C)$ を**完全可観測**（exactly observable）であるという．

以下の結果が知られている．

定理 3.1　以下の不等式を満足するスカラ関数 $V(x(t))$, 正定数 $\alpha > 0$, $\beta > 0, \gamma > 0, r > 0$ および定数 $p \geqq 1$ が存在するなら，確率システム (3.5a) の平衡解は指数 p 次安定である．

$$\alpha \|x(t)\|^p \leqq V(x(t)) \leqq \beta \|x(t)\|^p$$
$$\forall x(t) \in \{\, x \in \mathbb{R}^n \mid \|x(t)\| \leqq r \,\},\ x(t) \neq 0 \tag{3.6a}$$
$$\boldsymbol{L}V(x(t)) \leqq -\gamma \|x(t)\|^p$$
$$\forall x(t) \in \{\, x \in \mathbb{R}^n \mid \|x(t)\| \leqq r \,\},\ x(t) \neq 0 \tag{3.6b}$$

定理 3.1 は，本来，線形確率システム (3.1) に限らず，非線形確率システム (2.56) に対しても，成り立つことに注意されたい．

3.1.1　連続時間線形確率リアプノフ代数方程式

式 (3.7) の伊藤の確率微分方程式で表現される自律系確率システムを考える．

3. 連続・離散時間線形確率システム

$$dx(t) = Ax(t)dt + A_p x(t)dw(t), \ x(0) = x_0 \tag{3.7}$$

ただし，$x(t) \in \mathbb{R}^n$ は状態ベクトル，$w(t) \in \mathbb{R}$ は一次元標準ウィナー過程である。初期値 $x(0) = x_0$ は任意の確定値である。また，$A, A_p \in \mathbb{R}^{n \times n}$ は実定数行列である。一方，以下の評価関数を考える。

$$J = \frac{1}{2}\mathbb{E}\left[\int_0^\infty x^T(t)Qx(t)dt\right] \tag{3.8}$$

ただし，$Q = C^T C$ である。

以下の補題が知られている。

補題 3.1 確率システム (3.7) が平均二乗漸近安定であると仮定する。このとき

$$J = \frac{1}{2}\mathbb{E}\left[x^T(0)Px(0)\right] \tag{3.9}$$

が成立する。ただし，P は，$P = P^T \geq 0$ を満足する以下の**確率リアプノフ代数方程式** (stochastic algebraic Lyapunov equation) (3.10) の準正定対称解である。

$$PA + A^T P + A_p^T P A_p + Q = 0 \tag{3.10}$$

【証明】 まず，リアプノフ関数 (3.11) を定義する。

$$V(x(t)) = x^T(t)Px(t) \tag{3.11}$$

確率システム (3.7) の解に沿っての $V(x(t))$ の時間微分は，伊藤の公式 (2.29) を利用して，以下の式 (3.12) になる。

$$dV(x(t)) = x^T(t)\bigl(PA + A^T P + A_p^T P A_p\bigr)x(t) + 2x^T(t)A_p x(t)dw(t) \tag{3.12}$$

したがって，式 (3.10) より

$$J = \frac{1}{2}\mathbb{E}\left[\int_0^\infty x^T(t)Qx(t)dt\right]$$

$$= -\frac{1}{2}\mathbb{E}\left[\int_0^\infty x^T(t)(PA + A^TP + A_p^T PA_p)x(t)dt\right]$$

$$= -\frac{1}{2}\mathbb{E}\left[\int_0^\infty dV(x(t))dt\right] = -\frac{1}{2}\mathbb{E}\left[x^T(t)Px(t)\right]_0^\infty$$

$$= -\frac{1}{2}\mathbb{E}\left[x^T(\infty)Px(\infty)\right] + \frac{1}{2}\mathbb{E}\left[x^T(0)Px(0)\right] \tag{3.13}$$

となるが，確率システム (3.7) が平均二乗漸近安定であるので，$\mathbb{E}[x(\infty)] = 0$ となり式 (3.9) が示される．

◇

確率リアプノフ代数方程式 (3.10) については，以下の結果が知られている．

補題 3.2[1]　　$(A, A_p \mid C)$ は，完全可観測であると仮定する．このとき，(A, A_p) が安定である必要十分条件は，確率リアプノフ代数方程式 (3.10) が，$P = P^T > 0$ を満足する解をもつことである．

3.1.2　連続時間線形確率システムの最適レギュレータ問題

以下の状態依存ノイズを伴う確率システムを考える．

$$dx(t) = \Big[Ax(t) + Bu(t)\Big]dt + A_p x(t)dw(t),\ x(0) = x_0 \tag{3.14}$$

ただし，$x(t) \in \mathbb{R}^n$ は状態ベクトル，$u(t) \in \mathbb{R}^m$ は制御入力をそれぞれ表す．また，$w(t) \in \mathbb{R}$ は一次元標準ウィナー過程である．初期値 $x(0) = x_0$ は任意の確定値である．続いて，評価関数 (3.15) を定義する．

$$J(u(t)) = \mathbb{E}\left[\int_0^\infty \Big[x^T(t)Qx(t) + u^T(t)Ru(t)\Big]dt\right] \tag{3.15}$$

ただし

$$Q = Q^T \geqq 0,\ R = R^T > 0$$

本項では，確率微分方程式によって記述される確率システム (3.14) は平均二乗

安定化可能であると仮定する。さらに，制御則 $u(t) = u^*(t)$ は以下の線形状態フィードバックで与えられると仮定する。

$$u(t) = u(t,x) := Kx(t) \tag{3.16}$$

定理 3.2 式 (3.17) の確率リカッチ方程式が準正定対称解 $P \geqq 0$ をもつと仮定する。

$$PA + A^T P + A_p^T P A_p - PSP + Q = 0 \tag{3.17}$$

ただし，$S := BR^{-1}B^T$ である。

このとき，評価関数 (3.15) を最小化する制御則は，式 (3.18) によって与えられる。

$$u^*(t) = K^*x(t) = -R^{-1}B^T Px(t) \tag{3.18}$$

また，最小値は $J(u(t)) \geqq \mathbb{E}[x^T(0)Px(0)]$ である。

【証明】 平方完成の手法について証明を行う。仮定より，閉ループシステムは平均二乗安定である。まず，リアプノフ関数 (3.19) を定義する。

$$V(x(t)) = x^T(t)Px(t) \tag{3.19}$$

したがって，確率システム (3.14) の解に沿っての $V(x(t))$ の時間微分は，伊藤の公式 (2.29) を利用して，以下のように計算される。

$$\begin{aligned}
dV(x(t)) &= \left[\frac{\partial V(x(t))}{\partial t} + [Ax(t) + Bu(t)]^T \frac{\partial V(x(t))}{\partial x}\right] dt \\
&\quad + \frac{1}{2}[A_p x(t)]^T \frac{\partial}{\partial x}\left(\frac{\partial V(x(t))}{\partial x}\right)^T A_p x(t) dt \\
&\quad + [A_p x(t)]^T \frac{\partial V(x(t))}{\partial x} dw(t) \\
&= x^T(t)\left(PA + A^T P + A_p^T P A_p\right)x(t) + 2x^T(t)PBu(t) \\
&\quad + x^T(t)\left(PA_p + A_p^T P\right)x(t)dw(t)
\end{aligned} \tag{3.20}$$

3.1 連続時間線形確率システム   93

したがって，確率リカッチ方程式 (3.17)，確率システムの平均二乗安定性，および等式

$$\mathbb{E}\left[\int_0^\infty x^T(t)\Big(PA_p + A_p^T P\Big)x(t)dw(t)\right] = 0$$

を考慮すれば，平方完成によって

$$\begin{aligned}
J(u(t)) &= \mathbb{E}\left[\int_0^\infty \Big[-x^T(t)(PA + A^T P + A_p^T PA_p - PSP)x(t)\right.\\
&\qquad\qquad + u^T(t)Ru(t)\Big]dt\Big]\\
&= \mathbb{E}\left[\int_0^\infty \Big[-dV(t,x(t)) + [2x^T(t)PBu(t) + x^T(t)PSPx(t)\right.\\
&\qquad\qquad + u^T(t)Ru(t)]\Big]dt\Big]\\
&= \mathbb{E}[x^T(0)Px(0)] + \mathbb{E}\left[\int_0^\infty \left\|u(t) + R^{-1}B^T Px(t)\right\|_R^2 dt\right]\\
&\geq \mathbb{E}[x^T(0)Px(0)] \tag{3.21}
\end{aligned}$$

の関係式を得る。

したがって

$$J(u(t)) \geq J(u^*(t)) = \mathbb{E}[x^T(0)Px(0)] \tag{3.22}$$

以上より，$u(t) := u^*(t)$ であるとき最小となる。

$\diamondsuit$

最適化の条件として，以下の性質が知られている[3]。

定理 3.3 (A, B, A_p) は可安定かつ平均二乗安定であると仮定する。このとき，以下の条件はそれぞれ等価である。

(1) 以下の確率リカッチ方程式が，$X = X^T \geq 0$ を満足する最大解をもつ。

$$XA + A^T X + A_p^T XA_p - XSX + Q = 0 \tag{3.23}$$

(2) $J(u) \geq \mathbb{E}[x^T(0)Xx(0)]$ かつ最適フィードバック制御則は以下によっ

て与えられる。

$$u(t) = Kx(t) = -R^{-1}B^T X x(t) \quad (3.24)$$

(3) もし，確率リカッチ方程式 (3.23) の解が存在するなら，確率リカッチ方程式 (3.23) は，最大解 $X = P^*$ をもち，以下の半正定値計画問題 (3.25) に対して，唯一の最適解 $P = P^*$ である。

$$\max \ \mathbf{Tr} \ [P] \quad (3.25\text{a})$$

$$\text{s.t.} \begin{bmatrix} PA + A^T P + A_p^T P A_p + Q & PB \\ B^T P & R \end{bmatrix} \geq 0 \quad (3.25\text{b})$$

SDP 問題は，数値的に解くことが可能である特徴を有する。具体的には，確率リカッチ方程式 (3.23) は，LMI (3.25b) が可解である場合にのみ解けることに注意すべきである。

さらに，式 (3.23) の最大解は，凸最適化問題を解くことによって得られることが証明されている点にも注目する必要がある[3]。

3.2 離散時間線形確率システム

引き続き，離散時間線形確率システムに対して，連続時間線形確率システムと同様に，安定性，安定化および最適レギュレータ問題について議論する。

まず，一般論を考えるため，式 (3.26) の状態依存ノイズを伴う確率差分方程式で記述される離散時間非線形確率システムを考える。

$$x(k+1) = f(k, x(k), w(k)), \ x(0) = x_0 \quad (3.26)$$

ここで，$x(k) \in \mathbb{R}^n$ は状態ベクトルを表す。$w(k) \in \mathbb{R}$ は，確率空間 $(\Omega, \boldsymbol{F}, \boldsymbol{P})$ で定義された一次元確率過程であり，$\mathbb{E}[w(k)] = 0, \mathbb{E}[w^2(k)] = 1, \mathbb{E}[w(k)w(l)] = 0 \ (k \neq l)$ を満足する不規則雑音を表す。一般性を失うことなく与えられた初期値 $x(0) = x_0$ に対して，式 (3.26) は唯一解をもつと仮定する。さらに

3.2 離散時間線形確率システム

$$f(k, 0, w(k)) \equiv 0 \tag{3.27}$$

を満足する。

まず，離散時間非線形確率システムにおける安定性の定義を示す[4]~[6]。当然，離散時間線形確率システムでも成り立つ。

定義 3.3 任意の $\rho > 0, \varepsilon \in (0,1)$ に対して，ある $\delta = \delta(\rho, \varepsilon) > 0$ が存在し，$\|x(0)\| \leqq \delta$ を満たす任意の初期状態に対して

$$\boldsymbol{P}\left(\sup_{k \geqq 0} \|x(k, x_0)\| < \rho\right) \geqq 1 - \epsilon \tag{3.28}$$

が成立するとき，確率システム (3.26) の平衡解は，確率安定であるという。

さらに，任意の $\forall \varepsilon \in (0,1)$ に対して，ある $\delta_0 = \delta_0(\varepsilon) > 0$ が存在し，$\|x(0)\| \leqq \delta_0$ を満たす任意の初期状態に対して

$$\boldsymbol{P}\left(\lim_{K \to \infty} \sup_{k \geqq K} \|x(k, x_0)\| = 0\right) \geqq 1 - \varepsilon \tag{3.29}$$

が成立するとき，確率システム (3.26) の平衡解は，確率漸近安定であるという。続いて，任意の $x(0) = x_0$ に対して

$$\lim_{x_0 \to 0} \boldsymbol{P}\left(\lim_{t \to \infty} \|x(k, x_0)\| = 0\right) = 1 \tag{3.30}$$

が成立するとき，確率システム (3.26) の平衡解は，局所的確率漸近安定であるという。

最後に，任意の $x(0) = x_0$ に対して

$$\boldsymbol{P}\left(\lim_{k \to \infty} \|x(k, x_0)\| = 0\right) = 1 \tag{3.31}$$

が成立するとき，確率システム (3.26) の平衡解は，大域的確率漸近安定であるという。

続いて，p 乗モーメント指数安定を定義する。

定義 3.4 離散時間非線形確率システム (3.26) を考える。$\Phi(t,s)$ を離散時間非線形確率システム (3.26) の**基本行列**（fundamental matrix）とする。すなわち

$$x(k) = \Phi(t,s)x(0), \ (0 \leq s \leq t) \tag{3.32}$$

を満足する行列関数とする。このとき

$$\mathbb{E}\left[\|\Phi(t,s)x(0)\|^2\right] \leq \beta q^{t-s}\|x(0)\|^2 \tag{3.33}$$

を満足する $\beta \geq 1$, $q \in (0,1)$ が存在するとき，離散時間非線形確率システム (3.26) は**強平均二乗指数安定**（strongly mean square exponentially stable）という。

3.2.1 離散時間線形確率リアプノフ代数方程式

離散時間線形確率システムを考える。離散時間線形確率システムにおける安定性に関して，以下の結果が知られている[4],[7]。

定理 3.4 式 (3.34) で表される離散時間線形確率システム

$$x(k+1) = Ax(k) + A_p x(k)w(k), \ x(0) = x_0 \tag{3.34}$$

を考える。

もし，**確率リアプノフ代数方程式**（stochastic algebraic Lyapunov equation）(3.35) を満足する行列 $P > 0$ が存在すれば，離散時間線形確率システム (3.34) は，平均二乗安定である。

$$A^T P A + A_p^T P A_p - P + Q = 0 \tag{3.35}$$

ただし，$Q = Q^T > 0$。このとき

$$J(x_0, r_0) = \mathbb{E}\left[\sum_{k=0}^{\infty} x^T(k)Qx(k)\right] = x^T(0)Px(0) \qquad (3.36)$$

である．

【証明】　リアプノフ関数の候補として

$$V(x(k)) = x^T(k)Px(k) \qquad (3.37)$$

を定義する．このとき，行列方程式 (3.35) が成立すると仮定して式 (3.37) の平均差分を計算する．

$$\begin{aligned}
\mathbb{E}[\Delta V(x(k))] &:= \mathbb{E}[V(x(k+1)) - V(x(k))] \\
&= \mathbb{E}\Big[\big[Ax(k) + A_p x(k)w(k)\big]^T P\big[Ax(k) + A_p x(k)w(k)\big] \\
&\quad - x^T(k)Px(k)\Big] \\
&= \mathbb{E}\Big[x^T(k)A^T PAx(k) + 2x^T(k)A^T PA_p x(k)w(k) \\
&\quad + x^T(k)A_p^T PA_p x(k)w^2(k) - x^T(k)Px(k)\Big] \\
&= \mathbb{E}\Big[x^T(k)\big[A^T PA + A_p^T PA_p - P\big]x(k)\Big] \\
&= -\mathbb{E}\Big[x^T(k)Qx(k)\Big] < 0 \qquad (3.38)
\end{aligned}$$

ここで，$Ax(k)$, $A_p x(k)$ は，$w(k)$ に関して相関がなく

$$\mathbb{E}[w(k)] = 0, \ \mathbb{E}[w(k)w(\ell)] = \delta_{k\ell}$$

に注意して計算していることに注目されたい．以上より，$\mathbb{E}[\Delta V(x(k))] < 0$ であるので，単調減少かつ，$V(x(k)) > 0$ より，$\lim_{k \to \infty} \mathbb{E}[x^T(k)x(k)] = 0$ を得る．また，このとき，$k = 0$ から $k = T - 1$ までの和をとれば式 (3.39) を得る．

$$\mathbb{E}[V(x(T)) - V(x(0))] = -\mathbb{E}\left[\sum_{k=0}^{T-1} x^T(k)Qx(k)\right] \qquad (3.39)$$

ここで，平均二乗安定から $\lim_{T \to \infty} V(x(T)) = 0$ なので，以下の不等式 (3.40) を得る．

$$\mathbb{E}\left[\sum_{k=0}^{\infty} x^T(k)Qx(k)\right] = \mathbb{E}[V(x(0))] = x^T(0)Px(0) \qquad (3.40)$$

したがって，定理 3.4 が証明された。

◇

定理 3.4 は，確率リアプノフ代数方程式に基づいているが，LMI を利用しても同様な結果を得ることが可能である．以下では，結果のみ与え，証明は定理 3.4 の同様な手法によって行えるので，ここでは省略する[4),7)]。

定理 3.5　離散時間線形確率システム (3.34) を考える。もし，LMI (3.41) を満足する行列 $P > 0$ が存在すれば，離散時間線形確率システム (3.34) は，平均二乗安定である。

$$A^T P A + A_p^T P A_p - P < -Q \tag{3.41}$$

ただし，$Q = Q^T > 0$。このとき

$$J(x_0, r_0) = \mathbb{E}\left[\sum_{k=0}^{\infty} x^T(k) Q x(k)\right] < x^T(0) P x(0) \tag{3.42}$$

3.2.2　安　定　化

本項では，安定化問題について考察を行う。状態依存ノイズを伴う確率差分方程式で記述される離散時間線形確率システム (3.43) を考える。

$$x(k+1) = Ax(k) + Bu(k) + A_p x(k) w(k),\ x(0) = x_0 \tag{3.43}$$

ここで，$x(k) \in \mathbb{R}^n$ は状態ベクトルを表す。$u(k) \in \mathbb{R}^m$ は制御入力である。$w(k) \in \mathbb{R}$ は $\mathbb{E}[w(k)] = 0$, $\mathbb{E}[w^2(k)] = 1$, $\mathbb{E}[w(k)w(l)] = 0\ (k \neq l)$ を満足する不規則雑音を表す。続いて，評価関数 (3.44) を定義する。

$$J(x_0, u) = \mathbb{E}\left[\sum_{k=0}^{\infty}\left[x^T(k) Q x(k) + u^T(k) R u(k)\right]\right] \tag{3.44}$$

ただし，以下の条件を満足すると仮定する。

$$Q = Q^T > 0,\ R = R^T > 0$$

まず，平均二乗安定化可能に関する定義を以下に与える．

定義 3.5 平均二乗安定化制御則 $u(k) = u^*(k)$ による閉ループ離散時間線形確率システム (3.43) が平均二乗安定となるような平均二乗安定化制御則 $u(k)$ が存在するとき，平均二乗安定化可能という．あるいは，このとき (A, A_p, B) は平均二乗安定化可能という．

LMI を利用した安定化制御則の設計方法について述べる．

定理 3.6 (A, A_p, B) は平均二乗安定化可能であると仮定する．もし，行列不等式 (3.45)

$$\begin{bmatrix} -X & [AX+BY]^T & XA_p^T & Y^T & X \\ AX+BY & -X & 0 & 0 & 0 \\ A_pX & 0 & -X & 0 & 0 \\ Y & 0 & 0 & -R^{-1} & 0 \\ X & 0 & 0 & 0 & -Q^{-1} \end{bmatrix} < 0 \tag{3.45}$$

を満足する行列 $X > 0,\ Y \in \mathbb{R}^{m \times n}$ が存在すれば，制御則

$$u(k) = Kx(k) = YX^{-1}x(k) \tag{3.46}$$

によって，離散時間線形確率システム (3.43) は平均二乗安定である．さらに，評価関数 (3.44) で与えられる J の上限に関して

$$J(x_0, u) < \mathbb{E}[x^T(0)Px(0)] \tag{3.47}$$

が成立する．

【証明】 以下のブロック対角行列

$$\Pi := \text{block diag}\begin{pmatrix} P & I_n & I_n & I_m & I_n \end{pmatrix}$$

を定義する。

また，$X = P^{-1}, Y = KX$ に注意する。このとき，行列不等式 (3.45) の右から Π，左から Π を掛ければ，以下を得る。

$$\begin{bmatrix} -P & [A+BK]^T & A_p^T & K^T & I_n \\ A+BK & -P^{-1} & 0 & 0 & 0 \\ A_p & 0 & -P^{-1} & 0 & 0 \\ K & 0 & 0 & -R^{-1} & 0 \\ I_n & 0 & 0 & 0 & -Q^{-1} \end{bmatrix} < 0 \quad (3.48)$$

このとき，式 (3.48) に以下のシューア補題（Schur complement）[8]を利用する。

補題 3.3 以下の 2 条件は同値である。

(1) $\begin{bmatrix} X & Y \\ Y^T & Z \end{bmatrix} > 0$

(2) $Z > 0, \ X - YZ^{-1}Y^T > 0$

その結果，以下の不等式を得る。

$$\bar{A}^T P \bar{A} + A_p^T P A_p - P < -\bar{Q} \quad (3.49)$$

ただし，$\bar{A} = A + BK, \ \bar{Q} = Q + K^T R K$ である。

これは，定理 3.2 より，制御則 (3.46) によって，以下の閉ループ確率システム (3.50)

$$x(k+1) = \bar{A}x(k) + A_p x(k) dw(k), \ x(0) = x_0 \quad (3.50)$$

が平均二乗安定であることを示している。

3.2.3 離散時間線形確率システムの最適レギュレータ問題

本項では，離散時間線形確率システムの最適レギュレータ（LQR）問題について考える。離散時間線形確率システム (3.43)，および以下に示す評価関数 (3.51) を考える。

$$J(x_0, u) = \mathbb{E}\left[\sum_{k=0}^{\infty}\Big[x^T(k)Qx(k) + 2x^T(k)S^T u(k) + u^T(k)Ru(k)\Big]\right] \tag{3.51}$$

ただし，以下の条件を満足すると仮定する。

$$Q = Q^T \geqq 0, R = R^T > 0, \ Q - S^T R^{-1} S > 0$$

このとき，離散時間線形確率システム (3.43) のもとで，評価関数 (3.51) を最小化する LQR 問題の解は，以下のとおりである。

定理 3.7 (A, A_p, B) は平均二乗安定化可能であると仮定する。また，式 (3.52) の離散時間リカッチ代数方程式を考える。

$$P = A_S^T P A_S + A_p^T P A_p - A_S^T P V P A_S + Q_S \tag{3.52}$$

ただし

$$A_S := A - BR^{-1}S, \ V := B(R + B^T P B)^{-1} B^T$$
$$Q_S := Q - S^T R^{-1} S$$

P に関する離散時間リカッチ代数方程式 (3.52) を満足する行列 $P > 0$ が存在すれば，最適フィードバック制御則は式 (3.53) によって与えられる。

$$\begin{aligned} u^*(k) &= K^* x(k) \\ &= -(R + B^T P B)^{-1}(B^T P A + S)x(k) \end{aligned} \tag{3.53}$$

さらに，最小値は，式 (3.54) によって与えられる。

$$J(x_0, u) \geqq J(x_0, u^*) = \mathbb{E}[x^T(0) P x(0)] \tag{3.54}$$

【証明】 文献9) では，平方完成による証明を行っているが，ここでは，簡易的にラグランジュの未定乗数法による証明を試みる。ある制御則 $u(k) = Kx(k)$ による閉ループシステムおよび評価関数は，以下によって計算される。

$$x(k+1) = (A+BK)x(k) + A_p x(k) w(k) \tag{3.55a}$$

$$J(x_0, Kx(k))$$
$$= \mathbb{E}\left[\sum_{k=0}^{\infty} x^T(k)\Big[Q + 2S^T K + K^T RK\Big]x(k)\right] \tag{3.55b}$$

このとき，定理 3.4 を利用することによって以下を得る．

$$J(x_0, Kx(k)) = \mathbf{Tr}\left[x^T(0)Px(0)\right] \tag{3.56}$$

ただし

$$P = (A+BK)^T P(A+BK)$$
$$+ A_p^T P A_p + Q + 2S^T K + K^T RK \tag{3.57}$$

続いて，式 (3.56) の最適化問題を P, K について解く．そこで，ラグランジュ関数 $L = L(P, K, \Xi)$ を定義する．

$$L := L(P, K, \Xi)$$
$$= \mathbf{Tr}\left[x^T(0)Px(0)\right] + \mathbf{Tr}\Big(\Xi\big[-P + (A+BK)^T P(A+BK)$$
$$+ A_p^T P A_p + Q + K^T S + S^T K + K^T RK\big]\Big) \tag{3.58}$$

ただし，Ξ は，対称行列を満足するラグランジュ乗数である．さらに

$$2x^T(k)S^T Kx(k) = x^T(k)(K^T S + S^T K)x(k)$$

を利用している．

このとき，ラグランジュ乗数法によって，L を K, P についてそれぞれ偏微分を計算することにより，以下の必要条件を得る．

$$\frac{\partial L}{\partial K} = 2(B^T PA + B^T PBK + S + RK)\Xi = 0 \tag{3.59a}$$

$$\frac{\partial L}{\partial P} = -\Xi + (A+BK)\Xi(A+BK)^T + A_p^T \Xi A_p + x(0)x^T(0) = 0 \tag{3.59b}$$

このとき，式 (3.59b) は非特異である唯一解 Ξ をもつことがわかる．したがって，式 (3.59a) において，Ξ の逆行列を右から掛けて制御則 (3.53) を得る．さらに，制御則 (3.53) を式 (3.57) に代入すれば，式 (3.52) を得ることができる．

ここで，離散時間リカッチ代数方程式 (3.52) が，以下の離散時間リカッチ代数方程式 (3.60) に等価であることが容易に示されることに留意されたい．

$$P = A^T P A + A_p^T P A_p \\ \quad - (B^T PA + S)^T (R + B^T PB)^{-1} (B^T PA + S) + Q \quad (3.60)$$

3.3 ま　と　め

本章では，連続・離散時間線形確率システムに対して，安定性・安定化，ならびに最適制御に関する結果を与えた．これらの結果は，確率システムの制御では，基盤をなす結果であり，後の動的ゲーム理論を考える場合，基礎となる結果を与える．紹介した結果のほとんどが，確定系のシステムにおける内容の拡張となっている．特に，確率リアプノフ関数の導入によって，確定システムの場合と同様な議論によって，さまざまな結果を証明できる．その意味では，確定系のシステム制御理論を学習している場合，容易に理解可能と思われる．この分野は，文献2) がよく知られており，さらに進んだ内容および数学的に厳密な証明を確認したい場合に参照されたい．ただし，状態依存型ノイズを主として扱っていないため，その場合は，本書の参考文献としてあげられている論文を読むなどして，さらなる知識獲得が期待できる．

最後に，文献10) は，この分野では著名な研究者3名によって記された著書であり，状態依存型確率システムにおける H_2/H_∞ 制御問題に関する基本的結果を網羅した内容となっている．したがって，これから学び始めようとする大学院生・研究者や開発者にとって，有用な情報を与えると考えられる．特に，実際のプラントに対して制御を考えた場合，応用面で基礎的な知識を提供すると考えられる．また，未解決な問題も多くあり，それらを知るうえで貴重な文献であり，今後の研究に関して指針を与えてくれるものと思われる．

数値計算アルゴリズム

システム理論において，制御則を決定するうえで，非線形行列方程式を解く場合が多く存在する。特にリカッチ代数方程式と呼ばれる非線形行列方程式は，現代制御理論において非常に重要な役割を演じている。これらの方程式を解く場合には，通常，クラインマン型アルゴリズム[1]，または，実シュール解法[2,3]が利用される。特に，クラインマン型アルゴリズムはニュートン法であることが示されており，非線形行列方程式を解く方法の一つとして，よく知られている[4]。ニュートン法は，初期値が求める解の近傍に存在すれば，局所二次収束が保証される。したがって，収束速度はきわめて速く，非常に実用的なアルゴリズムであると考えられる。しかしながら，ニュートン法によるアルゴリズムの導出には，ヤコビ行列の計算を必要とし，計算に時間と手間を要する。

本章では，非線形行列方程式を解くための数値計算アルゴリズムについて言及する。特に，ニュートン法を基盤とした手法を中心に，リアプノフ代数方程式に基づくアルゴリズム，座標降下法によるアルゴリズムによるものなど，代表的なアルゴリズムについて考察を行う。

4.1 リカッチ代数方程式

確率リカッチ代数方程式の数値解法に関して，説明を与える前に，通常の最適制御問題に表れる確定的リカッチ代数方程式の数値解法について確認を行う。以降，本節では，確定的リカッチ代数方程式を簡単にリカッチ代数方程式と呼ぶことにする。リカッチ代数方程式とは，式 (4.1) のことを指す。

$$PA + A^T P - PSP + Q = 0, \quad P \in \mathbb{R}^{n \times n} \tag{4.1}$$

ただし，$S = BR^{-1}B^T \geqq 0, R = R^T > 0, Q = C^T C \geqq 0$ であり，通常 (A, B) は可制御，(C, A) は可観測であると仮定する．A, B, Q, R は与えられるものであり，特に Q, R は設計者によって任意に選ぶことが可能である．リカッチ代数方程式 (4.1) は，最適制御問題に現れるが，H_∞ 制御では

$$PA + A^T P + P(BB^T - DD^T)P + E^T E = 0 \tag{4.2}$$

のように，P の二次の符号が不定なものが現れる．そこで，以下では一般性を失うことなく，S に関して対称性のみを保証し，符号については不明であると仮定する．

まず，リカッチ代数方程式 (4.1) を数値的に安定に解く手法として，**シュール法**（Schur method）について説明を行う．はじめに，ハミルトニアン行列 H を定義する．

$$H = \begin{bmatrix} A & -S \\ -Q & -A^T \end{bmatrix} \in \mathbb{R}^{2n \times 2n} \tag{4.3}$$

ここで，ハミルトニアン行列 H に対して，固有値 λ をもつならば $-\lambda$ も H の固有値であることが知られている．すなわち，ハミルトニアン行列 H は虚軸に対称な固有値をもつ．実際，行列 J を

$$J = \begin{bmatrix} 0 & -I_n \\ I_n & 0 \end{bmatrix} \in \mathbb{R}^{2n \times 2n} \tag{4.4}$$

と定義すれば，$J^{-1} = -J$ が成立し

$$J^{-1}HJ = -JHJ = -H^T \tag{4.5}$$

が成立する．このとき

$$|\lambda I_{2n} - H| = |\lambda I_{2n} + (J^{-1}HJ)^T|$$

$$= |\lambda I_{2n} + J^{-1}HJ| = |-\lambda I_{2n} - H| \tag{4.6}$$

となるので，ハミルトニアン行列 H は虚軸に対称な固有値をもつことが示される．したがって，これより，ハミルトニアン行列 H が虚軸上に固有値をもたなければ，n 個の漸近安定な固有値を必ずもつことがわかる．ここで，制御対象において，(A,B) が可制御かつ (C,A) が可観測であれば，虚軸上に固有値をもたないことに注意されたい．

つぎに，漸近安定な固有値に対する固有ベクトルからなる行列 $V \in \mathbb{C}^{2n \times n}$ を以下のようにブロック行列表現する．

$$V = \begin{bmatrix} V_{11} \\ V_{21} \end{bmatrix} \in \mathbb{C}^{2n \times n} \tag{4.7}$$

ただし，V_{11}, $V_{21} \in \mathbb{C}^{n \times n}$ である．

このとき，P は

$$P = V_{21} V_{11}^{-1} \tag{4.8}$$

によって計算される．これは，以下のように示される．まず，以下の行列を準備する．

$$H \begin{bmatrix} V_{11} \\ V_{21} \end{bmatrix} = \begin{bmatrix} V_{11} \\ V_{21} \end{bmatrix} (-\Lambda) \tag{4.9}$$

ただし，$-\Lambda$ は，ハミルトニアン行列 H の固有値のうち，実数が負である安定化固有値をもつジョルダン形であると仮定する．

行列 Λ に対して，式 (4.9) の右から V_{11}^{-1} を掛ければ以下を得る．

$$H \begin{bmatrix} I_n \\ P \end{bmatrix} = \begin{bmatrix} I_n \\ P \end{bmatrix} V_{11}(-\Lambda) V_{11}^{-1} \tag{4.10}$$

さらに，式 (4.10) の左から $\begin{bmatrix} -P & I_n \end{bmatrix}$ を掛け

$$\begin{bmatrix} -P & I_n \end{bmatrix} H \begin{bmatrix} I_n \\ P \end{bmatrix} = \begin{bmatrix} -P & I_n \end{bmatrix} \begin{bmatrix} I_n \\ P \end{bmatrix} V_{11}(-\Lambda)V_{11}^{-1}$$

$$\Rightarrow PA + A^T P - PSP + Q = 0 \tag{4.11}$$

したがって，$P = V_{21}V_{11}^{-1}$ が解であることが示された．ここで，基底 V の取り方によって，解 P が変化しないことに注意されたい．以上より，基底 V の取り方が非常に重要になってくる．そこで，V として

$$U^T H U = \tilde{H} = \begin{bmatrix} \tilde{H}_{11} & \tilde{H}_{12} \\ 0 & \tilde{H}_{22} \end{bmatrix}, \quad \tilde{H}_{ij} \in \mathbb{R}^{n \times n} \tag{4.12}$$

となる直行行列

$$U = \begin{bmatrix} U_{11} & U_{12} \\ U_{21} & U_{22} \end{bmatrix}, \quad U_{ij} \in \mathbb{R}^{n \times n} \tag{4.13}$$

を選択する．ただし，$U^T U = I_{2n}$ が成立する．

ここで，S が，**擬似上三角行列** (quasi-upper-triangle matrix) となるような U が存在することが知られている[2]．擬似上三角行列とは，対角行列に $\mathbb{R}^{2 \times 2}$，もしくは $\mathbb{R}^1$ の要素をもつ行列のことである．このとき，U は，シュールベクトルで構成され，式 (4.12) を**シュール分解** (Schur decomposition) という．これが，シュール法という名前の由来である．一般に U は直接求められないことが知られている．そこで，再帰的な計算によりシュール分解を行う必要がある．この再帰的手法を **QR 法** (QR method) という．アルゴリズムはきわめて単純である．ある与えられた行列 A に対して，$A_0 = A$ を直行行列 Q_0 と上三角行列 R_0 との積 $A_0 = Q_0 R_0$ とし，その後，積の順番を逆にして $A_1 = R_0 Q_0$ とする．このとき，$R_0 = Q_0^{-1} A_0 = Q_0^T A_0$ より，$A_1 = R_0 Q_0 = Q_0^T A_0 Q_0$ を得る．したがって，A_0 と A_1 は相似で，固有値は保存される．この操作は，$A_{k+1} = Q_k^T A_k Q_k, A_0 = A$ という漸化式で定義され，A_k が $k \to \infty$ で上三角行列に収束することが知られている．

ここで,重要な点として,A_k がヘッセンベルグ行列であるとき,A_{k+1} もヘッセンベルグ行列になることである。ここで,ヘッセンベルグ行列(Hessenberg matrix)とは,$A = [a_{ij}] \in \mathbb{R}^{m \times m}$ と定義するとき,$i \geq j+2$ に対して,$a_{ij} = 0$ となる行列をいう。すなわち,以下の形をもつ。

$$A = \begin{bmatrix} a_{11} & a_{12} & a_{13} & \cdots & a_{1(m-1)} & a_{1m} \\ a_{21} & a_{22} & a_{23} & \cdots & a_{2(m-1)} & a_{2m} \\ 0 & a_{32} & a_{33} & \cdots & a_{3(m-1)} & a_{3m} \\ 0 & 0 & a_{43} & \cdots & a_{4(m-1)} & a_{4m} \\ \vdots & \vdots & \vdots & \ddots & \vdots & \vdots \\ 0 & 0 & 0 & \cdots & a_{m(m-1)} & a_{mm} \end{bmatrix}$$

以下に,シュール法に関するQR法のアルゴリズムを示す[5]。

(1) $H_0 = H$ とする。

(2) H_0 を直行行列 Q_0 と上三角行列 R_0 との積 $H_0 = Q_0 R_0$ に分解する。

(3) $H_1 = R_0 Q_0 = Q_0^T H_0 Q_0$ を計算する。

(4) $k \geq 1$ のとき,H_k を直行行列 Q_k と上三角行列 R_k との積 $H_k = Q_k R_k$ に分解する。

(5) $H_{k+1} = R_k Q_k = Q_k^T H_k Q_k$ を計算する。

(6) ε を収束判定の基準として,$|H_{k+1} - H_k| < \varepsilon$ を満足するまで (4) から (5) までの操作を繰り返す。

したがって,以上のアルゴリズムを繰り返せば,式 (4.14) を得る。

$$H_k = (Q_0 Q_1 \cdots Q_{k-1})^T H (Q_0 Q_1 \cdots Q_{k-1}) \tag{4.14}$$

ここで,$U = Q_0 Q_1 \cdots Q_{k-1}$ は直行行列であるので,H_k の固有値は H の固有値に等しいことに注意されたい。

このとき,ハミルトニアン行列 H の固有値がすべて実数の場合,H_k は上三角行列に収束する。一方,ハミルトニアン行列 H の固有値に複素数を含む場合,H_k は疑似上三角行列に収束する。すなわち,式 (4.15) を得る。

$$H_k \to \tilde{H} = \begin{bmatrix} \tilde{H}_{11} & \tilde{H}_{12} \\ 0 & \tilde{H}_{22} \end{bmatrix} = \begin{bmatrix} \tilde{h}_{11} & \tilde{h}_{12} & \tilde{h}_{13} & \cdots & \tilde{h}_{1m} \\ 0 & \tilde{h}_{22} & \tilde{h}_{23} & \cdots & \tilde{h}_{2m} \\ 0 & 0 & \tilde{h}_{33} & \cdots & \tilde{h}_{3m} \\ \vdots & \vdots & \vdots & \ddots & \vdots \\ 0 & 0 & 0 & \cdots & \tilde{h}_{mm} \end{bmatrix} \tag{4.15}$$

ただし,$\tilde{h}_{ii}$ は実数もしくは,共役な複素数の固有値をもつ $\mathbb{R}^{2 \times 2}$ の行列である[6]。これを**実シュール分解**(real Schur decomposition)と呼ぶ。このとき

$$H \begin{bmatrix} U_{11} \\ U_{21} \end{bmatrix} = \begin{bmatrix} U_{11} \\ U_{21} \end{bmatrix} \tilde{H}_{11} \tag{4.16}$$

を得るので

$$T^{-1} \tilde{H}_{11} T = -\Lambda \tag{4.17}$$

となる変換行列 T を用意し

$$H \begin{bmatrix} U_{11} \\ U_{21} \end{bmatrix} T = \begin{bmatrix} U_{11} \\ U_{21} \end{bmatrix} T T^{-1} \tilde{H}_{11} T = \begin{bmatrix} U_{11} \\ U_{21} \end{bmatrix} T(-\Lambda) \tag{4.18}$$

を得る。さらに,式 (4.9) と式 (4.18) を比較して

$$\begin{bmatrix} V_{11} \\ V_{21} \end{bmatrix} D = \begin{bmatrix} U_{11} \\ U_{21} \end{bmatrix} T \tag{4.19}$$

ただし,D は,正則な対角行列であり,ベクトルの平行条件から,式 (4.19) を満足するような D が存在することが知られている。

したがって

$$\begin{bmatrix} U_{11} \\ U_{21} \end{bmatrix} = \begin{bmatrix} V_{11} \\ V_{21} \end{bmatrix} D T^{-1} \Leftrightarrow U_{11} = V_{11} D T^{-1},\ U_{21} = V_{21} D T^{-1} \tag{4.20}$$

最終的に

$$U_{21}U_{11}^{-1} = V_{21}DT^{-1}(V_{11}DT^{-1})^{-1} = V_{21}V_{11}^{-1} = P \qquad (4.21)$$

が示される。

LQR 問題の場合，n 個の安定な固有値と n 個の不安定な固有値をもつ。この場合のハミルトニアン行列 H は虚軸上に固有値をもたない。これより，$A-SP$ を安定化するリカッチ代数方程式 (4.1) は，唯一の**安定化解** (stabilizing solution) をもち，$P = \mathrm{Ric}(H)$ と表記する。

4.2 確率リカッチ代数方程式

前節では，リカッチ代数方程式を解くための代表的なアルゴリズムとして，シュール分解に基づく方法を紹介した。本節では，以下のタイプのリカッチ方程式の数値解法について述べる。

$$PA + A^T P + A_p^T P A_p - PSP + Q = 0 \qquad (4.22)$$

ただし，$S = S^T \geqq 0$, $Q = Q^T \geqq 0$ である。

ここで，リカッチ代数方程式 (4.1) と (4.22) の差異は，$A_p^T P A_p$ の存在である。状態依存ノイズを含む確率システムの最適レギュレータ問題など，必ずこの項が現れる。また，この項の出現によって，現在に至っても，リカッチ代数方程式を解くためのシュール法に相当する有効な数値解法が存在しない。そこで，古典的ではあるが，以下では，ニュートン法によるアルゴリズムについて考察する。当然，リカッチ代数方程式 (4.1) にも，ニュートン法によって解くことができる点に注目されたい。

4.2.1 ニュートン法による数値計算アルゴリズム

従来，リカッチ代数方程式 (4.1) を解くためのアルゴリズムとして，クラインマンアルゴリズム[1] が知られている。クラインマンアルゴリズムは，ニュー

トン法の一種であることが示されており，初期値が要求される解に十分近ければ，二次収束することが保障される。そこで，確率リカッチ代数方程式 (4.22) に，クラインマンアルゴリズムの適用を行う。

確率リカッチ代数方程式 (4.22) を解くためのニュートン法を以下に示す。

$$P^{(k+1)}(A - SP^{(k)}) + (A - SP^{(k)})^T P^{(k+1)} + A_p^T P^{(k+1)} A_p \\ + P^{(k)} SP^{(k)} + Q = 0 \qquad (4.23)$$

ただし，初期値 $P^{(0)}$ は

$$dx(t) = [A - SP^{(0)}]x(t)dt + A_p x(t)dw(t)$$

が平均二乗安定となるように選択する。

ニュートン法の導出は，確率リカッチ代数方程式 (4.22) の P の二次の項のみ

$$P \leftarrow P^{(k+1)} = P^{(k)} + \Delta$$

として，確率リカッチ代数方程式 (4.22) に代入し，Δ の二次の項を無視することによって得られる。すなわち

$$\begin{aligned} PSP &\leftarrow \left(P^{(k)} + \Delta\right) S \left(P^{(k)} + \Delta\right) \\ &= P^{(k)} SP^{(k)} + \Delta SP^{(k)} + P^{(k)} S\Delta + \Delta S\Delta \\ &\approx P^{(k)} SP^{(k)} + \Delta SP^{(k)} + P^{(k)} S\Delta \\ &= P^{(k)} SP^{(k)} + \left(P^{(k+1)} - P^{(k)}\right) SP^{(k)} \\ &\quad + P^{(k)} S\left(P^{(k+1)} - P^{(k)}\right) \\ &= P^{(k+1)} SP^{(k)} + P^{(k)} SP^{(k+1)} - P^{(k)} SP^{(k)} \end{aligned}$$

のように近似計算を行う。また，P の一次の項に対しては

$$P \leftarrow P^{(k+1)}$$

とおく．以上の準備のもとで，以下のように導出される．

$$P^{(k+1)}A + A^T P^{(k+1)} + A_p^T P^{(k+1)} A_p$$
$$- P^{(k+1)}SP^{(k)} - P^{(k)}SP^{(k+1)} + P^{(k)}SP^{(k)} + Q = 0$$

これは，式 (4.23) そのものである．続いて，式 (4.23) がニュートン法である証明を行う．両辺に vec 操作を取る．

$$\left[\nabla \boldsymbol{F}(P^{(k)})\right]\mathrm{vec}[P^{(k+1)}] + \mathrm{vec}\left[P^{(k)}SP^{(k)} + Q\right] = 0$$

ただし

$$\nabla \boldsymbol{F}(P) = (A - SP)^T \otimes I_n + I_n \otimes (A - SP)^T + A_p^T \otimes A_p^T$$

一方，ニュートン法を直接計算すれば

$$\mathrm{vec}[P^{(k+1)}]$$
$$= \mathrm{vec}[P^{(k)}] - \left[\nabla \boldsymbol{F}(P^{(k)})\right]^{-1}$$
$$\times \mathrm{vec}\left[P^{(k)}A + A^T P^{(k)} + A_p^T P^{(k)} A_p - P^{(k)}SP^{(k)} + Q\right]$$

このとき，$\nabla \boldsymbol{F}(P^{(k)})$ を左から掛ければ

$$\nabla \boldsymbol{F}(P^{(k)})\mathrm{vec}[P^{(k+1)}]$$
$$= \nabla \boldsymbol{F}(P^{(k)})\mathrm{vec}[P^{(k)}]$$
$$\quad - \mathrm{vec}\left[P^{(k)}A + A^T P^{(k)} + A_p^T P^{(k)} A_p - P^{(k)}SP^{(k)} + Q\right]$$
$$= \mathrm{vec}\left[P^{(k)}(A - SP^{(k)}) + (A - SP^{(k)})^T P^{(k)} + A_p^T P^{(k)} A_p\right]$$
$$\quad - \mathrm{vec}\left[P^{(k)}A + A^T P^{(k)} + A_p^T P^{(k)} A_p - P^{(k)}SP^{(k)} + Q\right]$$
$$= -\mathrm{vec}\left[P^{(k)}SP^{(k)} + Q\right]$$

を得る．したがって，ニュートン法であることがわかる．

4.2.2 LMIによる数値計算アルゴリズム

4.2節の冒頭の確率リカッチ代数方程式 (4.22) は，未知行列が P のみ，一つであった．しかしながら，マルコフジャンプ確率システムを考えたとき，以下の連立型確率リカッチ代数方程式を解く必要が生じる．

$$P(i)A(i) + A^T(i)P(i) + A_p^T(i)P(i)A_p(i) + \sum_{j=1}^{s} \pi_{ij} P(j)$$
$$- P(i)B(i)[R(i)]^{-1}B^T(i)P(i) + Q(i) = 0, i = 1, \cdots, s \quad (4.24)$$

ただし，$R(i) = R^T(i) > 0, Q(i) = Q^T(i) \geq 0, \pi_{ii} = -\sum_{j=1,\ j\neq i}^{s} \pi_{ij}, \pi_{ij} \geq 0, i \neq j$ である．

当然，ニュートン法を適用できる方程式であるが，以下では，LMIによる解法を示す[7]．

$$\max_{P(i),\cdots,P(s)} \mathbf{Tr}\left[\sum_{j=1}^{s} P(j)\right] \quad (4.25a)$$

$$\text{s.t.} \begin{bmatrix} \boldsymbol{F}_i(P(i),\cdots,P(s)) & P(i)B(i) \\ B^T(i)P(i) & R(i) \end{bmatrix} \geq 0 \quad (4.25b)$$

$$\boldsymbol{F}_i(P(i),\cdots,P(s)) := P(i)A(i) + A^T(i)P(i) + A_p^T(i)P(i)A_p(i)$$
$$+ \sum_{j=1}^{s} \pi_{ij} P(j) + Q(i) \quad (4.25c)$$

$$P(i) = P^T(i) \geq 0,\ i = 1, \cdots, s \quad (4.25d)$$

この手法は，最適化問題に帰着したアイディアに基づいていることに注意されたい．LMIを数値的に解く方法が用いられる理由として，**半正定値計画問題**に対する高速なアルゴリズムが開発されたことがあげられる．これにより，確率リカッチ代数方程式が，等価的であるLMIを解く問題に帰着される．しかしながら，半正定値計画法を本質的に利用している点で，アルゴリズム的に解けているわけではないことに注意を要する．

一方,確定システムの場合でも同様に,文献7)の結果を応用すればよく,可解性などの性質は,同様に成立することに注意されたい。

ここで,$i = 1, \sum_{j=1}^{s} \pi_{ij} = 0$ としたとき,式 (4.24) は,式 (4.22) と等価になるので,$S = BR^{-1}B^T$ であれば,以下の LMI による最適化問題を解くことによって,P を得ることができる。

$$\max_{P} \mathbf{Tr}[P] \tag{4.26a}$$

$$\text{s.t.} \begin{bmatrix} PA + A^T P + A_p^T P A_p + Q & PB \\ B^T P & R \end{bmatrix} \geq 0, \ P = P^T \geq 0 \tag{4.26b}$$

4.2.3 数 値 例

アルゴリズムの有用性を検討するために,簡単な数値例を与える。各システム行列はつぎのように与えられる。

$$s = 2, \begin{bmatrix} \pi_{11} & \pi_{12} \\ \pi_{21} & \pi_{22} \end{bmatrix} = \begin{bmatrix} -0.2 & 0.2 \\ 0.8 & -0.8 \end{bmatrix}$$

$$A(1) = \begin{bmatrix} -2 & 1 \\ 0 & -1 \end{bmatrix}, \ A_p(1) = 0.5 A(1), \ B(1) = \begin{bmatrix} 1 \\ -5 \end{bmatrix}$$

$$A(2) = \begin{bmatrix} -4 & 1 \\ 0 & -5 \end{bmatrix}, \ A_p(1) = -0.5 A(1), \ B(2) = \begin{bmatrix} 0 \\ 1 \end{bmatrix}$$

$$Q(1) = \begin{bmatrix} 1 & 0 \\ 0 & 2 \end{bmatrix}, \ Q(2) = \begin{bmatrix} 3 & 0 \\ 0 & 1 \end{bmatrix}, R(1) = 1, \ R(2) = 2$$

初期条件を確率システムが安定となるよう,以下のように選択する。

$$P(1) = P(2) = I_2$$

ニュートン法,LMI 手法のいずれを利用しても,同一の $P(1), P(2)$ を得ることができる。それぞれの解を以下に示す。

$$P(1) = \begin{bmatrix} 3.5525 \times 10^{-1} & 6.9757 \times 10^{-2} \\ 6.9757 \times 10^{-2} & 2.7584 \times 10^{-1} \end{bmatrix}$$

$$P(2) = \begin{bmatrix} 6.8419 \times 10^{-1} & 1.1279 \times 10^{-2} \\ 1.1279 \times 10^{-2} & 2.9506 \times 10^{-1} \end{bmatrix}$$

ここで，ニュートン法を適用した場合，解の残差が 10^{-12} 未満となったところで計算を停止させた．この収束条件のもと，ニュートン法は，4 回の繰返し計算後に収束した．その結果を**表 4.1** に示す．表 4.1 より，ニュートン法が二次収束であることが確認される．

表 4.1　繰返し誤差

k	誤差
0	1.7486
1	2.4945×10^{-2}
2	1.1890×10^{-5}
3	2.8112×10^{-12}
4	3.2637×10^{-16}

4.3　連立型確率リカッチ代数方程式

ナッシュゲーム問題に表れる連立型確率リカッチ代数方程式の数値解法について考える．ここで，プレーヤ数が 2 であるときは以下の式 (4.27) を解けばよいことが知られている．

$$X(A - S_1 X - S_2 Y) + (A - S_1 X - S_2 Y)^T X + A_p^T X A_p \\ + X S_1 X + Y G_1 Y + Q_1 = 0 \tag{4.27a}$$

$$Y(A - S_1 X - S_2 Y) + (A - S_1 X - S_2 Y)^T Y + A_p^T Y A_p \\ + Y S_2 Y + X G_2 X + Q_2 = 0 \tag{4.27b}$$

ただし

$S_i = S_i^T \geqq 0, \ G_i = G_i^T \geqq 0, \ Q_i = Q_i^T \geqq 0, \ i = 1, \ 2$

さらに，一般の N プレーヤに対しては，式 (4.28) を解けばよい．

$$\boldsymbol{F}_i(P_1, \cdots, P_N)$$

$$:= P_i \left(A - \sum_{j=1}^N S_j P_j \right) + \left(A - \sum_{j=1}^N S_j P_j \right)^T P_i + A_p^T P_i A_p$$

$$+ P_i S_i P_i + \sum_{j=1, \ j \neq i}^N P_j S_{ij} P_j + Q_i = 0, \tag{4.28}$$

ただし，$S_i = S_i^T \geqq 0, \ S_{ij} = S_{ij}^T \geqq 0, \ Q_i = Q_i^T \geqq 0$ である．

4.3.1 ニュートン法による数値計算アルゴリズム

連立型確率リカッチ代数方程式 (4.27) を解くためのニュートン法を以下に示す．

$$X^{(k+1)} \left(A - S_1 X^{(k)} - S_2 Y^{(k)} \right) + \left(A - S_1 X^{(k)} - S_2 Y^{(k)} \right)^T X^{(k+1)}$$

$$+ A_p^T X^{(k+1)} A_p - X^{(k)} S_2 Y^{(k+1)} - Y^{(k+1)} S_2 X^{(k)}$$

$$+ Y^{(k+1)} G_1 Y^{(k)} + Y^{(k)} G_1 Y^{(k+1)} + X^{(k)} S_2 Y^{(k)} + Y^{(k)} S_2 X^{(k)}$$

$$+ X^{(k)} S_1 X^{(k)} - Y^{(k)} G_1 Y^{(k)} + Q_1 = 0 \tag{4.29a}$$

$$Y^{(k+1)} \left(A - S_1 X^{(k)} - S_2 Y^{(k)} \right) + \left(A - S_1 X^{(k)} - S_2 Y^{(k)} \right)^T Y^{(k+1)}$$

$$+ A_p^T Y^{(k+1)} A_p - Y^{(k)} S_1 X^{(k+1)} - X^{(k+1)} S_1 Y^{(k)}$$

$$+ X^{(k+1)} G_2 X^{(k)} + X^{(k)} G_2 X^{(k+1)} + Y^{(k)} S_1 X^{(k)} + X^{(k)} S_1 Y^{(k)}$$

$$+ Y^{(k)} S_2 Y^{(k)} - X^{(k)} G_2 X^{(k)} + Q_2 = 0 \tag{4.29b}$$

ただし，$k = 0, \ 1, \ \cdots$，初期値 $X^{(0)}, Y^{(0)}$ の候補として，以下を考える．

$$X^{(0)} A + A^T X^{(0)} + A_p^T X^{(0)} A_p - X^{(0)} S_1 X^{(0)} + Q_1 = 0$$

$$Y^{(0)} A + A^T Y^{(0)} + A_p^T Y^{(0)} A_p - Y^{(0)} S_2 Y^{(0)} + Q_2 = 0$$

上記の結果を拡張することによって，一般化連立型確率リカッチ代数方程式 (4.28) を解くためのニュートン法を以下に示す．

$$
\begin{aligned}
& P_i^{(k+1)} \left(A - \sum_{j=1}^{N} S_j P_j^{(k)} \right) + \left(A - \sum_{j=1}^{N} S_j P_j^{(k)} \right)^T P_i^{(k+1)} \\
& + A_p^T P_i^{(k+1)} A_p - \sum_{j=1,\ j\neq i}^{N} P_j^{(k+1)} S_j P_i^{(k)} - \sum_{j=1,\ j\neq i}^{N} P_i^{(k)} S_j P_j^{(k+1)} \\
& + \sum_{j=1,\ j\neq i}^{N} P_j^{(k+1)} S_{ij} P_j^{(k)} + \sum_{j=1,\ j\neq i}^{N} P_j^{(k)} S_{ij} P_j^{(k+1)} \\
& + \sum_{j=1,\ j\neq i}^{N} P_j^{(k)} S_j P_i^{(k)} + \sum_{j=1,\ j\neq i}^{N} P_i^{(k)} S_j P_j^{(k)} \\
& + P_i^{(k)} S_i P_i^{(k)} - \sum_{j=1,\ j\neq i}^{N} P_j^{(k)} S_{ij} P_j^{(k)} + Q_i = 0,\ k = 0,\ 1,\ \cdots
\end{aligned}
$$
(4.30)

ただし，初期値 $P_i^{(0)}$ $(i = 1, \cdots, N)$ の候補として，以下を考える．

$$P_i^{(0)} A + A^T P_i^{(0)} + A_p^T P_i^{(0)} A_p - P_i^{(0)} S_i P_i^{(0)} + Q_i = 0$$

ニュートン法 (4.29) の導出は，基本的に式 (4.23) と同様な手順によって行われる．すなわち，$P_i \leftarrow P_i^{(k+1)} = P_i^{(k)} + \Delta_i$ として，連立型確率リカッチ代数方程式に代入し，Δ_i の二次の項を無視することによって得ることができる．

ニュートン法は，初期値が適切であれば局所二次収束を保証する．ただし，導出には多少の手計算を必要とする．さらに，初期値が適切であっても複数の解の候補に収束することが知られている[8]．

4.3.2 リアプノフ代数方程式による数値計算アルゴリズム

ニュートン法の導出を回避するために，連立型確率リカッチ代数方程式 (4.28) を解くためのリアプノフ代数方程式による数値計算アルゴリズムを考える[8]．

$$P_i^{(k+1)}\left(A - \sum_{j=1}^{N} S_j P_j^{(k)}\right) + \left(A - \sum_{j=1}^{N} S_j P_j^{(k)}\right)^T P_i^{(k+1)}$$
$$+ A_p^T P_i^{(k+1)} A_p + P_i^{(k)} S_i P_i^{(k)}$$
$$+ \sum_{j=1,\ j\neq i}^{N} P_j^{(k)} S_{ij} P_j^{(k)} + Q_i = 0,\ k = 0,\ 1,\ \cdots \tag{4.31}$$

ただし，初期値 $P_i^{(0)}$ ($i = 1, \cdots, N$) は，以下で与えられるものとする．

$$P_i^{(0)} A + A^T P_i^{(0)} + A_p^T P_i^{(0)} A_p - P_i^{(0)} S_i P_i^{(0)} + Q_i = 0 \tag{4.32}$$

リアプノフ代数方程式による数値計算アルゴリズムは，適切な初期値が設定されれば，収束することが示されている[8]．さらに，大規模な次元であっても，ニュートン法と異なり，ヤコビ行列を計算する必要がないという優れた性質をもつ．しかしながら，収束が非常に遅いという難点をもつ．

4.3.3 座標降下法による数値計算アルゴリズム

最後に，連立型確率リカッチ代数方程式 (4.28) を解くために，座標降下法による数値計算アルゴリズムを紹介する[9]．まず，以下の最適化問題を定義する．

$$\max_{P_i, \cdots, P_N} \mathbf{Tr}\left[\sum_{j=1}^{N} P_j\right] \tag{4.33a}$$

$$\text{s.t.}\ \begin{bmatrix} \boldsymbol{F}_i(P_1, \cdots, P_N) & P_i B_i \\ B_i^T P_i & R_i \end{bmatrix} \geqq 0 \tag{4.33b}$$

$$\boldsymbol{F}_i(P_1, \cdots, P_N) := P_i\left(A - \sum_{j=1, j\neq i}^{N} S_j P_j\right) + \left(A - \sum_{j=1, j\neq i}^{N} S_j P_j\right)^T P_i$$
$$+ A_p^T P_i A_p + \sum_{j=1,\ j\neq i}^{N} P_j S_{ij} P_j + Q_i \tag{4.33c}$$

$$P_i = P_i^T \geqq 0,\ S_i = B_i R_i^{-1} B_i^T,\ R_i = R_i^T > 0 \tag{4.33d}$$

4.3 連立型確率リカッチ代数方程式

この最適化問題が解をもつための必要条件は，KKT条件によって容易に得ることができ，それは式 (4.28) となる．したがって，この最適化問題に座標降下法を適用すれば，以下のアルゴリズムを得る．

$$\max_{P_i^{(k+1)}} \mathbf{Tr}[P_i^{(k+1)}] \tag{4.34a}$$

$$\text{s.t.} \begin{bmatrix} \boldsymbol{F}_i(P_1^{(k+1)}, \cdots, P_{i-1}^{(k+1)}, P_i^{(k+1)}, P_{i+1}^{(k)}, \cdots, P_N^{(k)}) & P_i^{(k+1)} B_i \\ B_i^T P_i^{(k+1)} & R_i \end{bmatrix}$$
$$\geq 0 \tag{4.34b}$$

$$\boldsymbol{F}_i(P_1^{(k+1)}, \cdots, P_{i-1}^{(k+1)}, P_i^{(k+1)}, P_{i+1}^{(k)}, \cdots, P_N^{(k)})$$
$$:= P_i^{(k+1)} \left(A - \sum_{j=1}^{i-1} S_j P_j^{(k+1)} - \sum_{j=i+1}^{N} S_j P_j^{(k)} \right)$$
$$+ \left(A - \sum_{j=1}^{i-1} S_j P_j^{(k+1)} - \sum_{j=i+1}^{N} S_j P_j^{(k)} \right)^T P_i^{(k+1)}$$
$$+ A_p^T P_i^{(k+1)} A_p + \sum_{j=1,\ j\neq i}^{N} P_j^{(k)} S_{ij} P_j^{(k)} + Q_i \tag{4.34c}$$

$$P_i^{(k+1)} = P_i^{(k+1)T} \geq 0,\ k = 0,\ 1,\ \cdots \tag{4.34d}$$

ただし，初期値 $P_i^{(0)}$ $(i = 1, \cdots, N)$ は，式 (4.32) と同一に設定する．

座標降下法が収束する直感的な理由は

$$J(P_1^{(k+1)}, \cdots, P_{i-1}^{(k+1)}, P_i^{(k+1)}, P_{i+1}^{(k)}, \cdots, P_N^{(k)})$$
$$= \mathbf{Tr} \left[\sum_{j=1}^{i} P_j^{(k+1)} + \sum_{j=i+1}^{N} P_j^{(k)} \right] \tag{4.35}$$

と定義したとき

$$J(P_1^{(1)}, P_2^{(0)}, \cdots, P_N^{(0)})$$
$$\geq J(P_1^{(1)}, P_2^{(1)}, P_3^{(0)}, \cdots, P_N^{(0)})$$

$$\geq J(P_1^{(1)}, P_2^{(1)}, P_3^{(1)}, P_4^{(0)}, \cdots, P_N^{(0)})$$
$$\geq \cdots$$
$$\geq J(P_1^{(1)}, P_2^{(1)}, P_3^{(1)}, P_4^{(1)}, \cdots, P_N^{(1)})$$
$$\geq J(P_1^{(2)}, P_2^{(1)}, \cdots, P_N^{(1)})$$
$$\geq J(P_1^{(2)}, P_2^{(2)}, P_3^{(1)}, \cdots, P_N^{(1)})$$
$$\geq J(P_1^{(2)}, P_2^{(2)}, P_3^{(2)}, P_4^{(1)}, \cdots, P_N^{(1)})$$
$$\geq \cdots$$
$$\geq J(P_1^{(2)}, P_2^{(2)}, P_3^{(2)}, P_4^{(2)}, \cdots, P_N^{(2)})$$
$$\geq \cdots \geq 0 \tag{4.36}$$

が成立するためである[10]。したがって,このアルゴリズムは,式 (4.28) の解集合に収束する。しかしながら,大域的な最適解に収束することは保証されていないことに注意されたい[9]。

4.4 離散型マルコフジャンプ確率システムに関する数値計算アルゴリズム

本節では,状態がマルコフ過程によって確率的に遷移するシステムを考える。以下で使用する記号について説明しておく。

$\mathscr{S} = \begin{pmatrix} S(1) & \cdots & S(s) \end{pmatrix}$ は,行列 $S(i) \in \mathbb{R}^{n \times m}$ を要素にもつ集合とする。以下の離散時間確率リカッチ代数方程式を考える。

$$\begin{aligned} P(i) = &A_S^T(i)\mathcal{E}_i(\mathscr{P})A_S(i) + A_p^T(i)\mathcal{E}_i(\mathscr{P})A_p(i) \\ &- A_S^T(i)\mathcal{E}_i(\mathscr{P})V(i)\mathcal{E}_i(\mathscr{P})A_S(i) + Q_S(i),\ i = 1, \cdots, s \end{aligned} \tag{4.37}$$

ただし

$$\mathcal{E}_i(\mathscr{P}) := \sum_{j=1}^{s} p(i,j)P(j),\ A_S(i) := A(i) - B(i)[R(i)]^{-1}S(i)$$

4.4 離散型マルコフジャンプ確率システムに関する数値計算アルゴリズム

$$V(i) := B(i)[\hat{R}(i)]^{-1}B^T(i), \ \hat{R}(i) := R(i) + B^T(i)\mathcal{E}_i(\mathscr{P})B(i)$$

$$Q_S(i) := Q(i) - S^T(i)[R(i)]^{-1}S(i) \geqq 0$$

あるいは，等価な以下の離散時間確率リカッチ代数方程式を考える．

$$\begin{aligned}
P(i) = {} & A^T(i)\mathcal{E}_i(\mathscr{P})A(i) + A_p^T(i)\mathcal{E}_i(\mathscr{P})A_p(i) \\
& - \Big(B^T(i)\mathcal{E}_i(\mathscr{P})A(i) + S(i)\Big)^T [\hat{R}(i)]^{-1} \\
& \times \Big(B^T(i)\mathcal{E}_i(\mathscr{P})A(i) + S(i)\Big) + Q(i)
\end{aligned} \quad (4.38)$$

本節での目的は，$\mathscr{P}$ に関する離散時間確率リカッチ代数方程式 (4.37) または式 (4.38) を満足する行列 $P(i) > 0$ $(i = 1, \cdots, s)$ を求めるための数値計算アルゴリズムを導出し，収束性を証明することである．なお，確率項である $A_p(i)$ がない離散時間リカッチ代数方程式については，文献11) を参照されたい．また，本節で与えられるアルゴリズムは，文献11) を基盤とするものである．

以下に離散時間確率リカッチ代数方程式 (4.37) を解くためのアルゴリズムを与える．

$$\begin{aligned}
P^{(n+1)}(i) = {} & \big(A(i) + B(i)K^{(n)}(i)\big)^T \mathcal{E}_i(\mathscr{P}^{(n+1)})\big(A(i) + B(i)K^{(n)}(i)\big) \\
& + A_p^T(i)\mathcal{E}_i(\mathscr{P}^{(n+1)})A_p(i) + K^{(n)T}(i)S(i) + S^T(i)K^{(n)}(i) \\
& + K^{(n)T}(i)R(i)K^{(n)}(i) + Q(i), \ n = 0, \ 1, \ \cdots
\end{aligned} \quad (4.39)$$

ただし

$$\begin{aligned}
K^{(n)}(i) = {} & -[R(i) + B^T(i)\mathcal{E}_i(\mathscr{P}^{(n)})B(i)]^{-1} \\
& \times [B^T(i)\mathcal{E}_i(\mathscr{P}^{(n)})A(i) + S(i)] \\
\mathcal{E}_i(\mathscr{P}^{(n)}) := {} & \sum_{j=1}^{s} p(i,j) P^{(n)}(j)
\end{aligned}$$

アルゴリズム (4.39) に関して，以下の結果が知られている．

定理 4.1

(1) 適切な初期値 $P^{(0)}(i)$ に対して

$$P^{(0)}(i) \geqq P^{(1)}(i) \geqq \cdots \geqq P^{(\ell)}(i) \geqq P^{(\ell+1)}(i) \geqq \cdots \geqq P^+(i) \tag{4.40}$$

(2) 最大解 $\mathscr{P}^+$ に対して

$$\lim_{n \to \infty} P^{(n)}(i) = P^+(i) \tag{4.41}$$

証明を行う前に,オペレータ $\mathscr{L}_K$ のスペクトル (spectrum) である r_σ を定義する。

定義 4.1
任意の与えられた状態フィードバックゲイン $K \in \mathbb{R}^{m \times n}$ に対して,以下の線形オペレータ $\mathscr{L}_K$ を定義する。

$$\begin{aligned}
\mathscr{L}_K \ : \ &Z(i) = Z^T(i) \in \mathbb{C} \\
\mapsto \ &(A(i) + B(i)K(i))^T \mathcal{E}_i(\mathscr{L})(A(i) + B(i)K(i))^T \\
&+ A_p^T(i) \mathcal{E}_i(\mathscr{L}) A_p(i)
\end{aligned} \tag{4.42}$$

さらに,$\mathscr{L}_K$ のスペクトルは

$$\begin{aligned}
r_\sigma(\mathscr{L}_K) = \{\lambda \in \mathbb{C} \ : \ &\mathscr{L}_K(Z(i)) = \lambda Z(i), \\
&Z(i) = Z^T(i) \in \mathbb{C}, \ Z(i) \neq 0\}
\end{aligned} \tag{4.43}$$

を満足するときの $\lambda \in \mathbb{C}$ を指す。

【証明】 証明は数学的帰納法によって行われる。まず

$$K(i) = -[R(i) + B^T(i)\mathcal{E}_i(\mathscr{P})B(i)]^{-1}[B^T(i)\mathcal{E}_i(\mathscr{P})A(i) + S(i)]$$

とおくとき，式 (4.37) は，以下の方程式に変形できる．

$$P(i) = \bigl(A(i) + B(i)K(i)\bigr)^T \mathcal{E}_i(\mathscr{P})\bigl(A(i) + B(i)K(i)\bigr) + A_p^T(i)\mathcal{E}_i(\mathscr{P})A_p(i)$$
$$+ K^T(i)S(i) + S^T(i)K(i) + K^T(i)R(i)K(i) + Q(i) \quad (4.44)$$

このとき，式 (4.39) から式 (4.37) を引けば以下を得る．

$$\begin{aligned}
& P^{(n+1)}(i) - P(i) \\
&= \bigl(A(i) + B(i)K^{(n)}(i)\bigr)^T \mathcal{E}_i\bigl(\mathscr{P}^{(n+1)} - \mathscr{P}\bigr)\bigl(A(i) + B(i)K^{(n)}(i)\bigr) \\
&\quad + A_p^T(i)\mathcal{E}_i\bigl(\mathscr{P}^{(n+1)} - \mathscr{P}\bigr)A_p(i) \\
&\quad + \bigl(K^{(n)}(i) - K(i)\bigr)^T \bigl(R(i) + B^T(i)\mathcal{E}_i(\mathscr{P})B(i)\bigr)\bigl(K^{(n)}(i) - K(i)\bigr)
\end{aligned}$$
$$(4.45)$$

$n = 0$ のとき，$r_\sigma(\mathscr{L}_{K^{(0)}}) < 1$ を満足するある $K^{(0)}$ を見つけ出すことができる．したがって，式 (4.39) で $n = 0$ を代入し，$r_\sigma(\mathscr{L}_{K^{(0)}}) < 1$ から解をもつので

$$\bigl(K^{(0)}(i) - K(i)\bigr)^T \bigl(R(i) + B^T(i)\mathcal{E}_i(\mathscr{P})B(i)\bigr)\bigl(K^{(0)}(i) - K(i)\bigr) \geq 0$$

に注意すれば，$P^{(1)}(i) - P(i) \geq 0$ が示される．続いて，$n = \ell$ のとき，$r_\sigma(\mathscr{L}_{K^{(\ell)}}) < 1$ を満足するある $K^{(\ell)}$ を見つけ出すことができる．したがって，$n = 0$ と同様な議論によって，$P^{(n)}(i) - P(i) \geq 0$ が示される．

一方，式 (4.39) において，$n \leftarrow n - 1$ として，式 (4.39) から引けば以下を得る．

$$\begin{aligned}
& P^{(n+1)}(i) - P^{(n)}(i) \\
&= \bigl(A(i) + B(i)K^{(n)}(i)\bigr)^T \mathcal{E}_i\bigl(\mathscr{P}^{(n+1)} - \mathscr{P}^{(n)}\bigr)\bigl(A(i) + B(i)K^{(n)}(i)\bigr) \\
&\quad + A_p^T(i)\mathcal{E}_i\bigl(\mathscr{P}^{(n+1)} - \mathscr{P}^{(n)}\bigr)A_p(i) \\
&\quad + \bigl(K^{(n)}(i) - K^{(n-1)}(i)\bigr)^T \bigl(R(i) + B^T(i) \\
&\qquad \times \mathcal{E}_i(\mathscr{P}^{(n)})B(i)\bigr)\bigl(K^{(n)}(i) - K^{(n-1)}(i)\bigr)
\end{aligned} \quad (4.46)$$

このとき，$r_\sigma(\mathscr{L}_{K^{(n)}}) < 1$ を満足するある $K^{(n)}$ を見つけ出すことができる．したがって，$P^{(n)}(i) - P(i) \geq 0$ の証明と同様な議論によって，$P^{(n+1)}(i) - P^{(n)}(i) \geq 0$ が示される．以上より

$$P^{(0)}(i) \geq P^{(1)}(i) \geq \cdots \geq P^{(\ell)}(i) \geq P^{(\ell+1)}(i) \geq \cdots \geq P(i) \quad (4.47)$$

が示される．すなわち，$\{P^{(n)}(i)\}$ は単調減少かつ下に有界であることから，収束することが示される．さらに，収束解は最大解となる．

4.5 まとめ

本章では，制御系設計に必要な非線形行列代数方程式を解くためのアルゴリズムに関して考察を行った．初めに，確定システムの最適制御に現れるリカッチ代数方程式を解くために，よく知られているシュール法について解説を行った．特に，QR 分解など，固有値計算ではおなじみのアルゴリズムが基盤となっていることを紹介した．また，ニュートン法に基づくクラインマンアルゴリズムを導出し，局所二次収束を保証することを示した．続いて，確率システムにおける同様の問題に対して，確率リカッチ代数方程式を紹介し，従来のシュール法が適用できないこと，また，ニュートン法では，確定系と同様に解けることをそれぞれ示した．さらに，LMI による定式化も紹介した．後に，拡張として，複数の未知行列を伴う連立型確率リカッチ代数方程式を対象に，ニュートン法の適用，リアプノフ代数方程式に基づくアルゴリズムや，座標降下アルゴリズムなど，研究の最前線の結果を紹介した．そのほか，マルコフジャンプ確率システムに関するさまざまな方程式を解くために，数値計算アルゴリズムを紹介し，収束性の証明を行った．読者に至っては，これらの理論を知ることによって，今後新たに表れるであろう制御に必要なさまざまな非線形行列代数方程式に対して，アルゴリズムを導出し，解を求めることが可能となるであろう．

5 マルコフジャンプ確率システム

　システムの故障や環境変動に伴って，システムのパラメータが変化したり，あるいは構造そのものが変化するといった場合，システム全体の安定性の崩壊や，過渡応答性などのパフォーマンス低下の原因となることは，以前からよく知られている．物理モデルのシステムパラメータが劇的に変化する，あるいは不規則なモード遷移を伴うシステムを扱う手法として，近年マルコフジャンプ確率システムによる解析手法が注目されている[1]～[5]．マルコフジャンプ確率システムの特徴は，システムの故障や環境変動に伴って，システムのパラメータが変化したり，あるいは構造そのものが変化するといった場合でも，制御系設計が行える点である．具体的なモデルの例として，VTOL（vertical take-off and landing：垂直離着陸）ヘリコプタモデル[6]が挙げられ，対気速度が 60 knots から 135 knots, 160 knots と変化する場合，微分方程式で表現されるモデルのパラメータの一部が 0.066 4 から 0.368 1, 0.504 7 と変化することが知られている．このようなシステムに対して，モード変化をマルコフジャンプ確率システムで表現することにより，ロバストな制御系の設計が可能となる．そのほかの例として，ワイヤレスネットワークにおける通信容量は，ユーザの数や環境変化などでつねに確率的に変化することが知られており[7]，この場合もまた，マルコフジャンプ確率システムによるシステム表現によって，環境変動にロバストな制御則の設計が可能となる．

　本章では，連続時間・離散時間マルコフジャンプ確率システムにおける安定化や最適制御問題について考察を行う．なお，ここで使用される特徴的な記号は，以下のとおりである．$\delta_{k\ell}$ はクロネッカのデルタ関数を意味し，$\delta_{k\ell} = 1\ (k = \ell)$,

$\delta_{k\ell} = 0$ ($k \neq \ell$) である．ある行列 $T(i)$ ($i=1,\cdots,s$) に対して，行列空間を $\boldsymbol{T} = (T(1),\cdots,T(s))$ とする．さらに，ある行列 $U(i)$, $S(i)$ ($i=1,\cdots,s$) に対して，$\boldsymbol{U} - \boldsymbol{ST} = (U(1) - S(1)T(1),\cdots,U(s) - S(s)T(s))$ と定義する．r_t は右連続な軌道をもつ斉次マルコフ連鎖を表す[2]．$\mathbb{E}[\cdot|r_t=i]$ は，モード $r_t=i$ に関する条件付き期待値を表す[2]．χ_A は集合 A の指示関数を表す．例えば，モード $r_t=i$ であるとき，$\chi_{r_t=i}$ は 1 を返し，$r_t=i$ 以外は 0 を返す関数である．

5.1 連続時間マルコフジャンプ確率システムの安定化

本節では，マルコフジャンプ確率システムのための安定化問題を考える．状態依存ノイズを伴う伊藤確率微分方程式で記述されるマルコフジャンプ確率システムを考える．

$$dx(t) = \Big[A(r_t)x(t) + B(r_t)u(t)\Big]dt + A_p(r_t)x(t)dw(t), \quad x(0) = x_0 \tag{5.1}$$

ただし，$x(t) \in \mathbb{R}^n$ は状態ベクトル，$u(t) \in \mathbb{R}^m$ は制御入力をそれぞれ表す．$w(t) \in \mathbb{R}$ は一次元標準ウィナー過程である．マルコフ連鎖の状態空間 $\mathbf{S} = \{1, 2, \cdots, s\}$ は有限であると仮定する[1],[2]．さらに，$r_t = i$ ($i = 1, 2, \cdots, s$) のとき，係数行列をそれぞれ $A(r_t) = A(i)$, $A_p(r_t) = A_p(i)$, $B(r_t) = B(i)$ とし，それぞれ適切な次元をもつと仮定する．また，マルコフ連鎖 r_t は以下の定常遷移確率をもつと仮定する．すなわち

$$\mathcal{P}\{r_{t+\Delta t} = j \mid r_t = i\} = \begin{cases} \pi_{ij}\Delta t + o(\Delta t), & \text{if } i \neq j \\ 1 + \pi_{ii}\Delta t + o(\Delta t), & \text{else} \end{cases} \tag{5.2}$$

ただし，$\lim_{\Delta t \to +0} o(\Delta t)/\Delta t = 0$ である．

このとき，π_{ij} を要素にもつ遷移行列 Π を以下のように定義する．

5.1 連続時間マルコフジャンプ確率システムの安定化

$$\Pi = \begin{bmatrix} \pi_{11} & \pi_{12} & \cdots & \pi_{1s} \\ \pi_{21} & \pi_{22} & \cdots & \pi_{2s} \\ \vdots & \vdots & \ddots & \vdots \\ \pi_{s1} & \pi_{s2} & \cdots & \pi_{ss} \end{bmatrix}$$

$$\pi_{ii} = -\sum_{j=1,\, j\neq i}^{s} \pi_{ij},\ \pi_{ij} \geqq 0,\ i \neq j \tag{5.3}$$

本節では,以下の状態フィードバックを導入する.

$$u(t) = K(r_t)x(t) = \sum_{i=1}^{s} K(i)x(t)\chi_{r_t=i} \tag{5.4}$$

5.1.1 事前結果ならびに準備

本項では,安定化制御則 $u(t) = u^*(t)$ が存在するための十分条件を与える.まず,平均二乗安定化可能に関する定義,および平均二乗安定性に関する補題を順に与える[4]。

定義 5.1 $\lim_{t\to\infty} \mathbb{E}[x^T(t)x(t) \mid r_0 = i] = 0$ を満足するとき,$x(t)$ は平均二乗安定であるという.また,安定化制御則 $u(t) = u^*(t)$ による閉ループマルコフジャンプ確率システム (5.1) が平均二乗安定となるような安定化制御則 $u(t)$ が存在するとき,平均二乗安定化可能であるという.あるいは,このとき $(\boldsymbol{A}, \boldsymbol{A_p}, \boldsymbol{B})$ は平均二乗安定化可能であるという.

つぎに,マルコフジャンプ確率システムにおける無限小生成作用素をディニ微分 (Dini derivative)[8] に基づいて定義する[3]。

補題 5.1 マルコフジャンプ確率システム

$$dx(t) = f(t, x(t), r_t)dt + g(t, x(t), r_t)dw(t) \tag{5.5}$$

を考える.このとき,スカラ関数 $V(t, x(t), r_t)$ について,以下の公式が成

立する。

$$
\begin{aligned}
\bm{L}V(t,x(t),i) &= \left[\frac{\partial V(t,x(t),i)}{\partial t}+f^T(t,x(t),i)\frac{\partial V(t,x(t),i)}{\partial x}\right] \\
&\quad + \frac{1}{2}g^T(t,x(t),i)\frac{\partial}{\partial x}\left(\frac{\partial V(t,x(t),i)}{\partial x}\right)^T g(t,x(t),i) \\
&\quad + \sum_{j=1}^{s}\pi_{ij}[V(t,x(t),j)-V(t,x(t),i)] \quad (5.6)
\end{aligned}
$$

ここで，$\bm{L}$ は無限小生成作用素（infinitesimal generator）と呼ばれる確率システムの伊藤微分を表す。

補題 5.1 を利用して，マルコフジャンプ確率システムの平均二乗安定性に関する以下の結果を得る。

定理 5.1　マルコフジャンプ確率システム (5.7) を考える。

$$dx(t) = \bar{A}(r_t)x(t)dt + A_p(r_t)x(t)dw(t),\ x(0)=x_0 \quad (5.7)$$

さらに，以下の評価関数を導入する。

$$\bar{J} = \mathbb{E}\left[\int_0^{\infty} x^T(t)\bar{Q}(r_t)x(t)dt \ \middle| \ r_0 = i \right] \quad (5.8)$$

ただし，$\bar{Q}(r_t)$ は，$\bar{Q}(r_t) = \bar{Q}^T(r_t) \geqq 0$ を満足する準正定対称行列である。

もし，LMI (5.9) を満足する行列 $P(i) > 0\ (i=1,\cdots,s)$ が存在すれば，マルコフジャンプ確率システム (5.7) は平均二乗安定である。

$$
\begin{aligned}
\Lambda(i) &:= P(i)\bar{A}(i) + \bar{A}^T(i)P(i) + A_p^T(i)P(i)A_p(i) \\
&\quad + \sum_{j=1}^{s}\pi_{ij}P(j) + \bar{Q}(r_t) < 0 \quad (5.9)
\end{aligned}
$$

さらに，式 (5.8) の評価関数 $\bar{J}$ に関して，不等式 (5.10) を満足する。

5.1 連続時間マルコフジャンプ確率システムの安定化

$$\bar{J} < \mathbb{E}[x^T(0)P(r_0)x(0)] \tag{5.10}$$

【証明】 まず，以下のスカラ関数 $V(x(t), r_t)$ を定義する．

$$V(x(t), r_t) = x^T(t)P(r_t)x(t) \tag{5.11}$$

このとき，式 (5.7) の軌道に沿っての $V(x(t), r_t)$ の無限小生成作用素は，補題 5.1 より以下のように計算できる．

$$\boldsymbol{L}V(x(t), i) = x^T(t)\bigg[P(i)\bar{A}(i) + \bar{A}^T(i)P(i) + A_p^T(i)P(i)A_p(i) \\ + \sum_{j=1}^{s} \pi_{ij}P(j)\bigg]x(t) \tag{5.12}$$

ただし，等式 $\sum_{j=1}^{s} \pi_{ij} = 0$ を利用しているので，$\sum_{j=1}^{s} \pi_{ij}V(x(t), i) = 0$ である．ここで，以下の不等式が計算される．

$$\boldsymbol{L}V(x(t), i) + x^T(t)\bar{Q}(i)x(t) < x^T(t)\Lambda(i)x(t) \\ \leq -\min_{\boldsymbol{S}}[-\lambda_{\min}\Lambda(i)]x^T(t)x(t) < 0 \tag{5.13}$$

このとき，定理 5.1 の仮定より，各モード $r_t = i$ で $\Lambda(i) < 0$ を満足するので，$V(x(t), r_t)$ は確率リアプノフ関数となる．以上より，マルコフジャンプ確率システム (5.7) は確率安定となることが示される．さらに，各モード $r_t = i$ および $T > 0$ に対して，不等式 (5.13) の両辺を，時刻 0 から T まで確率積分を行えば，以下を得る．

$$\mathbb{E}[V(x(T), i)] - \mathbb{E}[V(x(0), i)] < -\mathbb{E}\left[\int_0^T x^T(t)\bar{Q}(i)x(t)dt \,\bigg|\, r_0 = i\right] < 0 \tag{5.14}$$

以上より，マルコフジャンプ確率システム (5.7) は，平均二乗安定である．すなわち，$T \to \infty$ であるとき，$\mathbb{E}[V(x(T), i)] \to 0$ となるので，$\mathbb{E}[x^T(T)x(T)] \to 0$ ($T \to \infty$) となり，最終的に $\mathbb{E}[x^T(\infty)x(\infty)] = 0$ を考慮して式 (5.14) より

$$\bar{J} = \lim_{T \to \infty} \mathbb{E}\left[\int_0^T x^T(t)\bar{Q}(i)x(t)dt \,\bigg|\, r_0 = i\right] \\ < \mathbb{E}[V(x(0), r_0)] - \mathbb{E}[V(x(\infty), r_0)] < \mathbb{E}[V(x(0), r_0)] \tag{5.15}$$

したがって，定理 5.1 が証明された．

5.1.2 主要結果

マルコフジャンプ確率システム (5.1) に対する行列不等式を利用した安定化に関する十分条件を以下に示す。

定理 5.2 マルコフジャンプ確率システム (5.1) に対して，以下の評価関数を導入する。

$$J(u(t), x_0) = \mathbb{E}\left[\int_0^\infty \left[x^T(t)Q(r_t)x(t) + u^T(t)R(r_t)u(t)\right]dt \,\middle|\, r_0 = i\right] \tag{5.16}$$

もし，行列不等式 (5.17)

$$\begin{bmatrix} \Xi(i) & X(i)A_p^T(i) & X(i) & Y^T(i) & S(X) \\ A_p(i)X(i) & -X(i) & 0 & 0 & 0 \\ X(i) & 0 & -[Q(i)]^{-1} & 0 & 0 \\ Y(i) & 0 & 0 & -[R(i)]^{-1} & 0 \\ S^T(X) & 0 & 0 & 0 & -T(X) \end{bmatrix} < 0 \tag{5.17}$$

ただし

$$i = 1, \cdots, s$$
$$\Xi(i) = A(i)X(i) + X(i)A^T(i) + B(i)Y(i) + Y^T(i)B^T(i) + \pi_{ii}X(i)$$
$$S(X) = \begin{bmatrix} \sqrt{\pi_{i1}}X(i) & \cdots & \sqrt{\pi_{i(i-1)}}X(i) \\ & \sqrt{\pi_{i(i+1)}}X(i) & \cdots & \sqrt{\pi_{is}}X(i) \end{bmatrix}$$
$$T(X) = \mathbf{block\ diag}\Big(X(1) \quad \cdots \quad X(i-1) \\ X(i+1) \quad \cdots \quad X(s)\Big)$$

を満足する行列 $X(i) > 0$, $Y(i) \in \mathbb{R}^{m \times n}$ ($i = 1, \cdots, s$) が存在すれば，

5.1 連続時間マルコフジャンプ確率システムの安定化

制御則

$$u(t) = K(r_t)x(t) = \sum_{i=1}^{s} K(i)x(t)\chi_{r_t=i} = \sum_{i=1}^{s} Y(i)X^{-1}(i)x(t)\chi_{r_t=i} \tag{5.18}$$

によって，マルコフジャンプ確率システム (5.1) は平均二乗安定である．さらに，式 (5.16) で与えられる評価関数 J の上限に関して，以下の不等式 (5.19) を満足する．

$$J < \mathbb{E}[x^T(0)X^{-1}(r_0)x(0)] \tag{5.19}$$

【証明】 以下のブロック対角行列を定義する．

$$\Pi(i) := \text{block diag}\begin{pmatrix} P(i) & I_n & I_n & I_m & I_n & \cdots & I_n \end{pmatrix}$$

また，$X(i) = P^{-1}(i)$, $Y(i) = K(i)X(i)$ に注意する．このとき，行列不等式 (5.17) の右から $\Pi(i)$, 左から $\Pi(i)$ を掛ければ，以下を得る．

$$\begin{bmatrix} \hat{\Xi}(i) & A_p^T(i) & I_n & K^T(i) & P(i)S(X) \\ A_p(i) & -[P(i)]^{-1} & 0 & 0 & 0 \\ I_n & 0 & -[Q(i)]^{-1} & 0 & 0 \\ K(i) & 0 & 0 & -[R(i)]^{-1} & 0 \\ S^T(X)P(i) & 0 & 0 & 0 & -T(X) \end{bmatrix}$$
$$< 0 \tag{5.20}$$

ただし，$\hat{\Xi}(i) = P(i)[A(i) + B(i)K(i)] + [A(i) + B(i)K(i)]^T P(i) + \pi_{ii}P(i)$ ($i = 1, \cdots, s$) である．

シュール補題を利用すれば，式 (5.21) の不等式を得る．

$$P(i)\bar{A}(i) + \bar{A}^T(i)P(i) + A_p^T(i)P(i)A_p(i) + \sum_{j=1}^{s} \pi_{ij}P(j) + \bar{Q}(i) < 0 \tag{5.21}$$

ただし，$\bar{A}(i) = A(i) + B(i)K(i)$, $\bar{Q}(i) = Q(i) + K^T(i)R(i)K(i)$ である．

これは，定理 5.1 より，制御則 (5.18) によって，以下の閉ループマルコフジャンプ確率システム (5.22)

$$dx(t) = \bar{A}(r_t)x(t)dt + A_p(r_t)x(t)dw(t), \ x(0) = x_0 \tag{5.22}$$

が平均二乗安定であることを示している。

$\diamond$

連立 LMI (5.17) は，モード数 s に依存する s 個の拘束を伴うため，モードが増加した場合に計算機でのメモリ増加が問題となる。さらに，各モード $r_t = i$ での制御戦略集合が仮に求められたとしても，実際の制御では，モードがつねに観測可能とは限らず，有用な制御則とは限らない。そこで，本節の後半では，モードに依存しない制御則の獲得を目指す。設計の本質的な問題として，連立 LMI の共通解を制御則に利用するため，設計に関する保守性が生じる。すなわち，共通解を仮定するため，制御則が存在しない場合が生じる。しかしながら，モードを観測する必要がなく，低次元の LMI を解けばよいので，実装が容易である。

5.1.3 モード非依存型制御

本項では，モード $r_t = i$ に依存しない制御則の構築を考える。すなわち

$$u(t) = K(r_t)x(t) = \sum_{i=1}^{s} K(i)x(t)\chi_{r_t=i} = Kx(t) \tag{5.23}$$

として制御則の設計を行う。まず，共通解として

$$P(1) = P(2) = \cdots = P(s) = P \tag{5.24}$$

を選択する。このとき

$$\sum_{j=1}^{s} \pi_{ij} P(j) = P \sum_{j=1}^{s} \pi_{ij} = 0 \tag{5.25}$$

となることに注意されたい。

また，以下の関数 $\hat{V}(x(t), r_t)$ を定義する。

$$\hat{V}(x(t), r_t) = \mathbb{E}[x^T(0) P x(0)] \tag{5.26}$$

定理 5.1 の証明と同様のテクニックを応用することによって，以下の系を容易に得ることができる。ただし，証明は定理 5.1 と同様なので省略する。

5.1 連続時間マルコフジャンプ確率システムの安定化

系 5.1　マルコフジャンプ確率システム (5.7) および評価関数 (5.8) を考える。もし，P に関する LMI (5.27) を満足する行列 $P > 0$ が存在すれば，マルコフジャンプ確率システム (5.7) は平均二乗安定である。

$$P\bar{A}(i) + \bar{A}^T(i)P + A_p^T(i)PA_p(i) + \bar{Q}(r_t) < 0 \tag{5.27}$$

さらに，式 (5.8) の評価関数 $\bar{J}$ に関して，不等式 (5.28) を満足する。

$$\bar{J} < \mathbb{E}[x^T(0)Px(0)] \tag{5.28}$$

系 5.1 をもとに，マルコフジャンプ確率システム (5.1) に対する LMI を利用した安定化に関する十分条件を以下に示す。

系 5.2　マルコフジャンプ確率システム (5.1) に対して，評価関数 (5.16) を導入する。もし，行列不等式 (5.29)

$$\begin{bmatrix} \hat{\Xi}(i) & XA_p^T(i) & X & Y^T \\ A_p(i)X & -X & 0 & 0 \\ X & 0 & -[Q(i)]^{-1} & 0 \\ Y & 0 & 0 & -[R(i)]^{-1} \end{bmatrix} < 0 \tag{5.29}$$

ただし

$$\hat{\Xi}(i) = A(i)X + XA^T(i) + B(i)Y + Y^TB^T(i), \ i = 1, \cdots, s$$

を満足する行列 $X > 0, Y \in \mathbb{R}^{m \times n}$ が存在すれば，制御則

$$u(t) = Kx(t) = YX^{-1}x(t) \tag{5.30}$$

によって，マルコフジャンプ確率システム (5.1) は平均二乗安定である。さらに，式 (5.16) で与えられる評価関数 J の上限に関して，以下の不等式 (5.31) を満足する。

$$J < \mathbb{E}[x^T(0)X^{-1}x(0)] \tag{5.31}$$

LMI (5.29) は，モードに依存しない変数 (X, Y) から構成される。したがって，MATLAB のような数値計算ソフトウェアで容易に解くことができる。また，行列のサイズが小さいため，必要とされる計算のメモリが少なくて済む特徴を有する。

5.2 連続時間マルコフジャンプ確率システムの最適レギュレータ問題

本節では，状態および制御に依存するノイズを伴うマルコフジャンプ確率システムに対する LQR 問題を考察する。以下の状態依存ノイズを伴う伊藤確率微分方程式で記述されるマルコフジャンプ確率システムを考える。

$$\begin{aligned}dx(t) &= \Big[A(r_t)x(t) + B(r_t)u(t)\Big]dt \\ &+ \Big[A_p(r_t)x(t) + B_p(r_t)u(t)\Big]dw(t), \ x(0) = x_0\end{aligned} \tag{5.32}$$

ただし，$x(t) \in \mathbb{R}^n$ は状態ベクトル，$u(t) \in \mathbb{R}^m$ は制御入力をそれぞれ表す。$w(t) \in \mathbb{R}$ は一次元標準ウィナー過程である。初期値 $x(0) = x_0$ は任意の確定値である。マルコフ連鎖の状態空間 $\mathbf{S} = \{1, 2, \cdots, s\}$ は有限であると仮定する[1],[2]。また，モード $r_t = i$ $(i = 1, 2, \cdots, s)$ のとき，係数行列をそれぞれ $A(r_t) = A(i), B(r_t) = B(i), A_p(r_t) = A_p(i), B_p(r_t) = B_p(i)$ とし，それぞれ適切な次元をもつと仮定する。さらに，マルコフ連鎖 r_t は式 (5.2) と式 (5.3) で与えられる定常遷移確率をもつと仮定する。一方，式 (5.16) と同様に評価関数を以下のように与える。

$$\begin{aligned}&J(u(t), x_0) \\ &= \mathbb{E}\left[\int_0^\infty \Big[x^T(t)Q(r_t)x(t) + u^T(t)R(r_t)u(t)\Big]dt \ \Big|\ r_0 = i\right]\end{aligned} \tag{5.33}$$

ただし,$Q(r_t)$ は準正定対称行列,$R(r_t)$ は正定対称行列であると仮定する。また,線形状態フィードバック戦略 (5.4) を考える。

5.2.1 事前結果ならびに準備

本項では,平均二乗安定化可能に関する定義,および証明に必要な補題を以下に示す[4]。

定義 5.2 安定化制御則 $u(t) = u^*(t)$ による閉ループマルコフジャンプ確率システム (5.32) が平均二乗安定となるような安定化制御則 $u(t)$ が存在するとき,平均二乗安定化可能であるという。あるいは,このとき $(\boldsymbol{A}, \boldsymbol{A_p}, \boldsymbol{B}, \boldsymbol{B_p})$ は平均二乗安定化可能であるという。

定義 5.3 式 (5.34) のマルコフジャンプ確率システムを考える。
$$dx(t) = [A(r_t) + F(r_t)H(r_t)]x(t)dt + A_p(r_t)x(t)dw(t) \quad (5.34)$$
このとき,ある与えられた行列空間 $\boldsymbol{A}$, $\boldsymbol{A_p}$, $\boldsymbol{H}$ に対して,マルコフジャンプ確率システム (5.34) が平均二乗安定となるような行列空間 $\boldsymbol{F}$ が存在するとき,$(\boldsymbol{A}, \boldsymbol{A_p} \mid \boldsymbol{H})$ は確率的可検出であると呼ばれる。

以下の補題が知られている[1),2)]。

補題 5.2 式 (5.35) のマルコフジャンプ確率システムを考える。
$$dx(t) = f(t, r_t, x(t))dt + g(t, r_t, x(t))dw(t) \quad (5.35)$$
このとき,スカラ関数 $V(t, x(t), i)$ について,式 (5.36) の一般化伊藤の公式が成立する。
$$\mathbb{E}[V(T, x(T), r_T) - V(s, x(s), r_s)] \mid r_s = i\,]$$

$$= \mathbb{E}\left[\int_s^T \boldsymbol{L}V(t, x(t), r_t)dt \mid r_s = i\right] \tag{5.36}$$

ただし，$\boldsymbol{L}$ は，式 (5.6) で定義された無限小生成作用素を表す．

確率的可検出について，以下が知られている[1),2)]．

補題 5.3 $(\boldsymbol{A}, \boldsymbol{A_p} \mid \boldsymbol{H})$ は確率的可検出であるならば，マルコフジャンプ確率システム (5.37)

$$dx(t) = A(r_t)x(t)dt + A_p(r_t)x(t)dw(t) \tag{5.37a}$$
$$y(t) = H(i)x(t) \tag{5.37b}$$

が平均二乗安定，すなわち，$(\boldsymbol{A}, \boldsymbol{A_p})$ が平均二乗安定であるための必要十分条件は，確率代数リアプノフ方程式 (5.38) が唯一解 $\boldsymbol{P}$, $P(i) \geq 0$ をもつことである．

$$\begin{aligned} &P(i)A(i) + A^T(i)P(i) + A_p^T(i)P(i)A_p(i) \\ &+ H^T(i)H(i) + \sum_{j=1}^s \pi_{ij}P(j) = 0 \end{aligned} \tag{5.38}$$

さらに，安定化に関して，以下の結果が知られている[9)]．証明に関しては，文献10) を参照されたい．

定理 5.3 以下の条件は，等価である．
(1) マルコフジャンプ確率システム (5.32) は平均二乗安定化可能である．
(2) 行列不等式 (5.39) を満足する $\boldsymbol{P}$, $\boldsymbol{K}$ が存在すると仮定する．

$$\begin{aligned} &P(i)[A(i) + B(i)K(i)] + [A(i) + B(i)K(i)]^T P(i) \\ &+ [A_p(i) + B_p(i)K(i)]^T P(i)[A_p(i) + B_p(i)K(i)] \end{aligned}$$

5.2 連続時間マルコフジャンプ確率システムの最適レギュレータ問題

$$+ \sum_{j=1}^{s} \pi_{ij} P(j) < 0 \tag{5.39a}$$

$$P(i) > 0 \tag{5.39b}$$

このとき,式 (5.40) のフィードバック制御則 $u(t)$ は,どのような初期値に対しても安定化可能である.

$$u(t) = \sum_{i=1}^{s} K(i) x(t) \chi_{r_t = i} \tag{5.40}$$

(3) すべての Z に対して,以下の行列方程式 (5.41) を満足する唯一解 X が存在するような K が存在すると仮定する.

$$\begin{aligned} & X(i)[A(i) + B(i)K(i)] + [A(i) + B(i)K(i)]^T X(i) \\ & + [A_p(i) + B_p(i)K(i)]^T X(i)[A_p(i) + B_p(i)K(i)] \\ & + \sum_{j=1}^{s} \pi_{ij} X(j) + Z(i) = 0 \end{aligned} \tag{5.41}$$

もし,すべての i に対して,$Z(i) > 0$ なら $X(i) > 0$ である.さらに,以下のフィードバック制御則 $u(t)$ は,どのような初期値に対しても安定化可能である.

$$u(t) = \sum_{i=1}^{s} K(i) x(t) \chi_{r_t = i} \tag{5.42}$$

(4) LMI (5.43) を満足する行列 Y,および対称行列 Ξ が存在すると仮定する.

$$\begin{bmatrix} F(\Xi, Y(i)) & A_p(i)\Xi(i) + B_p(i)Y(i) \\ \Xi(i) A_p^T(i) + Y^T(i) B_p^T(i) & -\Xi(i) \end{bmatrix} < 0$$

$$i = 1, \cdots, s \tag{5.43}$$

ただし

$$F(\Xi, Y(i)) = \Xi(i)A^T(i) + A(i)\Xi(i)$$
$$+ B(i)Y(i) + Y^T(i)B^T(i) + \sum_{j=1}^{s} \pi_{ij}\Xi(j)$$

このとき，以下のフィードバック制御則 $u(t)$ は，どのような初期値に対しても安定化可能である．

$$u(t) = \sum_{i=1}^{s} Y(i)[\Xi(t)]^{-1}x(t)\chi_{r_t=i} \qquad (5.44)$$

以上の準備のもとで，最適状態フィードバック制御則を与える．

5.2.2　主　要　結　果

定理 5.4[1),2),9),10)]　マルコフジャンプ確率システム (5.32) に対して，評価関数 (5.33) を最小化する線形二次レギュレータ問題を考える．ただし，$Q(i) = C^T(i)C(i)$ であると仮定する．このとき，$(\boldsymbol{A}, \boldsymbol{A_p}, \boldsymbol{C})$ は平均二乗安定化可能かつ，$(\boldsymbol{A}, \boldsymbol{A_p} \mid \boldsymbol{C})$ は確率的可検出であるならば，以下の確率リカッチ代数方程式は唯一解 $\boldsymbol{P}, P(i) \geqq 0$ をもつ．

$$P(i)A(i) + A^T(i)P(i) + A_p^T(i)P(i)A_p(i) + C^T(i)C(i)$$
$$+ \sum_{j=1}^{s} \pi_{ij}P(j) - L(i)[M(i)]^{-1}L^T(i) = 0 \qquad (5.45)$$

ただし

$$L(i) := P(i)B(i) + A_p^T(i)P(i)B_p(i)$$
$$M(i) := R(i) + B_p^T(i)P(i)B_p(i)$$

さらに，$J(u(t), x_0)$ は最小値

$$J(u(t), x_0) \geq J(u^*(t), x_0)$$

5.2 連続時間マルコフジャンプ確率システムの最適レギュレータ問題

$$= \mathbb{E}[x^T(0)P(r_0)x(0) \mid r_0 = i] = x^T(0)P(i)x(0)$$
(5.46)

となり,そのときの最適状態フィードバック制御則 $u^*(t)$ は以下のように与えられる。

$$u^*(t) = -\sum_{i=1}^{s}[M(i)]^{-1}L^T(i)x(t)\chi_{r_t=i}$$
(5.47)

LMI を利用した場合,以下の結果が知られている[9]。

定理 5.5 LMI (5.48) を拘束条件にもつ最適化問題を考える。

$$\max_{\boldsymbol{P}} \sum_{j=1}^{s} \mathbf{Tr}[P(j)]$$
(5.48a)

$$\text{s.t.} \begin{bmatrix} F(\boldsymbol{P}) & P(i)B(i) + A_p^T(i)P(i)B_p(i) \\ B^T(i)P(i) + B_p^T(i)P(i)A_p(i) & R(i) + B_p^T(i)P(i)B_p(i) \end{bmatrix}$$
$$\geqq 0, \ i = 1, \cdots, s$$
(5.48b)

ただし

$$F(\boldsymbol{P}) = P(i)A(i) + A^T(i)P(i)$$
$$+ A_p^T(i)P(i)A_p(i) + Q(i) + \sum_{j=1}^{s} \pi_{ij} P(j)$$

このとき,式 (5.49) のフィードバック制御則 $u(t)$ は,どのような初期値に対しても安定化可能である。

$$u(t) = -\sum_{i=1}^{s} \Big[R(i) + B_p^T(i)P(i)B_p(i) \Big]^{-1}$$
$$\times \Big[B^T(i)P(i) + B_p^T(i)P(i)A_p(i) \Big] x(t)\chi_{r_t=i}$$
(5.49)

確率リカッチ代数方程式 (5.45) を解くためには，ニュートン法などの適用が必要であるが，LMI を利用した場合，既存の MATLAB の LMI Tool Box などを利用すれば，容易に解くことが可能となる．

5.3 離散時間マルコフジャンプ確率システムの安定化

本節では，離散時間マルコフジャンプ確率システムのための平均二乗安定化問題を考える．

与えられた確率空間 $(\Omega, \mathcal{F}, \boldsymbol{P})$ に対して，以下の状態依存ノイズを伴う確率差分方程式で記述される離散時間マルコフジャンプ確率システムを考える．

$$x(k+1) = A(r_k)x(k) + B(r_k)u(k) + A_p(r_k)x(k)w(k), \ x(0) = x_0 \tag{5.50}$$

ここで，$x(k) \in \mathbb{R}^n$ は状態ベクトルを表す．$u(k) \in \mathbb{R}^m$ は制御入力である．$w(k) \in \mathbb{R}$ は $\mathbb{E}[w(k)] = 0$, $\mathbb{E}[w^2(k)] = 1$, $\mathbb{E}[w(k)w(l)] = 0$ $(k \neq l)$ を満足する不規則雑音を表す[4]．マルコフ連鎖の状態空間 $\mathbf{S} = \{1, 2, \cdots, s\}$ は有限であると仮定する[1),2)]．また，$r_k = i = 1, 2, \cdots, s$ のとき，係数行列をそれぞれ $A(r_k) = A(i)$, $A_p(r_k) = A_p(i)$, $B(r_k) = B(i)$ とし，それぞれ適切な次元をもつと仮定する．さらに，時不変マルコフ連鎖 r_k は以下の定常遷移確率をもつと仮定する．

$$\mathcal{P}\{r_{k+1} = j \mid r_k = i\} = p(i,j), \ p(i,j) > 0, \ \sum_{j=1}^{s} p(i,j) = 1 \tag{5.51}$$

続いて，評価関数を定義する．

$$\begin{aligned}&J(x_0, r_0, u) \\ &= \mathbb{E}\Bigg[\sum_{k=0}^{\infty} \Big[x^T(k)Q(r_k)x(k) + u^T(k)R(r_k)u(k) \ \Big| \ r_0 = i \Big]\Bigg]\end{aligned} \tag{5.52}$$

ただし，$Q(r_k) = Q^T(r_k) \geqq 0$, $R(r_k) = R^T(r_k) > 0$ を満足すると仮定する．

5.3.1 事前結果ならびに準備

本項では,平均二乗安定化制御則 $u(k) = u^*(k)$ が存在するための十分条件を考える.まず,離散時間マルコフジャンプ確率システムにおける安定性の定義を与える[11]。

定義 5.4 以下の時変離散時間マルコフジャンプ確率システムを考える.

$$x(k+1) = A(k, r_k)x(k) + A_p(k, r_k)x(k)w(k), \ x(0) = x_0 \tag{5.53}$$

$\Phi(t, s)$ を時変離散時間マルコフジャンプ確率システム (5.53) の**基本行列** (fundamental matrix) とする.すなわち

$$x(k) = \Phi(t, s)x(0), \ 0 \leq s \leq t \tag{5.54}$$

を満足する行列関数とする.このとき

$$\mathbb{E}\left[\|\Phi(t,s)x(0)\|^2 \mid \eta_s = i\right] \leq \beta q^{t-s} \|x(0)\|^2 \tag{5.55}$$

を満足する $\beta \geq 1$, $q \in (0, 1)$ が存在するとき,時変離散時間マルコフジャンプ確率システム (5.53),もしくは,(A, A_p) は**強平均二乗指数安定** (strongly mean square exponentially stable) という.

離散時間マルコフジャンプ確率システムにおける安定性に関して,以下の結果が知られている[12),13)]。

定理 5.6 以下の時不変離散時間マルコフジャンプ確率システム (5.56) を考える.

$$x(k+1) = A(r_k)x(k) + A_p(r_k)x(k)w(k), \ x(0) = x_0 \tag{5.56}$$

もし,$\mathscr{P}$ に関する LMI (5.57) を満足する行列 $P(i) > 0$ $(i = 1, \cdots, s)$ が存在すれば,時不変離散時間マルコフジャンプ確率システム (5.56) は,平均二乗安定である.

$$A^T(i)\mathcal{E}_i(\mathscr{P})A(i) + A_p^T(i)\mathcal{E}_i(\mathscr{P})A_p(i) - P(i) < -Q(i) \quad (5.57)$$

ただし

$$\mathcal{E}_i(\mathscr{P}) := \sum_{j=1}^{s} p(i,j)P(j), \ i=1, \cdots, s$$

このとき

$$J(x_0, r_0) = \mathbb{E}\left[\sum_{k=0}^{\infty}\left[x^T(k)Q(r_k)x(k) \mid r_0 = i\right]\right]$$
$$< \mathbb{E}[x^T(0)P(r_0)x(0) \mid r_0 = i] = \mathbf{Tr}\left[x^T(0)\mathcal{E}_i(\mathscr{P})x(0)\right] (5.58)$$

【証明】 確率リアプノフ関数の候補として

$$V(x(k), r_k) = x^T(k)P(r_k)x(k) \tag{5.59}$$

を定義する．このとき，行列不等式 (5.57) が成立すると仮定して確率リアプノフ関数 (5.59) の平均差分を計算する．

$$\begin{aligned}
&\mathbb{E}[\Delta V(x(k), r_k) \mid r_k = i] \\
&:= \mathbb{E}[V(x(k+1), r_{k+1}) - V(x(k), r_k) \mid r_k = i] \\
&= \mathbb{E}\big[\mathbb{E}[V(x(k+1), r_{k+1}) - V(x(k), r_k) \mid r_k = i]\big] \\
&= \mathbb{E}[V(x(k+1), r_{k+1}) \mid r_k = i] - V(x(k), r_k) \\
&= x^T(k)\bigg[\sum_{m=1}^{s} p(r_k, m)\Big[A^T(r_k)P(m)A(r_k) \\
&\quad + A_p^T(r_k)P(m)A_p(r_k)\Big] - P(r_k)\bigg]x(k) \\
&< -\mathbb{E}\big[x^T(k)Q(r_k)x(k) \mid r_k = i\big] < 0 \tag{5.60}
\end{aligned}$$

ここで，$A(r_k)x(k)$, $A_p(r_k)x(k)$ は，$w(k)$ に関して相関がなく

$$\mathbb{E}[w(k)] = 0, \ \mathbb{E}[w(k)w(\ell)] = \delta_{k\ell}$$

となることに注意されたい．また，行列不等式 (5.57) を利用していることに注意されたい．以上より，$\mathbb{E}[\Delta V(x(k), r_k) \mid r_k = i] < 0$ であるので，単調減少かつ，$V(x(k), r_k) > 0$ より，$\lim_{k \to \infty} \mathbb{E}[x^T(k)x(k) \mid r_0 = i] = 0$ を得る．また，このとき，

5.3 離散時間マルコフジャンプ確率システムの安定化

$k=0$ から $k=T-1$ までの和をとれば以下を得る。

$$\mathbb{E}[V(x(T), r_T) - V(x(0), r_0) \mid r_0 = i]$$
$$< -\mathbb{E}\left[\sum_{k=0}^{T-1} x^T(k) Q(r_k) x(k) \mid r_0 = i\right] \tag{5.61}$$

ここで，平均二乗安定から $\lim_{T\to\infty} V(x(T), r_T) = 0$ なので，以下の不等式 (5.62) を得る。

$$\mathbb{E}\left[\sum_{k=0}^{\infty} x^T(k) Q(r_k) x(k) \mid r_0 = i\right]$$
$$< \mathbb{E}[V(x(0), r_0) \mid r_0 = i] = \mathbb{E}[x^T(0) P(r_0) x(0) \mid r_0 = i]$$
$$= \mathbf{Tr}\left[x^T(0) \left[\sum_{j=1}^{s} p(i,j) P(j)\right] x(0)\right] = \mathbf{Tr}\left[x^T(0) \mathcal{E}_i(\mathscr{P}) x(0)\right] \tag{5.62}$$

したがって，定理 5.6 が証明された。

$\diamondsuit$

5.3.2 主 要 結 果

まず，平均二乗安定化可能に関する定義を以下に示す。

定義 5.5 初期条件 $x(0) = x_0, r_0 = i$ に対し，$\lim_{k\to\infty} \mathbb{E}[x^T(k) x(k) \mid r_0 = i] = 0$ を満足するとき，$x(k)$ は平均二乗安定という。また，平均二乗安定化制御則 $u(k) = u^*(k)$ による閉ループ離散時間マルコフジャンプ確率システム (5.50) が平均二乗安定となるような平均二乗安定化制御則 $u(k)$ が存在するとき，平均二乗安定化可能という。あるいは，このとき (A, A_p, B) は平均二乗安定化可能という。

LMI を利用した安定化制御則の設計方法について述べる。

定理 5.7 (A, A_p, B) は平均二乗安定化可能であると仮定する。もし，行列不等式 (5.63)

$$\begin{bmatrix} -X(i) & \Upsilon^T(i) & \cdots & \Upsilon^T(i) & Y^T(i) & X(i) \\ \Upsilon(i) & \Omega(i,1) & \cdots & 0 & 0 & 0 \\ \vdots & \vdots & \ddots & \vdots & \vdots & \vdots \\ \Upsilon(i) & 0 & \cdots & \Omega(i,s) & 0 & 0 \\ Y(i) & 0 & \cdots & 0 & -[R(i)]^{-1} & 0 \\ X(i) & 0 & \cdots & 0 & 0 & -[Q(i)]^{-1} \end{bmatrix} < 0 \quad (5.63)$$

ただし

$$i = 1, \cdots, s$$
$$\Upsilon^T(i) := \begin{bmatrix} [A(i)X(i) + B(i)Y(i)]^T & X(i)A_p^T(i) \end{bmatrix}$$
$$\Omega(i,j) := \textbf{block diag}\begin{pmatrix} -[p(i,j)]^{-1}X(j) & -[p(i,j)]^{-1}X(j) \end{pmatrix}$$

を満足する行列 $X(i) > 0$, $Y(i) \in \mathbb{R}^{m \times n}$ ($i = 1, \cdots, s$) が存在すれば，制御則

$$u(k) = K(r_k)x(k) = \sum_{i=1}^{s} Y(i)X^{-1}(i)x(k)\chi_{r_k=i} \quad (5.64)$$

によって，マルコフジャンプ確率システム (5.50) は平均二乗安定である．さらに，式 (5.52) で与えられる評価関数 J の上限に関して

$$J(x_0, r_0, u) < \mathbb{E}[x^T(0)P(r_0)x(0) \mid r_0 = i] = \textbf{Tr}\left[x^T(0)\mathcal{E}_i(\mathscr{P})x(0)\right] \quad (5.65)$$

が成立する．

【証明】　以下のブロック対角行列を定義する．

$$\Pi(i) := \textbf{block diag}\begin{pmatrix} P(i) & I_n & I_n & \cdots & I_n & I_n & I_m & I_n \end{pmatrix}$$

また，$X(i) = P^{-1}(i)$, $Y(i) = K(i)X(i)$ に注意する．このとき，行列不等式 (5.63) の右から $\Pi(i)$，左から $\Pi(i)$ を掛ければ，以下を得る．

$$
\begin{bmatrix}
-P(i) & \Phi^T(i) & \cdots & \Phi^T(i) & K^T(i) & I_n \\
\Phi(i) & \Omega(i,1) & \cdots & 0 & 0 & 0 \\
\vdots & \vdots & \ddots & \vdots & \vdots & \vdots \\
\Phi(i) & 0 & \cdots & \Omega(i,s) & 0 & 0 \\
K(i) & 0 & \cdots & 0 & -[R(i)]^{-1} & 0 \\
I_n & 0 & \cdots & 0 & 0 & -[Q(i)]^{-1}
\end{bmatrix} < 0 \qquad (5.66)
$$

ただし

$$\Phi^T(i) := \begin{bmatrix} [A(i)+B(i)K(i)]^T & A_p^T(i) \end{bmatrix}$$

$$\Omega(i,j) := \textbf{block diag}\begin{pmatrix} -[p(i,j)P(j)]^{-1} & -[p(i,j)P(j)]^{-1} \end{pmatrix}$$

このとき，式 (5.66) にシュール補題を利用すれば，以下の不等式を得る．

$$\bar{A}^T(i)\mathcal{E}_i(\mathscr{P})\bar{A}(i) + A_p^T(i)\mathcal{E}_i(\mathscr{P})A_p(i) - P(i) < -\bar{Q}(i) \qquad (5.67)$$

ただし，$\bar{A}(i) = A(i) + B(i)K(i)$, $\bar{Q}(i) = Q(i) + K^T(i)R(i)K(i)$ である．

これは，定理 5.6 より，制御則 (5.64) によって，以下の閉ループマルコフジャンプ確率システム (5.68)

$$x(k+1) = \bar{A}(r_k)x(k) + A_p(r_k)x(k)dw(k),\ x(0) = x_0 \qquad (5.68)$$

が平均二乗安定であることを示している．

5.4 離散時間マルコフジャンプ確率システムの最適レギュレータ問題

本節では，離散時間マルコフジャンプ確率システムの最適レギュレータ問題について考える．まず，事前の結果を示し，その後，最適レギュレータ問題を解く．

5.4.1 事前結果ならびに準備

まず，確率的可検出を定義する．

定義 5.6[11),14)]　　以下の離散時間マルコフジャンプ確率システムを考える．

$$x(k+1) = [A(r_k) + H(r_k)C(r_k)]x(k) + A_p(r_k)x(k)w(k)$$
(5.69)

$(\boldsymbol{A}+\boldsymbol{HC}, \boldsymbol{A_p})$ が強平均二乗指数安定であるような有界列 $\{H(i)\}_{k\in\mathbb{Z}_+} \in \mathbb{R}^{n\times n_z}$ $(i \in \mathscr{D})$ が存在するとき，$(\boldsymbol{A}, \boldsymbol{A_p}|\boldsymbol{C})$ は**確率的可検出** (stochastically detectable) であるという。

安定性に関しては，以下の結果が知られている。

補題 5.4[11),14)]　もし，$(\boldsymbol{A}, \boldsymbol{A_p}|\boldsymbol{C})$ が確率的可検出であるなら，時不変離散時間マルコフジャンプ確率システム (5.69) もしくは $(\boldsymbol{A}, \boldsymbol{A_p})$ が強平均二乗指数安定である必要十分条件は，以下の連立型確率リアプノフ代数方程式 (5.70) の解が $\boldsymbol{X} > 0$ を満足することである。

$$X(i) = A^T(i)\mathcal{E}_i(\mathscr{X})A(i) + A_p^T(i)\mathcal{E}_i(\mathscr{X})A_p(i) + C^T(i)C(i)$$
(5.70)

ただし，$\mathcal{E}_i(\mathscr{X}) := \sum_{j=1}^{s} p(i,j)X(j)$

さらに，$r_0 = i$ ならば，以下の等式を満足する。

$$\mathbb{E}\left[\sum_{k=0}^{\infty}\left[x^T(k)Q(r_k)x(k)\right] \mid x_0, r_0\right]$$
$$= \mathbb{E}\left[x^T(0)X(r_0)x(0)\right] = \mathbf{Tr}\left[\sum_{j=1}^{s} p(i,j)X(j)\right] \quad (5.71)$$

以下の補題は，文献11) によって示されている。

補題 5.5　$C(i)$, $K_p(i)$ $(p=1, 2, 3)$，および $H_1(i)$ は，すべて適切な次元をもつ有界列であると仮定する。さらに，$H_1(i) > 0$ を仮定する。つぎに，以下の行列を定義する。

$$\tilde{A}_1(i) = \begin{bmatrix} C(i) \\ (H_1(i))^{-1/2} K_3(i) \\ K_2(i) \end{bmatrix}, \quad \tilde{A}_2(i) = \begin{bmatrix} C(i) \\ K_2(i) \end{bmatrix}$$

このとき，以下の結果が成立する。

(1) もし $(\boldsymbol{A}, \boldsymbol{A_p}|\boldsymbol{C})$ が確率的可検出であるならば

$$(\boldsymbol{A} + \boldsymbol{B}\boldsymbol{K_2}, \boldsymbol{A_p}|\tilde{\boldsymbol{A}}_1)$$

も確率的可検出である。

(2) もし $(\boldsymbol{A} + \boldsymbol{B}\boldsymbol{K_1}, \boldsymbol{A_p}|\boldsymbol{C})$ が確率的可検出であるならば

$$(\boldsymbol{A} + \boldsymbol{B}\boldsymbol{K_1} + \boldsymbol{G}\boldsymbol{K_2}, \boldsymbol{A_p}|\tilde{\boldsymbol{A}}_2)$$

も確率的可検出である。

5.4.2 主要結果

以上の準備のもとで，最適レギュレータ問題を扱う。評価関数 (5.72) を考える。

$$\begin{aligned}
J(x_0, u) = \mathbb{E}\Bigg[\sum_{k=0}^{\infty} \Big[& x^T(k)Q(r_k)x(k) + 2x^T(k)S^T(r_k)u(k) \\
& + u^T(k)R(r_k)u(k) \Big] \,\Big|\, x_0,\ r_0 \Bigg]
\end{aligned} \quad (5.72)$$

ただし，以下の条件を満足すると仮定する。

$$Q(r_k) = Q^T(r_k) \geqq 0,\ R(r_k) = R^T(r_k) > 0$$
$$Q(r_k) - S^T(r_k)[R(r_k)]^{-1} S(r_k) > 0$$

このとき，離散時間マルコフジャンプ確率システム (5.50) のもとで，評価関数 (5.72) を最小化する LQR 問題の解は，以下のとおりである[15]。

定理 5.8 (A, A_p, B) は平均二乗安定化可能であると仮定する．また，式 (5.73) の離散時間リカッチ代数方程式を考える．

$$P(i) = A_S^T(i)\mathcal{E}_i(\mathscr{P})A_S(i) + A_p^T(i)\mathcal{E}_i(\mathscr{P})A_p(i)$$
$$- A_S^T(i)\mathcal{E}_i(\mathscr{P})V(i)\mathcal{E}_i(\mathscr{P})A_S(i) + Q_S(i) \quad (i = 1, \cdots, s)$$
(5.73)

ただし

$$\mathcal{E}_i(\mathscr{P}) := \sum_{j=1}^{s} p(i,j)P(j), \ A_S(i) := A(i) - B(i)[R(i)]^{-1}S(i)$$
$$V(i) := B(i)[\hat{R}(i)]^{-1}B^T(i), \ \hat{R}(i) := R(i) + B^T(i)\mathcal{E}_i(\mathscr{P})B(i)$$
$$Q_S(i) := Q(i) - S^T(i)[R(i)]^{-1}S(i) \geqq 0$$

$\boldsymbol{P}$ に関する離散時間リカッチ代数方程式 (5.73) を満足する行列 $P(i) > 0$ $(i = 1, \cdots, s)$ が存在すれば，最適フィードバック制御則は，式 (5.74) によって与えられる．

$$u^*(k) = K^*(r_k)x(k)$$
$$= -[\hat{R}(r_k)]^{-1}\Big(B^T(r_k)\mathcal{E}_{r_k}(\mathscr{P})A(r_k) + S(r_k)\Big)x(k)$$
(5.74)

さらに，最小値は，式 (5.75) によって与えられる．

$$J(x_0, u) \geqq J(x_0, u^*) = \mathbb{E}[x^T(0)P(r_0)x(0)] \tag{5.75}$$

【証明】 文献15) では，平方完成による証明を行っているが，ここでは，簡易的にラグランジュの未定乗数法による証明を試みる．ある制御則 $u(k) = K(r_k)x(k)$ による閉ループシステムおよび評価関数は，以下によって計算される．

$$x(k+1) = \Big[A(r_k) + B(r_k)K(r_k)\Big]x(k) + A_p(r_k)x(k)w(k) \tag{5.76a}$$

5.4 離散時間マルコフジャンプ確率システムの最適レギュレータ問題

$$J(x_0, K(r_k)x(k))$$
$$= \mathbb{E}\left[\sum_{k=0}^{\infty} x^T(k)\Big[Q(r_k) + 2S^T(r_k)K(r_k) \right.$$
$$\left. + K^T(r_k)R(r_k)K(r_k)\Big]x(k) \,\Big|\, x_0,\, r_0 \right] \tag{5.76b}$$

このとき，補題 5.4 を利用することによって以下を得る。

$$J(x_0, K(i)x(k)) = \mathbf{Tr}\left[\mathcal{E}_i(\mathscr{P})\right] \tag{5.77}$$

ただし

$$P(i) = \Big[A(i) + B(i)K(i)\Big]^T \mathcal{E}_i(\mathscr{P})\Big[A(i) + B(i)K(i)\Big]$$
$$+ A_p^T(i)\mathcal{E}_i(\mathscr{P})A_p(i) + Q(i) + 2S^T(i)K(i) + K^T(i)R(i)K(i) \tag{5.78}$$

続いて，式 (5.77) の最適化問題を $\boldsymbol{P}$, $\boldsymbol{K}$ について解く。そこで，ラグランジュ関数 $L(\boldsymbol{P})$ を定義する。

$$L(\boldsymbol{P}) := \mathbf{Tr}\left[\mathcal{E}_i(\mathscr{P})\right] + \sum_{i=1}^{s} \mathbf{Tr}\bigg(\Xi(i)\Big[-P(i)$$
$$+ \Big[A(i) + B(i)K(i)\Big]^T \mathcal{E}_i(\mathscr{P})\Big[A(i) + B(i)K(i)\Big]$$
$$+ A_p^T(i)\mathcal{E}_i(\mathscr{P})A_p(i) + Q(i) + 2S^T(i)K(i)$$
$$+ K^T(i)R(i)K(i)\Big]\bigg) \tag{5.79}$$

ただし，$\Xi(i)$ は，対称行列を満足するラグランジュ乗数である。

このとき，ラグランジュの未定乗数法によって，$L(\boldsymbol{P})$ を $K(i)$, $P(i)$ についてそれぞれ偏微分を行うことにより，以下の必要条件を得る。

$$\frac{\partial}{\partial K(i)}L(\boldsymbol{P}) = 2\Big[B^T(i)\mathcal{E}_i(\mathscr{P})A(i) + B^T(i)\mathcal{E}_i(\mathscr{P})B(i)K(i)$$
$$+ S(i) + R(i)K(i)\Big]\Xi(i) = 0 \tag{5.80a}$$

$$\frac{\partial}{\partial P(i)}L(\boldsymbol{P}) = -\Xi(i) + p(i,i)\bigg(I_n + \Big[A(i) + B(i)K(i)\Big]\Xi(i)$$
$$\times \Big[A(i) + B(i)K(i)\Big]^T + A_p^T(i)\Xi(i)A_p(i)\bigg) = 0 \tag{5.80b}$$

このとき，$p(i,i)I_n > 0$ を考慮すれば，式 (5.80b) は非特異である唯一解 $\Xi(i)$ をもつことがわかる．したがって，式 (5.80a) において，$\Xi(i)$ の逆行列を右から掛けて制御則 (5.74) を得る．さらに，制御則 (5.74) を式 (5.78) に代入すれば，式 (5.73) を得ることができる．

ここで，離散時間リカッチ代数方程式 (5.73) が，以下の離散時間リカッチ代数方程式 (5.81) に等価であることが容易に示されることに留意されたい．

$$\begin{aligned}P(i) = {}& A^T(i)\mathcal{E}_i(\mathscr{P})A(i) + A_p^T(i)\mathcal{E}_i(\mathscr{P})A_p(i) \\ & - \Big[B^T(i)\mathcal{E}_i(\mathscr{P})A(i) + S(i)\Big]^T \\ & \times [\hat{R}(i)]^{-1}\Big[B^T(i)\mathcal{E}_i(\mathscr{P})A(i) + S(i)\Big] + Q(i) \end{aligned} \quad (5.81)$$

最後に，ノイズに依存する制御入力を伴う一般の場合について，結果のみ与える．証明は，文献15) を参照されたい．

定理 5.9　与えられた確率空間 $(\Omega, \boldsymbol{F}, \boldsymbol{P})$ に対して，以下の状態および制御に依存するノイズを伴う確率差分方程式で記述される離散時間時変マルコフジャンプ確率システム (5.82a) および評価関数 (5.82b) を考える．

$$x(k+1) = A_0(k, r_k)x(k) + B_0(k, r_k)u(k) \\ + \sum_{r=1}^{p}\Big[A_r(k, r_k)x(k) + B_r(k, r_k)u(k)\Big]w(k),\ x(0) = x_0 \quad (5.82a)$$

$$J(x_0, u) = \mathbb{E}\left[\sum_{k=0}^{\infty}\Big[x^T(k)Q(k, r_k)x(k) + 2x^T(k)S^T(k, r_k)u(k) \\ + u^T(k)R(k, r_k)u(k)\Big]\ \Big|\ x_0,\ r_0\right] \quad (5.82b)$$

ただし，$Q(k, r_k) = Q^T(k, r_k) \geqq 0$, $R(k, r_k) = R^T(k, r_k) > 0$ を満足すると仮定する．さらに，不変マルコフ連鎖 r_k は以下の定常遷移確率をもつと仮定する．

5.4 離散時間マルコフジャンプ確率システムの最適レギュレータ問題

$$\mathcal{P}\{r_{k+1} = j \mid r_k = i\} = p_k(i,j), \ p_k(i,j) \geq 0, \ \sum_{j=1}^{s} p_k(i,j) = 1 \tag{5.83}$$

$(\boldsymbol{A}_0, \boldsymbol{A}_1, \cdots, \boldsymbol{A_p}, \boldsymbol{B}_0, \boldsymbol{B}_1, \cdots, \boldsymbol{B}_p)$ は平均二乗安定化可能であると仮定する。また，以下の離散時間リカッチ方程式を考える。

$$\begin{aligned}X(k,i) &= \sum_{r=0}^{p} A_r^T(k,i)\mathcal{E}_i(k,\mathscr{X}(k+1))A_r(k,i) \\ &\quad - \left[\sum_{r=0}^{p} B_r^T(k,i)\mathcal{E}_i(k,\mathscr{X}(k+1))A_r(k,i) + S(k,i)\right]^T \\ &\quad \times \left[R(k,i) + \sum_{r=0}^{p} B_r^T(k,i)\mathcal{E}_i(k,\mathscr{X}(k+1))B_r(k,i)\right]^{-1} \\ &\quad \times \left[\sum_{r=0}^{p} B_r^T(k,i)\mathcal{E}_i(k,\mathscr{X}(k+1))A_r(k,i) + S(k,i)\right] \\ &\quad + Q(k,i), \quad i=1,\cdots,s \end{aligned} \tag{5.84}$$

ただし

$$\mathcal{E}_i(k,\mathscr{X}(k+1)) := \sum_{j=1}^{s} p_k(i,j)X(k+1,j)$$

離散時間リカッチ方程式 (5.84) を満足する行列 $X(k,i) > 0$ $(i=1,\cdots,s)$ が存在すれば，最適フィードバック制御則は式 (5.85) によって与えられる。

$$\begin{aligned}u^*(k) &= K^*(k,r_k)x(k) \\ &= -\sum_{i=1}^{s}\left[R(k,i) + \sum_{r=0}^{p} B_r^T(k,i)\mathcal{E}_i(k,\mathscr{X}(k+1))B_r(k,i)\right]^{-1} \\ &\quad \times \left[\sum_{r=0}^{p} B_r^T(k,i)\mathcal{E}_i(k,\mathscr{X}(k+1))A_r(k,i) + S(k,i)\right] \\ &\quad \times x(k)\chi_{r_k=i} \end{aligned} \tag{5.85}$$

さらに，最小値は，式 (5.86) によって与えられる．

$$
\begin{aligned}
J(x_0, u) \geqq J(x_0, u^*) &= \mathbb{E}[x^T(0) X(0, r_0) x(0)] \\
&= x^T(0) \left[\sum_{j=1}^{s} \pi_0(j) X(0, j) \right] x(0)
\end{aligned}
\tag{5.86}
$$

ただし，$\mathcal{P}\{r_0 = i\} = \pi_0(i)$, $\pi_0(i) \geqq 0$, $\sum_{j=1}^{s} \pi_0(j) = 1$．

5.5 まとめ

本章では，システムの故障や環境変動に伴うダイナミクスのパラメータ変動が表現可能なマルコフジャンプ確率システムを扱った．

前半では，連続時間マルコフジャンプ確率システムのための安定化問題，および LQR 問題を扱った．特に，安定化問題では，まず，平均二乗安定性を定義したあと，LMI による十分条件を導出した．さらに，LMI による安定化制御則の設計手法について解説を行った．また，制御系設計を容易にするため，モードに依存しない制御系設計手法を LMI に基づいて与えた．後半では，離散時間マルコフジャンプ確率システムに対して，同様の問題の考察を行った．

ウィナー過程による確率システムの結果と比較して，環境変動による不確定要素を，マルコフジャンプ確率システムに置き換えることによって，平均二乗安定化できるシステムのクラスが拡張されることを示した．

6 非線形確率システム

近年，伊藤の確率微分方程式に基づく非線形確率システムの最適制御問題が精力的に研究されている。一般的に，確率システムに限らず，確定システムにおいても，非線形システムにおける最適制御問題では，**ハミルトン・ヤコビ・ベルマン方程式**（**HJBE**：Hamilton, Jacobi, Bellman equation）を解く必要がある[1]~[12]。この方程式は，非線形偏微分方程式であり，解析解を得ることは一般的にきわめて困難である。さらに，数値解を得ることも容易でないことが知られている。これらの困難を克服するために，現在まで，さまざまな数値計算アルゴリズムが提案されている。従来，報告されているアルゴリズムは，確定的な非線形システムを中心に適用されている。後に，ウィナー過程に支配される非線形確率システムにこれらの手法を適用した報告がなされている[13]~[15]。

一方，非線形確率微分方程式によって支配される感染システムに対して，文献[16],[17]では，有限時間最適制御問題を扱っている。これらの文献では，最適制御則を求めるために解く必要のある**FBSDEs**（forward backward stochastic differential equations）に対して，有効な数値解法である**4ステップスキーム**[18]が紹介されている。

本章では，伊藤の確率微分方程式に基づく非線形確率システムにおけるさまざまな制御問題を対象に，制御則を得るために必要な確率HJBEの導出，および数値解法を中心に考える。

6.1 安定性

この節では,文献19)にある結果を参照しつつ,安定性についての基本的な結果を与える。特に,**確率リアプノフ関数**(stochastic Lyapunov function)に基づく方法について解説を行う。まず,確率リアプノフ関数に基づく安定性問題を考察する。式 (6.1) の自律系非線形確率システムを考える。

$$dx(t) = f(x(t))dt + h(x(t))dw(t),\ x(0) = x_0 \tag{6.1}$$

ただし,$f(0) = 0$, $h(0) = 0$ を仮定する。$x(t) \in \mathbb{R}^n$ は状態ベクトルを表す。また,$w(t) \in \mathbb{R}$ は一次元標準ウィナー過程である。

非線形確率システム (6.1) の解に沿ったスカラ関数の時間変化を計算するために,式 (2.67) で定義された無限小生成作用素 $\boldsymbol{L}_x V(x)$ を用意する。

$$\boldsymbol{L}_x V(x) = f^T(x)\frac{\partial V(x)}{\partial x} + \frac{1}{2}h^T(x)\frac{\partial}{\partial x}\left(\frac{\partial V(x)}{\partial x}\right)^T h(x) \tag{6.2}$$

まず,安定化問題の基礎となる安定性に関して,定理 2.3 に基づく以下の結果を与える[19),20)]。

定理 6.1 非線形確率システム (6.1) を考える。原点を含むある開近傍 $D \subset \mathbb{R}^n$ 上で,$V(0) = 0$ かつ $\boldsymbol{L}_x V(x) \leqq 0$ を満たす正定関数 $V(x) \in \mathbb{R}$ が存在するなら,非線形確率システム (6.1) の原点は確率安定である。さらに,$V(x)$ が $x(t) \in D\backslash\{0\}$ において $\boldsymbol{L}_x V(x) < 0$ を満たすならば,原点は確率漸近安定である。

具体的には,定理 6.1 により容易に導出される以下の十分条件が有効である。

定理 6.2 不等式 (6.3a) および**確率** (stochastic) ハミルトン・ヤコビ・ベルマン方程式(SHJBE)(6.3b) を満足する非負リアプノフ関数 $V(x) = $

$V(x(t))$ が存在すれば，原点は確率漸近安定である。

$$c_0\|x\|^2 \leq V(x) \leq c_1\|x\|^2, \ c_0, \ c_1 > 0, \tag{6.3a}$$

$$f^T(x)\frac{\partial V(x)}{\partial x} + \|x\|^2 + \frac{1}{2}h^T(x)\frac{\partial}{\partial x}\left(\frac{\partial V(x)}{\partial x}\right)^T h(x) = 0$$

$$V(0) = 0 \tag{6.3b}$$

このとき

$$J = \mathbb{E}\left[\int_0^\infty \|x(t)\|^2 dt\right] \tag{6.4}$$

の評価関数を導入すれば，以下のように計算される。

$$J = V(x(0)) = V(x_0) \tag{6.5}$$

【証明】　$\phi(x) := V(x)$ とすれば，非線形確率システム (6.1) の解に沿ったスカラ関数の時間変化は式 (6.6) のとおりである。

$$\boldsymbol{L}_x V(x) = f^T(x)\frac{\partial V(x)}{\partial x} + \frac{1}{2}h^T(x)\frac{\partial}{\partial x}\left(\frac{\partial V(x)}{\partial x}\right)^T h(x) \tag{6.6}$$

このとき，式 (6.3b) より

$$\boldsymbol{L}_x V(x) = -\|x\|^2 < 0, \ x(t) \in D\backslash\{0\} \tag{6.7}$$

したがって，原点は確率漸近安定である。また，式 (6.7) の両辺を積分することにより，式 (6.5) を得る。

以上の準備のもとで，次節では，最適レギュレータに基づく安定化問題について考える。

6.2　最適レギュレータ問題

本節では，有限時間最適レギュレータ問題に対して，まず，確率最大原理を

利用して，制御則が存在するための必要条件を SHJBE の可解条件によって導出する．続いて，別解として，動的計画法，平方完成の手法による必要条件も SHJBE を利用して示す．さらに，線形確率システムに対しては，前に示したものと同一の結果であることを示す．後半では，制御戦略集合を求めるために解く必要がある FBSDEs に対して，4 ステップスキームに基づく数値計算アルゴリズムを導出する．最後に，簡単な数値例によって，4 ステップスキームに基づく数値計算アルゴリズムの有用性を確認する．

6.2.1 有限時間の場合

式 (6.8) の非線形確率微分方程式を考える．

$$dx(t) = \Big[f(x(t)) + g(x(t))u(t)\Big]dt + h(x(t))dw, \ x(0) = x_0 \quad (6.8)$$

ただし，一般性を失うことなく $f(0) = 0$, $g(0) = 0$, $h(0) = 0$ を仮定する．$x(t) \in \mathbb{R}^n$ は状態ベクトルを表す．$u(t) \in \mathbb{R}^m$ は制御入力を表す．また，$w(t) \in \mathbb{R}$ は一次元標準ウィナー過程である．

一方，評価関数を式 (6.9) のように定義する．

$$J(u) = \mathbb{E}[U(x(t_f))] + \mathbb{E}\left[\int_0^{t_f} \Big[\|x(t)\|_{Q(t)}^2 + \|u(t)\|_{R(t)}^2\Big]dt\right] \quad (6.9)$$

ただし，$\|x(t)\|_{Q(t)}^2 := x^T(t)Q(t)x(t)$, $\|u(t)\|_{R(t)}^2 := u^T(t)R(t)u(t)$ である．t_f は正の定数で終端時間を表す．さらに，$Q(t) = Q^T(t) \geqq 0$, $R(t) = R^T(t) > 0$ を満足する．

定義 6.1 確率フィードバック制御則 $u(t) = u^*(t)$ による閉ループシステム，式 (6.10)

$$dx(t) = \Big[f(x(t)) + g(x(t))u^*(t)\Big]dt + h(x(t))dw, \ x(0) = x_0 \quad (6.10)$$

が，定義 2.4 の意味で安定であるような $\boldsymbol{F}_t$-適合である許容制御が存在するとき，非線形確率システム (6.8) は，確率フィードバック制御則 $u(t) = u^*(t)$ によって安定化可能と呼ばれる。

本節では，非線形確率微分方程式 (6.8) に対して，閉ループ確率フィードバック制御則 $u^*(t)$ を求める。

〔1〕 **最大原理による導出**　評価関数 (6.9) を最小にする制御入力 $u(t) = u^*(t)$ は，以下のように表される。

定理 6.3　以下の FBSDEs を考える。

$$dp(t) = b(t, p(t), x(t))dt + \sigma(t, p(t), x(t))dw(t) \tag{6.11a}$$

$$dx(t) = F(t, p(t), x(t))dt + h(x(t))dw(t) \tag{6.11b}$$

ただし，$p = p(t) \in \mathbb{R}^n$

$$b(t, p(t), x(t)) := -\nabla_x \left(p^T(t) \left[f(x) + g(x)u(t) \right] \right)$$
$$\qquad\qquad - 2Q(t)x(t) - \nabla_x \left(h^T(x)[\nabla_x p(t)]h(x) \right)$$

$$\sigma(t, p(t), x(t)) := [\nabla_x p(t)]^T h(x)$$

$$F(t, p(t), x(t)) := f(x) - \frac{1}{2}g(x)[R(t)]^{-1}g^T(x)p(t)$$

である。また，初期条件および終端条件は次式で与えられるものとする。

$$x(0) = x_0, \ p(t_f) = \frac{\partial}{\partial x}U(x(t_f)) \tag{6.12}$$

このとき，FBSDEs (6.11) が解をもてば，制御則は次式で与えられる。

$$u^*(t) = -\frac{1}{2}[R(t)]^{-1}g^T(x)p(t) \tag{6.13}$$

158　6. 非線形確率システム

【証明】　ハミルトニアン H を次式のように定義する。

$$H = p^T(t)\Big[f(x) + g(x)u(t)\Big] + x^T(t)Q(t)x(t)$$
$$+ u^T(t)R(t)u(t) + q^T(t)h(x) \tag{6.14}$$

ここで，確率最大原理により以下を得る。

$$dp(t) = \Bigg[-\nabla_x\Big(p^T(t)\Big[f(x) + g(x)u(t)\Big]\Big)$$
$$- 2Q(t)x(t) - \nabla_x[q^T(t)h(x)]\Bigg]dt + q(t)dw(t) \tag{6.15a}$$

$$q(t) = [\nabla_x p(t)]^T h(x) \tag{6.15b}$$

$$\frac{\partial H}{\partial u} = g^T(x)p(t) + 2R(t)u(t) = 0 \tag{6.15c}$$

したがって，式 (6.15c) から

$$u(t) = u^*(t) = -\frac{1}{2}[R(t)]^{-1}g^T(x)p(t) \tag{6.16}$$

が得られる。

最後に，得られた制御則 (6.16) を非線形確率システム (6.8) に代入して，式 (6.11b) を得る。

◇

FBSDEs (6.11) を初期条件および終端条件 (6.12) のもとで $p(t)$ を解き，その結果を式 (6.13) に代入することによって制御則を得ることが可能となる。

〔2〕確率動的計画法による導出　〔1〕では，確率最大原理によって，制御則を導出したが，動的計画法によっても導出される[16],[17]。

定理 6.4　不等式 (6.17) を満足する非負スカラ関数 $V(x)$ が存在すると仮定する。

$$c_0\|x\|^2 \leq V(x) \leq c_1\|x\|^2, \quad c_0,\ c_1 > 0 \tag{6.17}$$

また，以下の SHJBE を考える。

$$-\frac{\partial V(t,x)}{\partial t} = f^T(x)\frac{\partial V(t,x)}{\partial x} + \|x(t)\|^2_{Q(t)}$$

$$-\frac{1}{4}\left(\frac{\partial V(t,x)}{\partial x}\right)^T g(x)[R(t)]^{-1}g^T(x)\frac{\partial V(t,x)}{\partial x}$$

$$+\frac{1}{2}h^T(x)\frac{\partial}{\partial x}\left(\frac{\partial V(t,x)}{\partial x}\right)^T h(x)$$

$$V(t_f, x(t_f)) = U(x(t_f)) \tag{6.18}$$

SHJBE (6.18) の解 $V^*(x)$ が存在するとき，制御則は次式で表される．

$$u^*(t) = -\frac{1}{2}[R(t)]^{-1}g^T(x)\frac{\partial V^*}{\partial x} \tag{6.19}$$

【証明】　つぎの価値関数（value function）を定義する．

$$V(t,x) = \min_{u(s)}\Bigg[\mathbb{E}[U(x(t_f))]$$

$$+ \mathbb{E}\bigg[\int_t^{t_f}\Big[\|x(s)\|_{Q(t)}^2 + \|u(s)\|_{R(t)}^2\Big]ds\bigg]\bigg|x(t)=x\Bigg] \tag{6.20}$$

ここで，最適性の原理より，以下の SHJBE を得る．

$$-\frac{\partial V(t,x)}{\partial t} = \min_u\bigg[\|x(t)\|_{Q(t)}^2 + \|u(t)\|_{R(t)}^2$$

$$+ \big[f(x)+g(x)u(t)\big]^T\frac{\partial V(t,x)}{\partial x}$$

$$+ \frac{1}{2}h^T(x)\frac{\partial}{\partial x}\left(\frac{\partial V(t,x)}{\partial x}\right)^T h(x)\bigg] \tag{6.21}$$

ただし，初期条件は $V(t_f, x(t_f)) = U(x(t_f))$ である．このとき，右辺を u に関して平方完成すれば

$$-\frac{\partial V(t,x)}{\partial t} = \min_u\bigg[\left(u(t)+\frac{1}{2}[R(t)]^{-1}g^T(x)\frac{\partial V(t,x)}{\partial x}\right)^T R(t)$$

$$\times \left(u(t)+\frac{1}{2}[R(t)]^{-1}g^T(x)\frac{\partial V(t,x)}{\partial x}\right)$$

$$+ \left(\frac{\partial V(t,x)}{\partial x}\right)^T f(x) + \|x(t)\|_{Q(t)}^2$$

$$- \frac{1}{4}\left(\frac{\partial V(t,x)}{\partial x}\right)^T g(x)[R(t)]^{-1}g^T(x)\frac{\partial V(t,x)}{\partial x}$$

$$+ \frac{1}{2} h^T(x) \frac{\partial}{\partial x} \left(\frac{\partial V(t,x)}{\partial x} \right)^T h(x) \Bigg] \quad (6.22)$$

となり，制御則が式 (6.19) を満足するとき，最小値を達成し，このとき SHJBE (6.18) を得る。

◇

SHJBE (6.18) は，文献11), 12) で扱われている確定的な HJBE と比較し，$\partial^2/\partial x^2$ の項が存在するため，文献11), 12) で提案されている数値解法が，直接適用できないことに留意されたい。

〔3〕 **平方完成による導出**　平方完成については，文献21), 22) がたいへん有用な結果を与えている。非線形確率システム (6.8) にある許容制御則 $u(t)$ を付加した閉ループ非線形確率システム非負関数 $V(t,x)$ に対して，伊藤の公式を利用すれば以下が得られる。

$$\begin{aligned}
dV(t,x) = & \left[\frac{\partial V(t,x)}{\partial t} + [f(x) + g(x)u(t)]^T \frac{\partial V(t,x)}{\partial x} \right] dt \\
& + \frac{1}{2} h^T(x) \frac{\partial}{\partial x} \left(\frac{\partial V(t,x)}{\partial x} \right)^T h(x) dt \\
& + h^T(x) \frac{\partial V(t,x)}{\partial x} dw(t) \quad (6.23)
\end{aligned}$$

式 (6.23) の両辺を積分し，期待値を取れば以下が得られる。

$$\begin{aligned}
& \mathbb{E}\left[\int_0^{t_f} dV(t,x) \right] \\
& = \mathbb{E}\left[\int_0^{t_f} \left(\frac{\partial V(t,x)}{\partial t} + [f(x) + g(x)u(t)]^T \frac{\partial V(t,x)}{\partial x} \right) dt \right] \\
& \quad + \frac{1}{2} \mathbb{E}\left[\int_0^{t_f} h^T(x) \frac{\partial}{\partial x} \left(\frac{\partial V(t,x)}{\partial x} \right)^T h(x) dt \right] \\
& \quad + \mathbb{E}\left[\int_0^{t_f} h^T(x) \frac{\partial V(t,x)}{\partial x} dw(t) \right] \quad (6.24)
\end{aligned}$$

ここで，左辺は

$$\mathbb{E}\left[\int_0^{t_f} dV(t,x) \right] = \mathbb{E}[V(t_f, x(t_f))] - V(0, x_0)$$

のように計算でき，式 (6.24) の右辺の最後の項は，期待値の計算より恒等的に 0 になることを利用すれば，以下が得られる．

$$
\begin{aligned}
&\mathbb{E}[V(t_f, x(t_f))] - V(0, x_0) \\
&= \mathbb{E}\left[\int_0^{t_f} \left(\frac{\partial V(t,x)}{\partial t} + \left[f(x) + g(x)u(t)\right]^T \frac{\partial V(t,x)}{\partial x}\right) dt\right] \\
&\quad + \frac{1}{2}\mathbb{E}\left[\int_0^{t_f} h^T(x)\frac{\partial}{\partial x}\left(\frac{\partial V(t,x)}{\partial x}\right)^T h(x) dt\right]
\end{aligned}
\tag{6.25}
$$

したがって，式 (6.18) である条件 $V(t_f, x(t_f)) = U(x(t_f))$ を満足すると仮定すれば

$$
\begin{aligned}
J(u) &= \mathbb{E}[U(x(t_f))] + \mathbb{E}\left[\int_0^{t_f} \left[\|x(t)\|_{Q(t)}^2 + \|u(t)\|_{R(t)}^2\right] dt\right] \\
&= \mathbb{E}[U(x(t_f))] + \mathbb{E}\left[\int_0^{t_f} \left[\|x(t)\|_{Q(t)}^2 + \|u(t)\|_{R(t)}^2\right] dt\right. \\
&\quad \left. + \int_0^{t_f} dV(t,x)\right] - \mathbb{E}[V(t_f, x(t_f))] + V(0, x_0) \\
&= \mathbb{E}\left[\int_0^{t_f}\left[\|x(t)\|_{Q(t)}^2 + \|u(t)\|_{R(t)}^2 + \frac{\partial V(t,x)}{\partial t}\right.\right. \\
&\quad + \left[f(x) + g(x)u(t)\right]^T \frac{\partial V(t,x)}{\partial x} \\
&\quad \left.\left. + \frac{1}{2}h^T(x)\frac{\partial}{\partial x}\left(\frac{\partial V(t,x)}{\partial x}\right)^T h(x)\right] dt\right] + V(0, x_0) \\
&= \mathbb{E}\left[\int_0^{t_f}\left[\left(u(t) + \frac{1}{2}[R(t)]^{-1}g^T(x)\frac{\partial V(t,x)}{\partial x}\right)^T R(t) \right.\right. \\
&\quad \times \left(u(t) + \frac{1}{2}[R(t)]^{-1}g^T(x)\frac{\partial V(t,x)}{\partial x}\right) \\
&\quad + \frac{\partial V(t,x)}{\partial t} + \left(\frac{\partial V(t,x)}{\partial x}\right)^T f(x) + \|x(t)\|_{Q(t)}^2 \\
&\quad - \frac{1}{4}\left(\frac{\partial V(t,x)}{\partial x}\right)^T g(x)[R(t)]^{-1}g^T(x)\frac{\partial V(t,x)}{\partial x} \\
&\quad \left.\left. + \frac{1}{2}h^T(x)\frac{\partial}{\partial x}\left(\frac{\partial V(t,x)}{\partial x}\right)^T h(x)\right] dt\right] + V(0, x_0)
\end{aligned}
$$

$$\geq \mathbb{E}\left[\int_0^{t_f} \left[\frac{\partial V(t,x)}{\partial t} + f^T(x)\frac{\partial V(t,x)}{\partial x} + \|x(t)\|_{Q(t)}^2 \right.\right.$$
$$-\frac{1}{4}\left(\frac{\partial V(t,x)}{\partial x}\right)^T g(x)[R(t)]^{-1}g^T(x)\frac{\partial V(t,x)}{\partial x}$$
$$\left.\left.+\frac{1}{2}h^T(x)\frac{\partial}{\partial x}\left(\frac{\partial V(t,x)}{\partial x}\right)^T h(x)\right]dt\right] + V(0,x_0) \quad (6.26)$$

なお, 等号は, 制御則が式 (6.19) を満足するときである. さらに, SHJBE (6.18) を満足するとき, 最小値 $V(0,x_0)$ を達成することがわかる.

〔4〕**4ステップスキーム** 制御則 (6.13) を求めるために, FBSDEs (6.11) を解く必要がある. しかしながら, この方程式は, 非線形確率偏微分方程式であるため, 解析解を求めることが困難であることが知られている. そこで, 本節では, 4ステップスキーム[18]を利用して, 数値解を得ることを考える.

まず, $p(t)$ と $x(t)$ には以下の関係式があると仮定する.

$$p(t) = \theta(t,x) \quad (6.27)$$

ただし, $\theta(t,x)$ は, 各成分がスカラ関数 $\theta^k(t,x) \in \mathbb{R}$ であるベクトル値関数であると仮定する.

$$\theta(t,x) = \begin{bmatrix} \theta^1(t,x) & \cdots & \theta^n(t,x) \end{bmatrix}^T \in \mathbb{R}^n \quad (6.28)$$

各要素である $\theta^k(t,x)$ に伊藤の公式を利用すれば, 以下が得られる.

$$d\theta^k(t,x) = \left[\frac{\partial \theta^k(t,x)}{\partial t} + F^T(t,\theta,x)\frac{\partial \theta^k(t,x)}{\partial x}\right.$$
$$\left.+\frac{1}{2}h^T(x)\frac{\partial}{\partial x}\left(\frac{\partial \theta^k(t,x)}{\partial x}\right)^T h(x)\right]dt$$
$$+\left(\frac{\partial \theta^k(t,x)}{\partial x}\right)^T g(x)dw(t), \ k=1,\cdots,n \quad (6.29)$$

ただし, $\theta(t,x) \in \mathbb{R}^n$ である.

ここで, 式 (6.27) より, $p(t) = \theta(t,x)$ であることに注意すれば, 式 (6.11a), (6.11b) と係数比較することによって, 以下が得られる.

$$-\frac{\partial \theta^k(t,x)}{\partial t} = F^T(t,\theta,x)\frac{\partial \theta^k(t,x)}{\partial x}$$
$$+ \frac{1}{2}h^T(x)\frac{\partial}{\partial x}\left(\frac{\partial \theta^k(t,x)}{\partial x}\right)^T h(x) - b^k(t,\theta,x)$$
$$\tag{6.30a}$$

$$\left(\frac{\partial \theta^k(t,x)}{\partial x}\right)^T g(x) = \sigma^k(t,\theta,x) \tag{6.30b}$$

ただし

$$F(t,\theta,x) := f(x) - \frac{1}{2}g(x)R^{-1}(t)g^T(x)\theta(t)$$
$$-b^k(t,\theta,x) := \frac{\partial}{\partial x_k}\left[\theta^T(t)\left(f(x) - \frac{1}{2}g(x)R^{-1}(t)g^T(x)\theta(t)\right)\right.$$
$$\left. + x^T(t)Qx(t) + h^T(x)[\nabla_x \theta(t)]g(x)\right],\ k=1,\cdots,n$$
$$x(t) = \begin{bmatrix} x_1(t) & \cdots & x_n(t) \end{bmatrix}^T \in \mathbb{R}^n$$
$$b(t,\theta,x) = \begin{bmatrix} b^1(t,\theta,x) & \cdots & b^n(t,\theta,x) \end{bmatrix}^T \in \mathbb{R}^n$$
$$\sigma(t,\theta,x) = \begin{bmatrix} \sigma^1(t,\theta,x) & \cdots & \sigma^n(t,\theta,x) \end{bmatrix}^T \in \mathbb{R}^n$$

一方,終端条件は以下で与えられる.

$$\theta^k(t_f,x(t_f)) = \frac{\partial}{\partial x_k}U(x(t_f)),\ k=1,\cdots,n$$

ここで,式 (6.30a) は,確定的な偏微分方程式であるので,従来法によって数値計算することが可能となる.その結果,$\theta^k(t_f)$ を利用して,$p^k(t) = \theta^k(t,x)$ として $p(t)$ を求め,制御則 (6.13) を得ることが可能となる.

6.2.2 無限時間の場合

〔1〕**最適レギュレータ** 非線形確率システム (6.8) と同じ,以下の非線形確率システムを再度考える.

$$dx(t) = \left[f(x(t)) + g(x(t))u(t)\right]dt + h(x(t))dw,\ x(0)=x_0 \tag{6.31}$$

一方，無限時間での評価関数を以下のように定義する．

$$J(u) = \mathbb{E}\left[\int_0^\infty \left[\|x(t)\|_{Q(t)}^2 + \|u(t,x)\|_{R(t)}^2\right]dt\right] \quad (6.32)$$

ただし，$Q(t) = Q^T(t) \geqq 0$, $R(t) = R^T(t) > 0$ を満足する．

定理 6.5 不等式 (6.33) を満足する微分可能な非負関数 $V_\infty(x)$ が存在すると仮定する．

$$c_0\|x\|^2 \leqq V_\infty(x) \leqq c_1\|x\|^2, \quad c_0, c_1 > 0 \quad (6.33)$$

また，以下の SHJBE を考える．

$$\begin{aligned}
& f^T(x)\frac{\partial V_\infty(x)}{\partial x} + \|x(t)\|_{Q(t)}^2 \\
& - \frac{1}{4}\frac{\partial V_\infty^T(x)}{\partial x}g(x)[R(t)]^{-1}g^T(x)\frac{\partial V_\infty(x)}{\partial x} \\
& + \frac{1}{2}h^T(x)\frac{\partial}{\partial x}\left(\frac{\partial V_\infty(x)}{\partial x}\right)^T h(x) = 0, \; V_\infty(0) = 0 \quad (6.34)
\end{aligned}$$

SHJBE (6.34) の解 $V_\infty^*(x)$ が存在するとき，制御則は次式で与えられる．

$$u^*(t,x) = -\frac{1}{2}[R(t)]^{-1}g^T(x)\frac{\partial V_\infty(x)}{\partial x} \quad (6.35)$$

さらに，最小値は次式となる．

$$J(u) \geqq J(u^*) = V_\infty(x_0) \quad (6.36)$$

【証明】 評価関数

$$J(t_f, u) = \mathbb{E}\left[\int_0^{t_f}\left[\|x(t)\|_{Q(t)}^2 + \|u(t,x)\|_{R(t)}^2\right]dt\right] \quad (6.37)$$

を定義する．このとき，有限時間の場合と同様に，SHJBE (6.34) が成立することを考慮すれば，制御則 (6.35) によって以下が得られる．

$$J(t,u) = \mathbb{E}\left[\int_0^{t_f}\left[\|x(t)\|_{Q(t)}^2 + \|u(t,x)\|_{R(t)}^2\right]dt + \int_0^{t_f}dV_\infty(x)\right]$$

$$\begin{aligned}
&- \mathbb{E}[V_\infty(x(t_f))] + V_\infty(x_0) \\
&< \mathbb{E}\left[\int_0^{t_f} \left[f^T(x)\frac{\partial V_\infty(x)}{\partial x} + \|x\|_{Q(t)}^2 \right.\right. \\
&\qquad - \frac{1}{4}\frac{\partial V_\infty^T(x)}{\partial x} g(x)[R(t)]^{-1}g^T(x)\frac{\partial V_\infty(x)}{\partial x} \\
&\qquad \left.\left. + \frac{1}{2}h^T(x)\frac{\partial}{\partial x}\left(\frac{\partial V_\infty(x)}{\partial x}\right)^T h(x)\right]dt\right] + V_\infty(x_0) \\
&= V_\infty(x_0) \tag{6.38}
\end{aligned}$$

したがって，定理 6.2 により SHJBE (6.35) は，安定化制御則である。さらに，確率漸近安定性より，$t_f \to \infty$ で $\mathbb{E}[V_\infty(x(t_f))] \to 0$ となり，以上から，平方完成によって

$$\begin{aligned}
J(u) &= \mathbb{E}\left[\int_0^\infty \left[\|x(t)\|_{Q(t)}^2 + \|u(t,x)\|_{R(t)}^2\right]dt\right] \\
&= \mathbb{E}\left[\int_0^\infty \left[\|x(t)\|_{Q(t)}^2 + \|u(t,x)\|_{R(t)}^2\right]dt + \int_0^\infty dV(t,x)\right] + V(x_0) \\
&= \mathbb{E}\left[\int_0^\infty \left[\left(u(t,x) + \frac{1}{2}[R(t)]^{-1}g^T(x)\frac{\partial V_\infty(x)}{\partial x}\right)^T R(t)\right.\right. \\
&\qquad \times \left(u(t,x) + \frac{1}{2}[R(t)]^{-1}g^T(x)\frac{\partial V_\infty(x)}{\partial x}\right) \\
&\qquad + f^T(x)\frac{\partial V_\infty(x)}{\partial x} + \|x(t)\|_{Q(t)}^2 \\
&\qquad - \frac{1}{4}\left(\frac{\partial V_\infty(x)}{\partial x}\right)^T g(x)[R(t)]^{-1}g^T(x)\frac{\partial V_\infty(x)}{\partial x} \\
&\qquad \left.\left. + \frac{1}{2}h^T(x)\frac{\partial}{\partial x}\left(\frac{\partial V_\infty(x)}{\partial x}\right)^T h(x)\right]dt\right] + V_\infty(x_0) \\
&\geq J(u^*) = V_\infty(x_0)
\end{aligned}$$

を得ることができるので，$V(x_0)$ は最小値であることがわかる。

◇

この場合，値関数は x だけの関数になることに留意する必要がある。さらに，SHJBE 方程式の解は複数存在することにも留意する必要がある。

〔2〕例 題　本項では，先に得られた結果の正当性を確認するために，線形確率システムに対して，制御則を導出し，従来の結果と同一であるこ

6. 非線形確率システム

とを示す。本項では，確率最大原理に基づく解法によって解く。

以下の線形確率微分方程式を考える。

$$dx(t) = \Big[A(t)x(t) + B(t)u(t,x)\Big]dt + A_p(t)x(t)dw(t), \ x(0) = x_0 \tag{6.39}$$

一方，評価関数を以下のように定義する。

$$J(u) = \frac{1}{2}\mathbb{E}[x^T(t_f)Lx(t_f)] + \frac{1}{2}\mathbb{E}\bigg[\int_0^{t_f}\Big[x^T(t)Q(t)x(t) + u^T(t,x)R(t)u(t,x)\Big]dt\bigg] \tag{6.40}$$

このとき，一般性を失うことなく以下を仮定する。

$$p(t) = P(t)x(t) \tag{6.41}$$

このとき，伊藤の公式によって

$$\begin{aligned}dp_i(t) &= \frac{\partial p_i(t)}{\partial t}dt + \sum_{k=1}^n \frac{\partial p_i(t)}{\partial x_k}dx_k(t) \\ &\quad + \frac{1}{2}\sum_{\ell=1}^n\sum_{k=1}^n \frac{\partial^2 p_i(t)}{\partial x_k \partial x_\ell}dx_k(t)dx_\ell(t)\end{aligned} \tag{6.42}$$

ただし

$$p(t) = P(t)x(t) = \begin{bmatrix} p_1(t) \\ \vdots \\ p_n(t) \end{bmatrix}, \ x(t) = \begin{bmatrix} x_1(t) \\ \vdots \\ x_n(t) \end{bmatrix}, \ \frac{\partial^2 p_{ik}}{\partial x_k \partial x_\ell} = 0$$

が成立するので

$$dp(t) = \dot{P}(t)x(t)dt + P(t)\bar{F}(x)dt + P(t)A_p(t)x(t)dw(t) \tag{6.43}$$

を得る。一方，以下の FBSDEs を得る。

$$dp(t) = \left[-A^T(t)P(t) - Q(t) - A_p^T(t)P(t)A_p(t)\right]x(t)dt$$
$$+ P(t)A_p(t)x(t)dw(t) \tag{6.44a}$$
$$dx(t) = \bar{F}(x)dt + A_p(t)x(t)dw(t) \tag{6.44b}$$

ただし，$S(t) := B(t)[R(t)]^{-1}B^T(t)$

$$\bar{F}(x) := [A(t) - S(t)P(t)]x(t)$$

である．また，初期条件および終端条件は以下で与えられるものとする．

$$x(0) = x_0, \ p(t_f) = Lx(t_f) \tag{6.45}$$

最終的に，以下の確率リカッチ微分方程式を得る．

$$-\dot{P}(t) = P(t)\bar{A}(t) + \bar{A}^T(t)P(t) + A_p^T(t)P(t)A_p(t)$$
$$+ P(t)S(t)P(t) + Q(t) \tag{6.46}$$

ただし，$\bar{A}(t) := A(t) - S(t)P(t)$, $P(t_f) = L$ である．

以上より，確率リカッチ微分方程式 (6.46) を解くことによって制御則 (6.47) を得ることができる．

$$u(t,x) = -[R(t)]^{-1}B^T(t)P(t)x(t) \tag{6.47}$$

また，無限時間 LQR 問題では，確率システム (6.39) の係数行列はすべて定数行列となり，評価関数は以下となる．

$$J(u) = \frac{1}{2}\mathbb{E}\left[\int_0^\infty \left[x^T(t)Qx(t) + u^T(t)Ru(t)\right]dt\right] \tag{6.48}$$

このとき，解くべき確率リカッチ代数方程式は以下となる．

$$PA + A^TP + A_p^TPA_p - PSP + Q = 0 \tag{6.49}$$

以上より，確率リカッチ代数方程式 (6.49) を解くことによって制御則 (6.50) を得ることができる．

168   6. 非線形確率システム

$$u(t,x) = -R^{-1}B^T Px(t) \tag{6.50}$$

これは，定理 3.2 の結果と同一である．

本節の最後に，拡張として，拡散項 $dw(t)$ に依存する制御入力を伴う以下の確率システム

$$dx(t) = \Big[Ax(t) + Bu(t)\Big]dt + \Big[A_p x(t) + B_p u(t)\Big]dw(t),\ x(0) = x_0 \tag{6.51}$$

に対する無限時間最適レギュレータ問題の結果のみ与える．なお，評価関数は，式 (6.48) と同一である．

定理 6.6　式 (6.52) の確率リカッチ方程式が準正定対称解 $P \geqq 0$ をもつと仮定する．

$$PA + A^T P + A_p^T P A_p + Q - L^T M^{-1} L = 0 \tag{6.52}$$

ただし，$M := R + B_p^T P B_p$, $L := B^T P + D^T P A_p$。

このとき，評価関数 (6.48) を最小化する制御則は式 (6.53) によって与えられる．

$$u^*(t) = K^* x(t) = -M^{-1} L x(t) \tag{6.53}$$

また，最小値は $J(u(t)) \geqq \mathbb{E}[x^T(0) P x(0)]$ である．

証明は，FBSDEs に基づく確率最適原理や SHJBE に基づく確率動的計画法を利用して，各自試みられたい．

6.3　H_∞ 制御

本節では，非線形確率システムでの H_∞ 制御問題についての拡張を行う．特に，文献21)～23) の結果に基づいて解説を行う．

6.3.1 非線形確率有界実補題

以下の非線形確率システムを考える。

$$dx(t) = \Big[f(x(t)) + k(x(t))v(t)\Big]dt + h(x(t))dw(t) \tag{6.54a}$$

$$z(t) = \ell(x(t)) \tag{6.54b}$$

ただし，$f(0) = 0, h(0) = 0, \ell(0) = 0$ を仮定する。ここで，$x(t) \in \mathbb{R}^n$ は状態ベクトルを表す。$v(t) \in \mathbb{R}^l$ はモデル化誤差やシステムに含まれる確定外乱を表す。$z(t) \in \mathbb{R}^m$ は評価出力とする。また，$w(t) \in \mathbb{R}$ は一次元標準ウィナー過程である。

さらに，一般性を失うことなく，解 $x(t) = x(t, v, x(t_0), t_0)$ は，閉区間 $[t_0, T]$ において，**唯一強解** (a unique strong solution) をもち，$f(x), h(x), \ell(x)$ は**局所リプシッツ** (locally Lipschitz) を満足すると仮定する。ここで，強解とは，解の軌道ごとの一意性に弱い意味での解の存在が保証されることを意味し，確率積分方程式を満たす確率過程として考えることができることをいう[24]。

非線形確率システム (6.54) に対して，以下のノルムオペレータを定義する。

$$\|L_{zv}\|_\infty^2 = \sup_{\substack{v \in \mathcal{L}_\mathcal{F}^2(\mathbb{R}^+, \mathbb{R}^{n_v}), \\ v \neq 0, \, x_0 = 0}} \frac{J_1}{J_2} \tag{6.55}$$

ただし

$$J_1 := \mathbb{E}\left[\int_0^\infty \|z(t)\|^2 dt\right], \; J_2 := \mathbb{E}\left[\int_0^\infty \|v(t)\|^2 dt\right]$$

関数 $h(x(t))$ は，状態 $x(t)$ のみに依存するため，J_1 および J_2 は，無限期待値を考える必要はなく，以下の定義によって計算される。

$$\lim_{T \to \infty} \frac{1}{T} \mathbb{E}\left[\int_0^T (\cdot)ds\right]$$

文献21)〜23) によって，以下の**非線形確率有界実補題** (the nonlinear stochastic bounded real lemma) が知られている。

補題 6.1 非線形確率システム (6.54) に対して，ある $\gamma > 0$ が与えられるとする．もし，SHJBE (6.56)

$$\left(\frac{\partial V_v(x)}{\partial x}\right)^T f(x) - \frac{\gamma^{-2}}{4}\left(\frac{\partial V_v(x)}{\partial x}\right)^T k(x)k^T(x)\frac{\partial V_v(x)}{\partial x}$$
$$- \|\ell(x)\|^2 + \frac{1}{2}h^T(x)\frac{\partial}{\partial x}\left(\frac{\partial V_v(x)}{\partial x}\right)^T h(x) = 0 \qquad (6.56)$$

を満足する $V_v(x)$, $V_v(0) = 0$ が存在すれば，$x(0) = 0$ の条件下で，不等式 $\|L_{vz}\|_\infty \leq \gamma$ を満足する．逆に，以下の条件を満足すると仮定する．

(1) 以下の H_∞ ノルム条件が成立する．

$$\|L_{vz}\|_\infty \leq \gamma \qquad (6.57)$$

(2) 以下に示す不等式を満足する**蓄積関数**（storage function）$V_{a,0}$ が存在する．

$$\gamma^2 I_n + \frac{1}{2}h^T(x)\frac{\partial^2 V_{a,0}(x)}{\partial x^2}h(x) > 0,\ \forall a \qquad (6.58)$$

ただし

$$V_{a,0}(x) = -\inf_{\substack{v \in \mathcal{L}^2_{\mathcal{F}}(\mathbb{R}^+,\ \mathbb{R}^{n_v}),\\ T \geq 0,\ x_0 = 0}} \mathbb{E}\left[\int_0^T \left[\gamma^2\|v\|^2 - \|z\|^2\right]dt\right] \qquad (6.59)$$

このとき，$V_{a,0}(x)$ は，SHJBE (6.56) の解である．さらに，式 (6.56) を満足するある V_v に対して，以下の不等式を満足する．

$$V_v(x) \leq V_{a,0}(x) \leq 0,\ \ V_{a,0}(0) = 0 \qquad (6.60)$$

また，式 (6.61) で表現される $v(t) = v^*(t)$ は，最悪外乱である．

$$v(t) = v^*(t) = -\frac{\gamma^{-2}}{2}k^T(x)\frac{\partial V_v(x)}{\partial x} \qquad (6.61)$$

【証明】 平方完成を利用した簡易的な証明を与える。詳細は，文献23) を参照されたい。非正値関数 $V_v(x)$ に，伊藤の公式を利用すれば，以下を得る。

$$dV_v(x) = \left[f(x) + k(x)v(t)\right]^T \frac{\partial V_v(x)}{\partial x} dt + \frac{1}{2} h^T(x) \frac{\partial}{\partial x} \left(\frac{\partial V_v(x)}{\partial x}\right)^T h(x) dt$$
$$+ h^T(x) \frac{\partial V_v(x)}{\partial x} dw(t) \tag{6.62}$$

式 (6.62) の両辺を積分し，期待値を取れば以下を得る。

$$\mathbb{E}[V_v(x(T))] - V_v(x_0)$$
$$= \mathbb{E}\left[\int_0^T \left[f(x) + k(x)v(t)\right]^T \frac{\partial V_v(x)}{\partial x} dt\right]$$
$$+ \frac{1}{2} \mathbb{E}\left[\int_0^T h^T(x) \frac{\partial}{\partial x} \left(\frac{\partial V_v(x)}{\partial x}\right)^T h(x) dt\right] \tag{6.63}$$

したがって，$z = \ell(x)$ に注意して，以下のように計算できる。

$$\mathbb{E}\left[\int_0^T \left[-\|z(t)\|^2 + \gamma^2 \|v(t)\|^2\right] dt\right] + \mathbb{E}[V_v(x(T))] - V_v(x_0)$$
$$= \mathbb{E}\left[\int_0^T \left[\gamma^2 \left(v(t) + \frac{\gamma^{-2}}{2} k^T(x) \frac{\partial V_v(x)}{\partial x}\right)^T \right. \right.$$
$$\left. \times \left(v(t) + \frac{\gamma^{-2}}{2} k^T(x) \frac{\partial V_v(x)}{\partial x}\right) + \left(\frac{\partial V_v(x)}{\partial x}\right)^T f(x) - \|z(t)\|^2 \right.$$
$$\left. - \frac{\gamma^{-2}}{4} \left(\frac{\partial V_v(x)}{\partial x}\right)^T k(x) k^T(x) \frac{\partial V_v(x)}{\partial x} \right.$$
$$\left. + \frac{1}{2} h^T(x) \frac{\partial}{\partial x} \left(\frac{\partial V_v(x)}{\partial x}\right)^T h(x) \right] dt\right]$$
$$\geq \mathbb{E}\left[\left(\frac{\partial V_v(x)}{\partial x}\right)^T f(x) - \|z(t)\|^2 \right.$$
$$\left. - \frac{\gamma^{-2}}{4} \left(\frac{\partial V_v(x)}{\partial x}\right)^T k(x) k^T(x) \frac{\partial V_v(x)}{\partial x} \right.$$
$$\left. + \frac{1}{2} h^T(x) \frac{\partial}{\partial x} \left(\frac{\partial V_v(x)}{\partial x}\right)^T h(x)\right] = 0 \tag{6.64}$$

ここで，$V_v(x_0) = 0$，$V_v(x(T)) < 0$ に注意すれば

$$\mathbb{E}\left[\int_0^T \left[-\|z(t)\|^2 + \gamma^2 \|v(t)\|^2\right] dt\right] \geq -\mathbb{E}[V_v(x(T))] > 0 \tag{6.65}$$

したがって

$$\mathbb{E}\left[\int_0^T \|z(t)\|^2 dt\right] < \gamma^2 \mathbb{E}\left[\int_0^T \|v(t)\|^2 dt\right] \tag{6.66}$$

となり，右辺の $\mathbb{E}\left[\int_0^T \|v(t)\|^2 dt\right]$ で両辺を割れば，H_∞ ノルム条件 (6.57) を満足することが示される。

なお

$$\left(\frac{\partial V_v(x)}{\partial x}\right)^T f(x) = f^T(x) \frac{\partial V_v y(x)}{\partial x}$$

であることに注意されたい。

◇

6.3.2 非線形確率システムにおける H_∞ 制御

以下の非線形確率システムを考える。

$$dx(t) = \Big[f(x(t)) + g(x(t))u(t) + k(x(t))v(t)\Big]dt + h(x(t))dw(t) \tag{6.67a}$$

$$z(t) = \begin{bmatrix} \ell(x(t)) \\ u(t) \end{bmatrix} \tag{6.67b}$$

ただし，ここで，$u(t) \in \mathbb{R}^m$ は制御入力を表す。また，ほかのベクトル値の定義は非線形確率システム (6.54) と同一である。

非線形確率システム (6.67) に対して，$\|L_{zv}\|_\infty^2$ を満足させるための制御入力は以下の定理によって与えられる[21)～23)]。

定理 6.7 非線形確率システム (6.67) に対して，ある $\gamma > 0$ が与えられるとする。もし，SHJBE (6.68)

$$\left(\frac{\partial V_v(x)}{\partial x}\right)^T f(x) + \frac{1}{4}\left(\frac{\partial V_v(x)}{\partial x}\right)^T g(x)g^T(x)\frac{\partial V_v(x)}{\partial x}$$
$$- \frac{\gamma^{-2}}{4}\left(\frac{\partial V_v(x)}{\partial x}\right)^T k(x)k^T(x)\frac{\partial V_v(x)}{\partial x}$$

6.3 H_∞ 制御

$$-\|\ell(x)\|^2 + \frac{1}{2}h^T(x)\frac{\partial}{\partial x}\left(\frac{\partial V_v(x)}{\partial x}\right)^T h(x) = 0 \qquad (6.68)$$

を満足する非正値関数 $V_v(x)$, $V_v(0) = 0$ が存在すれば, $x(0) = 0$ の条件下で, 最悪外乱 $v(t) = v^*(t)$, および制御入力 $u(t) = u^*(t)$ は, 以下によって与えられる.

$$u(t) = v^*(t) = -\frac{\gamma^{-2}}{2}k^T(x)\frac{\partial V_v(x)}{\partial x} \qquad (6.69\text{a})$$

$$v(t) = u^*(t) = \frac{1}{2}g^T(x)\frac{\partial V_v(x)}{\partial x} \qquad (6.69\text{b})$$

【証明】 補題 6.1 と同様に, 平方完成を利用した簡易的な証明を与える. 非正値関数 $V_v(x)$ に, 伊藤の公式を利用すれば, 式 (6.70) を得る.

$$\begin{aligned}
dV_v(x) &= \left[f(x) + g(x)u(t) + k(x)v(t)\right]^T \frac{\partial V_v(x)}{\partial x} dt \\
&\quad + \frac{1}{2}h^T(x)\frac{\partial}{\partial x}\left(\frac{\partial V_v(x)}{\partial x}\right)^T h(x) dt \\
&\quad + h^T(x)\frac{\partial V_v(x)}{\partial x} dw(t) \qquad (6.70)
\end{aligned}$$

式 (6.70) の両辺を積分し, 式 (6.71) を得る.

$$\begin{aligned}
&\mathbb{E}\left[\int_0^T \left[-\|z(t)\|^2 + \gamma^2\|v(t)\|^2\right] dt\right] + \mathbb{E}[V_v(x(T))] - V_v(x_0) \\
&= \mathbb{E}\left[\int_0^T \left[-\|\ell(t)\|^2 - \|u(t)\|^2 + \gamma^2\|v(t)\|^2\right] dt\right] + \mathbb{E}[V_v(x(T))] - V_v(x_0) \\
&= \mathbb{E}\Bigg[\int_0^T \Bigg[\gamma^2\left(v(t) + \frac{\gamma^{-2}}{2}k^T(x)\frac{\partial V_v(x)}{\partial x}\right)^T \\
&\quad \times \left(v(t) + \frac{\gamma^{-2}}{2}k^T(x)\frac{\partial V_v(x)}{\partial x}\right) - \frac{\gamma^{-2}}{4}\left(\frac{\partial V_v(x)}{\partial x}\right)^T k(x)k^T(x)\frac{\partial V_v(x)}{\partial x} \\
&\quad - \left(u(t) - \frac{1}{2}g^T(x)\frac{\partial V_v(x)}{\partial x}\right)^T \left(u(t) - \frac{1}{2}g^T(x)\frac{\partial V_v(x)}{\partial x}\right) \\
&\quad + \frac{1}{4}\left(\frac{\partial V_v(x)}{\partial x}\right)^T g(x)g^T(x)\frac{\partial V_v(x)}{\partial x} + \left(\frac{\partial V_v(x)}{\partial x}\right)^T f(x) \\
&\quad - \|\ell(t)\|^2 + \frac{1}{2}h^T(x)\frac{\partial}{\partial x}\left(\frac{\partial V_v(x)}{\partial x}\right)^T h(x)\Bigg] dt\Bigg] \qquad (6.71)
\end{aligned}$$

ここで、式 (6.68) および $V_v(x_0) = 0$, $\mathbb{E}[V_v(x(T))] < 0$ が成立するので、以下の不等式を得る。

$$\mathbb{E}\left[\int_0^T \|z(t)\|^2 dt\right] + \mathbb{E}\left[\int_0^T \left[\gamma^2 \left(v(t) + \frac{\gamma^{-2}}{2}k^T(x)\frac{\partial V_v(x)}{\partial x}\right)^T \right. \right.$$
$$\left. \left. \times \left(v(t) + \frac{\gamma^{-2}}{2}k^T(x)\frac{\partial V_v(x)}{\partial x}\right)\right]dt\right]$$
$$< \gamma^2 \mathbb{E}\left[\int_0^T \|v(t)\|^2 dt\right] + \mathbb{E}\left[\int_0^T \left[\left(u(t) - \frac{1}{2}g^T(x)\frac{\partial V_v(x)}{\partial x}\right)^T \right. \right.$$
$$\left. \left. \times \left(u(t) - \frac{1}{2}g^T(x)\frac{\partial V_v(x)}{\partial x}\right)\right]dt\right]$$

したがって、$u(t)$, $v(t)$ を式 (6.69) のように選択し、$T \to \infty$ として、H_∞ ノルム条件 (6.57) を満足することが示される。

$\diamondsuit$

証明の基本概念は、**鞍点定理**（saddle point theorem）に基づくが、詳細は次章に譲る。ここでは、二人零和動的ゲームの考えに基づく。数理的解釈としては、一方のプレーヤは入力 u により評価関数を最小化することを目的とし、もう一方のプレーヤーは確定外乱 w により同じ評価関数を最大化することを目的としている。これは、**min-max 戦略**と呼ばれている。

6.4 数 値 解 法

先に説明したように、非線形確率システムにおける最適レギュレータ問題や H_∞ 制御問題において、制御則を設計するために SHJBE を解く必要がある。有限時間の場合には、4 ステップスキームなど[18]、有効な数値計算手法が報告されている。また、無限時間の場合、線形時不変システムと異なり、効率的な数値解法は、一部の報告に留まり[13]～[15]、十分研究されているとは言い難い。一方、確定系システムの場合、HJBE の近似計算に基づく数値計算手法が多数開発されている。微分不可能な粘性解も求められる方法としては、**逐次近似**（successive approximation）を用いる方法[1]～[4]、**集中質量ガラーキン近似**（mass-lumped

Galerkin approximation) を用いる方法[5],有限差分法と有限要素法の両方の特徴を合わせもつ**有限体積法** (finite volume method : **FVM**) を用いる方法[6] などが提案されている.これらの手法は,微分不可能な解でも計算できる反面,本質的にメッシュ(グリッド)に区切ったのち,差分方程式による逐次計算を行うことが基盤となっている.その結果,**次元の呪い**(curse of dimensionality)といわれる,空間の次元の増加に対して,計算量が指数関数的に増大してしまう現象が発生することにより,多くの計算コストと計算時間を要する.また得られる解もローカルな領域にしか適用できず,大域的収束も問題となる.

詳細を見ていくと,電気・機械システムのように,空間領域・時間領域的に狭い HJBE の解を求める場合,すなわち,原点の近傍で連続・微分可能な滑らかな解を求める場合,近似解を計算するさまざまな手法が報告されている.解析的な解を計算する方法としては,テーラ級数を用いた方法[7] やガラーキン近似を用いた方法[8],[9],さらに逐次近似とガラーキン法を組み合わせる方法[10] などが提案されている.これらの手法は解が微分不可能な領域では用いることができない反面,解析的な解を再帰計算することができ,実用上,非常に有用であると考えられる.最近では,解析解が得られる空間・時間領域の拡張,近似解の再帰的計算量の減少を目的として,基底となる直交多項式としてチェビシェフ多項式を応用した数値解法が提案されている[11].さらに,ランバートアルゴリズムによる手法も提案されている[12].

一方,非線形確率的最適制御問題に現れる SHJBE に関連する数値計算法では,経路積分解析に基づく新しい反復数値解法が提案されている[13].具体的には,各反復計算が,線形放物線型偏微分方程式のコーシー問題によって表され,その陽解は,**ファインマン・カッツの公式**(Feynman-Kac formula)によって与えられることが示されている.また,確定系で研究されたチェビシェフ多項式を利用した逐次近似手法の SHJBE へ拡張も行われている[14],[15].

本節では,式 (6.34) で与えられた以下の SHJBE を数値的に解く方法について述べる.

$$\left(\frac{\partial V_\infty(x)}{\partial x}\right)^T f(x) + \|x\|_{Q(t)}^2 - \frac{1}{4}\frac{\partial V_\infty^T(x)}{\partial x}g(x)[R(t)]^{-1}g^T(x)\frac{\partial V_\infty(x)}{\partial x}$$
$$+ \frac{1}{2}h^T(x)\frac{\partial}{\partial x}\left(\frac{\partial V_\infty(x)}{\partial x}\right)^T h(x) = 0, \; V_\infty(0) = 0 \qquad (6.72)$$

特に,文献14), 15) で紹介されている手法を中心に解説を行う。

6.4.1 逐次近似法

逐次近似法は,非線形代数方程式を解くためのニュートン法の拡張であることはよく知られている。詳細なアルゴリズムは文献1), 9), 10) に示されている。逐次近似のアルゴリズムは,まず,ある一つの安定化制御則を初期関数として選択する。つぎに,リアプノフ関数が満足する線形偏微分方程式から解を計算し,この解を得ることができた場合,評価関数の値を減少させる方向に制御則を更新する。これらの手順を繰り返すことによって,高次の近似制御則の集合を得ることができる。もし,アルゴリズムが収束すれば,SHJBE の解と判断し,制御則を決定する。以下に,逐次近似アルゴリズムを示す。

Step 1. 平衡状態での線形近似確率微分方程式を導出する。

$$dx(t) = [Ax(t) + Bu(t)]dt + A_p x(t)dw(t)$$

上記で得られた係数行列を基に,確率リカッチ代数方程式

$$PA + A^T P + A_p^T P A_p - PB[R(0)]^{-1}B^T P + Q(0) = 0$$

を解くことによって以下の制御則を計算する。

$$u^{(0)}(x) = K^{(0)}x(t) = -[R(0)]^{-1}B^T Px(t)$$

Step 2. $k \geqq 0$ のとき,以下の SHJBE を $V^{(k+1)}$ について解く。

$$\left(\frac{\partial V_\infty^{(k+1)}(x)}{\partial x}\right)^T f_K^{(k)}(x) + \|x\|_{Q(t)}^2 + \|u^{(k)}(x)\|_{R(t)}^2$$

$$+ \frac{1}{2}h^T(x)\frac{\partial}{\partial x}\left(\frac{\partial V_\infty^{(k+1)}(x)}{\partial x}\right)^T h(x) = 0, \ V_\infty^{(k+1)}(0) = 0 \tag{6.73}$$

ただし，$f_K^{(k)}(x) := f(x) + g(x)u^{(k)}(x)$

Step 3. $u^{(k+1)}$ を以下によって計算する．

$$u^{(k+1)}(x) = K^{(k+1)}(x) = -\frac{1}{2}g^T(x)\frac{\partial V_\infty^{(k+1)}(x)}{\partial x} \tag{6.74}$$

Step 4. $k \to k+1$ として，所望の精度を達成するまで **Step 2** に戻る．

実用的な観点から，確定系の HJBE（$h = h(x) = 0$ の場合）を解くための逐次近似法が，十分に機能することはよく知られている[1),2)]．特に，$h(x) = 0$ の場合，以下が示されている．

$$V^*(x) \leqq \cdots \leqq V^{(k+1)}(x) \leqq V^{(k)}(x), \ k = 0, \ 1, \ \cdots \tag{6.75}$$

したがって，関数列 $V^{(k)}$ は単調減少かつ下に有価であるので，最適解に収束することがわかる．しかしながら，確率系の SHJBE (6.34) や式 (6.56) に対しては，上記の逐次近似アルゴリズム (6.73) の収束は保証されないことに留意する必要がある．

6.4.2 ガラーキン・スペクトル法

非線形偏微分方程式に基づく SHJBE (6.34) や式 (6.56) を解くための逐次近似法は，二階ではあるが，線形偏微分方程式に基づいているため，比較的容易に解くことが可能である．しかしながら，依然，偏微分方程式を解くことになるため，数値解を得ることに対して，困難を伴う．現在，これらの線形偏微分方程式を数値的に安定かつ効率よく解く一般的方法は存在しない．このような状況のなか，最適制御に現れる確定系 HJBE を解くことに対して，ガラーキン・スペクトル法が報告されている[8),10)]．これらの文献では，基底関数の数が無限大に増加するにつれて，ガラーキン・スペクトル法が収束することが示されている．そこで，本節では，そのアイディアを SHJBE に拡張したガラーキン・

スペクトル法について解説を行う[14),15)]。

まず，以下の SHJBE を考える。

$$\boldsymbol{F}(V(x), u(x)) = \Big[f(x) + g(x)u(x)\Big]^T \frac{\partial V(x)}{\partial x}$$
$$+ \|x\|_{Q(t)}^2 + \|u(x)\|_{R(t)}^2$$
$$+ \frac{1}{2} h^T(x) \frac{\partial}{\partial x} \left(\frac{\partial V(x)}{\partial x}\right)^T h(x) = 0 \quad (6.76)$$

ここで，$\mathcal{D}(\Omega)$ で張られる直行既定関数を $\{\phi_j : \Omega \to \mathbb{R}\}_{j=1}^\infty$ とするとき，$V(x)$ に対するガラーキン近似は，以下によって与えられる。

$$V(x) \approx V^{(k)}(x) := \sum_{j=1}^M c_j^{(k)} \phi_j(x) \quad (6.77)$$

ただし，Ω は，既知の安定化制御を伴う関連する吸引領域の任意のコンパクトなサブセットである。さらに，係数 $c_j^{(k)}$ は以下の代数方程式を満足する。

$$\left\langle \boldsymbol{F}\Big(V^{(k+1)}(x), u^{(k)}\Big), \phi_j \right\rangle = 0, \ j = 1, \cdots, M \quad (6.78)$$

ただし，関数の内積を式 (6.79) のように定義する。

$$\langle \phi_p(x), \phi_q(x) \rangle := \int_\Omega \phi_p(x) \phi_q(x) dx \quad (6.79)$$

表記を簡略化するために，以下を定義する。

$$\boldsymbol{\Phi}_M(x) = \begin{bmatrix} \phi_1(x) \\ \vdots \\ \phi_M(x) \end{bmatrix} \in \mathbb{R}^M \quad (6.80)$$

さらに，$V(x)$ が以下のように記述できると仮定する。

$$V(x) = V(\phi_1(x), \cdots, \phi_M(x)) = \sum_{j=1}^M c_j \phi_j(x) = \boldsymbol{\Phi}_M^T(x) \boldsymbol{c}_M \quad (6.81)$$

ただし

$$\boldsymbol{c}_M = \begin{bmatrix} c_1 & \cdots & c_M \end{bmatrix}^T \in \mathbb{R}^M$$

一方,$\boldsymbol{\Phi}_M(x)$ に対するヤコビアン $\nabla \boldsymbol{\Phi}_M(x)$,および式 (1.2) で与えられるヘッセ行列は,以下のように計算できる.

$$J(\boldsymbol{\Phi}_M(x)) = \left(\nabla \boldsymbol{\Phi}_M^T(x)\right)^T$$

$$:= \begin{bmatrix} \dfrac{\partial \phi_1(x)}{\partial x_1} & \cdots & \dfrac{\partial \phi_1(x)}{\partial x_n} \\ \vdots & \ddots & \vdots \\ \dfrac{\partial \phi_M(x)}{\partial x_1} & \cdots & \dfrac{\partial \phi_M(x)}{\partial x_n} \end{bmatrix} \in \mathbb{R}^{M \times n}$$

$$\nabla^2 \phi := \begin{bmatrix} \dfrac{\partial^2 \phi(x)}{\partial x_1^2} & \cdots & \dfrac{\partial^2 \phi(x)}{\partial x_1 \partial x_n} \\ \vdots & \ddots & \vdots \\ \dfrac{\partial^2 \phi(x)}{\partial x_n \partial x_1} & \cdots & \dfrac{\partial^2 \phi(x)}{\partial x_n^2} \end{bmatrix} \in \mathbb{R}^{n \times n}$$

続いて,計算の定義を与える.$\eta(x) \in \mathbb{R}$ が実数値関数であれば,以下の計算によって定義される.

$$\langle \eta(x), \boldsymbol{\Phi}_M(x) \rangle_{\mathrm{v}}$$
$$:= \begin{bmatrix} \langle \eta(x), \phi_1(x) \rangle & \cdots & \langle \eta(x), \phi_M(x) \rangle \end{bmatrix}^T \in \mathbb{R}^M \quad (6.82)$$

一方,$\boldsymbol{\eta}_M(x) \in \mathbb{R}^M$ が実数ベクトル値関数である.すなわち

$$\boldsymbol{\eta}_M(x) := \begin{bmatrix} \eta_1(x) & \cdots & \eta_M(x) \end{bmatrix}^T \in \mathbb{R}^M \quad (6.83)$$

であれば,以下の計算によって定義される.

$$\langle \boldsymbol{\eta}_M(x), \boldsymbol{\Phi}_M(x) \rangle_{\mathrm{m}}$$
$$:= \begin{bmatrix} \langle \eta_1(x), \phi_1(x) \rangle & \cdots & \langle \eta_M(x), \phi_1(x) \rangle \\ \vdots & \ddots & \vdots \\ \langle \eta_1(x), \phi_M(x) \rangle & \cdots & \langle \eta_M(x), \phi_M(x) \rangle \end{bmatrix} \in \mathbb{R}^{M \times M} \quad (6.84)$$

以上の準備のもとで,SHJBE (6.76) を解くための逐次ガラーキン近似アル

ゴリズムは，以下のように与えられる。

Step 1. 平衡状態での線形近似確率微分方程式を導出する。

$$dx(t) = [Ax(t) + Bu(t)]dt + A_p x(t) dw(t)$$

上記で得られた係数行列を基に，確率リカッチ代数方程式

$$PA + A^T P + A_p^T P A_p - PB[R(0)]^{-1} B^T P + Q(0) = 0$$

を解くことによって以下の制御則を計算する。

$$u^{(0)}(x) = K^{(0)}(x) = -[R(0)]^{-1} B^T P x(t)$$

Step 2. $k = 0$ のとき，以下の線形方程式を解くことによって，$c^{(1)}$ を求める。

$$[\mathbf{\Lambda}^{(0)}]^T \mathbf{c}^{(1)} = -\mathbf{b}^{(0)} \tag{6.85}$$

ただし

$$\mathbf{\Lambda}^{(0)} = \left\langle \left(\nabla \mathbf{\Phi}_M^T(x)\right)^T [f(x) + g(x) u^{(0)}(x)], \mathbf{\Phi}_M(x) \right\rangle_{\mathrm{m}}$$
$$+ \frac{1}{2} \left\langle \Psi(x), \mathbf{\Phi}_M(x) \right\rangle_{\mathrm{m}} \in \mathbb{R}^{M \times M}$$
$$\mathbf{b}^{(0)} = \left\langle \|x\|_{Q(t)}^2 + \|u^{(0)}(x)\|_{R(t)}^2, \mathbf{\Phi}_M(x) \right\rangle_{\mathrm{v}} \in \mathbb{R}^M$$
$$\Psi(x) = \begin{bmatrix} h^T(x)(\nabla^2 \phi_1) h(x) & \cdots & h^T(x)(\nabla^2 \phi_M) h(x) \end{bmatrix}^T \in \mathbb{R}^M$$

さらに，以下の近似制御則を計算する。

$$u^{(1)}(x) = K^{(1)}(x) = -\frac{1}{2}[R(t)]^{-1} g^T(x) \left(\nabla \mathbf{\Phi}_M^T(x)\right) \mathbf{c}_M^{(1)} \tag{6.86}$$

Step 3. $k \geq 1$ のとき，以下の線形方程式を解くことによって，$c^{(k+1)}$ を求める。

$$[\mathbf{\Lambda}^{(k)}]^T \mathbf{c}^{(k+1)} = -\mathbf{b}^{(k)} \tag{6.87}$$

ただし

$$\boldsymbol{\Lambda}^{(k)} = \left\langle \left(\nabla\boldsymbol{\Phi}_M^T(x)\right)^T f(x), \boldsymbol{\Phi}_M(x) \right\rangle_{\mathrm{m}} - \frac{1}{2}\left\langle N(x)\boldsymbol{c}_M^{(k)}, \boldsymbol{\Phi}_M(x) \right\rangle_{\mathrm{m}}$$

$$+ \frac{1}{2}\left\langle \Psi(x), \boldsymbol{\Phi}_M(x) \right\rangle_{\mathrm{m}} \in \mathbb{R}^{M \times M}$$

$$\boldsymbol{b}^{(k)} = \left\langle \|x(t)\|_{Q(t)}^2, \boldsymbol{\Phi}_M(x) \right\rangle_{\mathrm{v}}$$

$$+ \frac{1}{4}\langle \boldsymbol{c}_M^{(k)T} N(x)\boldsymbol{c}_M^{(k)}, \boldsymbol{\Phi}_M(x) \rangle_{\mathrm{v}} \in \mathbb{R}^M$$

$$N(x) = \left(\nabla\boldsymbol{\Phi}_M^T(x)\right)^T g(x)[R(t)]^{-1} g^T(x)\left(\nabla\boldsymbol{\Phi}_M^T(x)\right) \in \mathbb{R}^{M \times M}$$

さらに，以下の近似制御則を計算する．

$$u^{(k+1)}(x) = K^{(k+1)}(x) = -\frac{1}{2}[R(t)]^{-1} g^T(x) \left(\nabla\boldsymbol{\Phi}_M^T(x)\right) \boldsymbol{c}_M^{(k+1)} \tag{6.88}$$

Step 4. 所望の精度が同時に達成されるまで，$k \to k+1$ とインクリメントし，**Step 3.** に戻る．

この方法は，解 $V(x)$ が M 個の基底関数の和で近似できるという仮定に基づいている．すなわち $V(x) \approx \boldsymbol{\Phi}_M^T(x)\boldsymbol{c}_M^{(\infty)}$ と仮定しているので，解の精度を上げようとすると，係数を計算するための計算量はかなり大きくなることに留意されたい[11),12)]．いわゆる次元の呪いに注意する必要がある．

6.4.3 チェビシェフ多項式の導入

先の説明にあるように，近似精度の主要因である展開式の項数 M が大きくなると，それに伴って計算量が増大する．この欠点を克服するため，$\boldsymbol{\Phi}_M^T(x)$ の要素に，チェビシェフ多項式法を使用することが提案されている[11)]．その後，ガラーキン・スペクトル法に基づく逐次近似によるランバートアルゴリズムが提案されている[12)]．そこで，本項では，基底関数 $\phi(x)$ にチェビシェフ多項式を導入することを考える[11)]．

展開式 (6.77) の代わりに，式 (6.89) の近似展開を導入する．

$$V(x) \approx V^{(k)}(x) := \sum_{\ell_1=0}^{M} \cdots \sum_{\ell_n=0}^{M} c_{\ell_1,\cdots,\ell_n}^{(k)} T_{\ell_1}(x_1) \cdots T_{\ell_n}(x_n) \quad (6.89)$$

ただし，$c_{\ell_1,\cdots,\ell_n}^{(k)}$ は時不変係数であり，$T_{\ell_1}(x_1), \cdots, T_{\ell_n}(x_n)$ はチェビシェフ多項式である．

ここで，関数の内積 (6.79) を式 (6.90) のように再定義する．

$$\langle \phi_p(x), \phi_q(x) \rangle := \int_{-1}^{1} \frac{\phi_p(x)\phi_q(x)}{\sqrt{1-x^2}} dx \quad (6.90)$$

時不変係数 $c_{\ell_1,\cdots,\ell_n}^{(k)}$ は，以下の代数方程式を満足する．

$$\left\langle \boldsymbol{F}\left(V^{(k+1)}(x), u^{(k)}\right), T_{\ell_1}(x_1) \cdots T_{\ell_n}(x_n) \right\rangle = 0$$
$$\ell_i = 1, \cdots, M, \ i = 1, \cdots, n \quad (6.91)$$

ここで，k 次のチェビシェフ多項式 $T_k(x)$ は，以下のように定義される．

定義 6.2　k 次のチェビシェフ多項式 $T_k(x)$ は

$$\cos(k\theta) = T_k(\cos\theta) = T_k(x), \ x = \cos\theta, \ x \in [-1, 1] \quad (6.92)$$

によって与えられる．

ちなみに，$T_k(x)$ のいくつかを示す．

$$T_0(x) = 1, \ T_1(x) = \cos\theta = x$$
$$T_2(x) = \cos 2\theta = 2\cos^2\theta - 1 = 2x^2 - 1$$
$$T_3(x) = \cos 3\theta = 4\cos^3\theta - 3\cos\theta = 4x^3 - 3x$$
$$T_4(x) = \cos 4\theta = 8\cos^4\theta - 8\cos^2\theta + 1 = 8x^4 - 8x^2 + 1$$

さらに，三角関数の直交関係から得られる以下のチェビシェフ多項式の直交関係が重要である．

$$\int_{-1}^{1} \frac{T_p(x)T_q(x)}{\sqrt{1-x^2}} dx = \begin{cases} \pi, & p=q=0 \\ \dfrac{\pi}{2}, & p=q \neq 0 \\ 0, & p \neq q \end{cases}$$

この関係式を利用して，基底の完全性より，任意の関数はこの基底の線形和として表現されることが知られている．

補題 6.2 区間 $[-1, 1]$ で定義された任意の関数 $f(x)$ は，$\{T_n(x)\}$ の一次結合で書ける．すなわち，係数 c_n $(n = 0, 1, \cdots)$ を用いて

$$f(x) = \frac{1}{2}c_0 + \sum_{n=1}^{\infty} c_n T_n(x)$$

と表すことができる．ここで，さきほどの直交関係を利用すると，係数 c_n は

$$c_n = \frac{2}{\pi} \int_{-1}^{1} \frac{f(x) T_n(x)}{\sqrt{1-x^2}} dx, \ n = 0, \ 1, \ \cdots$$

で与えられる．

最後に，この手法は，任意の直交基底を用いることができるという利点がある反面，やはり計算量が非常に大きくなることが問題となる[11]．

6.5 まとめ

本章では，非線形確率システムにおけるレギュレータ問題を考えた．まず，有限時間の場合，確率最大原理を利用して，制御則が存在するための必要条件の導出を行った．さらに，動的計画法，平方完成それぞれの手法による必要条件の導出も行った．続いて，連立型 FBSDEs の数値解を得るために，4 ステップスキームの適用を行った．その後，無限時間の場合も扱った．最後に，簡単な例題を用いて，提案された手法の有用性の議論を行った．後半では，H_∞ 制御に関しても考察を行った．

非線形確率システムにおける安定化については，現在においても精力的に研究されている。例えば，非線形確率システムに対して，リアプノフ関数を用いた安定性とロバスト性が研究されている[25),26)]。これらは，積分入力状態安定性 (integral input-to-state stability : iISS) と入力状態安定性 (input-to-state stability : ISS) によって定式化されており，確率システムと確定システムの違いを明らかにしている。SHJBE を近似・再帰的に解く手法としては，先にも紹介したが，線形放物型偏微分方程式を基盤とする手法が開発されている[13)]。具体的には，オリジナルな SHJBE を線形放物線型偏微分方程式のコーシ問題によって変換し，その明示的解をファインマン・カッツの公式によって求めている。さらに，提案された反復手法によって生成された再帰的解が収束することを示している。このように，SHJBE を基盤とした制御に関しては，優れた研究報告がいくつもあることに注意してほしい。

7　動的ゲーム理論への応用

　ゲーム理論（game theory）に関する研究分野では，大別して静的ゲームと動的ゲームが存在する．**動的ゲーム**（dynamic games）は**微分ゲーム**（differential games）とも呼ばれるが，これらの最も大きな違いは，ゲームの進行が時間依存するかどうかにある．すなわち，ダイナミクスをもつかどうかである．国内に限っては，静的ゲームはいくつも有名な書籍が存在するが[1]，動的ゲームはほとんど取り上げられない傾向にある．その結果，一部の研究者しか興味を示さない分野と考えられがちである．しかし，近年の数理ファイナンスでは，伊藤の確率微分方程式に基づく金融理論は広く実社会に応用されており[2]，ゲーム理論への拡張も行われている[3]．もちろん，システム理論分野では 1960 年代から，現在に至るまで**パレート最適戦略**（Pareto optimal strategy）[4]~[6]，**ナッシュ均衡戦略**（Nash equilibrium strategy）[4],[7]，**スタッケルベルグ均衡戦略**（Stackelberg equilibrium strategy）[4],[8] などを中心に研究されている．

　ジョン・ナッシュ（John F. Nash, 1928〜2015）は，これまでの「ゲーム理論」の進展に革新的な貢献をしたとして 1994 年にゼルデン，ハーサニとともにノーベル経済学賞を受賞した．彼が考案したナッシュゲーム理論は，非協力ゲームにおける「均衡解」を与える．その結果，「個々が自己の利益を追求するあまり，全体の利益が促進されない」といった危機的状況を改善することが可能となった．ナッシュ均衡論の応用範囲は，経済学・工学・情報科学・政治学・生物学など多岐にわたっており，応用例として「独占禁止法」が有名である．システム理論に焦点を絞れば，ナッシュ均衡論に基づく戦略は，消費コスト削減や不確定要素に対してロバストであるなど，システム全体の利益促進に

関して非常に有用であることがわかってきた。

ナッシュ均衡戦略を適用する場合，システムダイナミクスのモデル化誤差，環境変動による外乱が問題となることが知られている．すなわち，モデル化誤差により所望の均衡状態を達成しない．あるいは，予期せぬ外乱からシステムの均衡状態が保証されない場合が存在する．あるいは，不確定要素や環境変動を考慮する場合，ナッシュ均衡条件を厳密に定式化することができないため，均衡解自体を定義できない場合がある．現代においても，これらの大きな難題は根本的に解決されていない．

そこで，「動的ゲーム理論」は，システム理論に何をもたらしたのか．また，根本的な問題として，動的ゲームにおける「ロバスト性」とは，何に対してロバストなのか改めて考える必要がある．本章では，確率システムにおけるパレート最適戦略，ナッシュ均衡戦略，スタッケルベルグ均衡戦略を考察する．特に，システム理論との関連，および不確定要素や環境変動に対してロバスト性を達成するための現在までの取組みや成果について，確定システムにおける基礎的事項も含め紹介する．前述のように，動的ゲーム理論は，現在においても興味深いテーマであり，まだまだ実用化に当たってはさまざまなハードルが残されている．特に，古くから，解の存在性やどのような均衡状態に遷移させることが可能であるかといった基本的な問題でさえ十分な結果が得られていない．本章では，残念ながら紙面の都合上，これらの問題に対しては言及しない．一方，解析手法としての動的ゲーム理論や，不確定要素および環境変動をどのように解釈・表現すれば戦略の存在条件が定式化できるかを中心に述べる．

7.1 パレート最適戦略

パレート最適とは，資源配分に関する概念の一つである．**パレート効率性**（Pareto efficiency）ともいわれる．これは，プレーヤがある戦略を選択をしたとき，ほかのプレーヤの評価値，あるいは効用を犠牲にしなければ，特定のプレーヤの評価値をこれ以上高めることのできない状態のことを指す[4]~[6]．一方，

プレーヤの効用も悪化させることなく，少なくとも一人のプレーヤの評価値を高めることができるならば，この状態を**パレート改善**（Pareto improvement）するという．以下では，その概要について解説する．

定義 7.1 戦略の組 $(u_1^*, \cdots, u_N^*)$ がパレート最適であるとは，すべてのプレーヤ i に対して，不等式 (7.1) を満足するような戦略の組 $(u_1, \cdots, u_N)$ が存在しないことをいう．

$$\forall i,\ J_i(u_1, \cdots, u_N) < J_i(u_1^*, \cdots, u_N^*),\ i = 1, \cdots, N \tag{7.1}$$

ただし，$J_i(u_1, \cdots, u_N)$ は，各プレーヤの評価値を表す．

これは，つぎのようにも述べることができる．

定義 7.2 戦略の組 $(u_1^*, \cdots, u_N^*)$ がパレート最適であるとは，すべてのプレーヤ i に対して，不等式 (7.2a) を満足し，少なくともある一人のプレーヤ j に対して，不等式 (7.2b) を満足するような戦略の組 $(u_1, \cdots, u_N)$ が存在しないことをいう．

$$\forall i,\ J_i(u_1, \cdots, u_N) \leqq J_i(u_1^*, \cdots, u_N^*),\ i = 1, \cdots, N \tag{7.2a}$$

$$\exists j,\ J_j(u_1, \cdots, u_N) < J_j(u_1^*, \cdots, u_N^*),\ i \neq j \tag{7.2b}$$

ただし，$J_i(u_1, \cdots, u_N)$ は，各プレーヤの評価値を表す．

パレート最適であれば，すべてのプレーヤの評価値を式 (7.1) または式 (7.2) の意味で同時に最適にする解は存在しない．そこで，各プレーヤの効率をギリギリまで高めた解を特に**パレート解**（Pareto solution）という．これは，$(J_1(u^*), \cdots, J_N(u^*))$，$(u^* = (u_1^*, \cdots, u_N^*))$ で表現できる．パレート解は，一般には唯一に定めることができない．その結果，パレート解は集合を形成し，この集合を**パレートフロンティア**（Pareto frontier）という．

パレート最適 $(u_1^*, \cdots, u_N^*)$ は，以下の重み付け評価値を最小化する集合であ

ることが示されている[4]〜[6]。

補題 7.1　γ_i は $0 < \gamma_i < 1$, $\sum_{j=1}^{N} \gamma_j = 1$ を満足する定数であると仮定する。パレート最適 $(u_1^*, \cdots, u_N^*)$ は，式 (7.3) の最適化問題の解である。

$$(u_1^*, \cdots, u_N^*) = \arg \min_{(u_1, \cdots, u_N)} J(u_1, \cdots, u_N) \tag{7.3}$$

ただし

$$J(u_1, \cdots, u_N) = \sum_{j=1}^{N} \gamma_j J_j(u_1, \cdots, u_N)$$

であり，N, u_i, $J_i(u_1, \cdots, u_N)$ は，それぞれプレーヤの数，各プレーヤの戦略，および評価値である。

【証明】　背理法による。まず

$$(u_1^*, \cdots, u_N^*) = \arg \min_{(u_1, \cdots, u_N)} J(u_1, \cdots, u_N)$$

とおく。一方，$(u_1^*, \cdots, u_N^*)$ は，パレート最適でないと仮定する。このとき

$$\forall i, \; J_i(u_1, \cdots, u_N) \leqq J_i(u_1^*, \cdots, u_N^*), \; i = 1, \cdots, N$$
$$\exists j, \; J_j(u_1, \cdots, u_N) < J_j(u_1^*, \cdots, u_N^*), \; i \neq j$$

となる i, j が存在する。ここで

$$J(u_1, \cdots, u_N) = \sum_{j=1}^{N} \gamma_j J_j(u_1, \cdots, u_N)$$
$$< \sum_{j=1}^{N} \gamma_j J_j(u_1^*, \cdots, u_N^*) = J(u_1^*, \cdots, u_N^*)$$

となるので，$J(u_1^*, \cdots, u_N^*)$ が最小になることに矛盾する。したがって，$(u_1^*, \cdots, u_N^*)$ は，パレート最適である。

重み付けされた単一目的最適解は，パレート効率的解の一点に対応していることから[5]，評価値として，式 (7.3) の J を利用している。過去の文献[4]〜[6]にも見られるように，各プレーヤの評価値を加重和として一つの関数にまとめ，最

適化を行った結果から,パレート効率的戦略を得ることが可能である。この方法は重み付け法としてよく知られており,パレート効率的戦略を得るために一般的によく利用されている。本節でも同様な手法を考慮する。ただし,パレート効率的戦略がいつも得られるとは限らないことに注意されたい[5]。

一方,パレート面が凸でない場合には重み γ_j を適宜変更して,再度,最適化を行う必要があることに注意されたい。

7.1.1 確率パレート最適戦略

本項では,不確定要素をウィナー過程として捉えたパレート最適戦略について考える[9),10)]。N 人のプレーヤを含む確率微分方程式 (7.4) に従う確率システムを考える。

$$dx(t) = \left[Ax(t) + \sum_{j=1}^{N} B_j u_j(t)\right] dt + A_p x(t) dw(t),\ x(0) = x_0 \quad (7.4)$$

ただし,$x(t) \in \mathbb{R}^n$ は状態ベクトル,$u_i(t) \in \mathbb{R}^{m_i}$ はプレーヤ i の制御入力(戦略)をそれぞれ表す。また,N はプレーヤの数を表す。$w(t) \in \mathbb{R}$ は一次元標準ウィナー過程である。初期値 $x(0) = x_0$ は任意の確定値である。また,初期値 x_0 の依存性を避けるために,一般性を失うことなく $\mathbb{E}[x_0 x_0^T] = M_0$ を仮定する。つぎに式 (7.5) の評価関数を定義する。

$$J(u_1, \cdots, u_N) = \sum_{j=1}^{N} \gamma_j J_j(u_j) \quad (7.5\mathrm{a})$$

$$J_i(u_i) = \mathbb{E}\left[\int_0^\infty \left[x^T(t) Q_i x(t) + u_i^T(t) R_i u_i(t)\right] dt\right] \quad (7.5\mathrm{b})$$

ただし,$Q_i = Q_i^T \geqq 0,\ R_i = R_i^T > 0$ である。

本項で考える戦略は,線形状態フィードバックであると仮定する。すなわち,以下で与えられる状態フィードバック戦略 (7.6) を考える。

$$u_i(t) = K_i x(t),\ i = 1,\ \cdots,\ N \quad (7.6)$$

このとき,閉ループシステムおよび評価関数 (7.5a) はそれぞれ以下のように変

形できる。

$$dx(t) = A_K x(t)dt + A_p x(t)dw(t), \ x(0) = x_0 \quad (7.7a)$$

$$J(K_1, \cdots, K_N) = \mathbb{E}\left[\int_0^\infty x^T(t) Q_\gamma x(t) dt\right] \quad (7.7b)$$

ただし

$$A_K := A + \sum_{j=1}^N B_j K_j, \ Q_\gamma := \sum_{j=1}^N \gamma_j (Q_j + K_j^T R_j K_j)$$

したがって，補題 3.1 を利用すれば，評価関数 (7.7b) の値は，以下のように得られる。

$$J(K_1, \cdots, K_N) = \mathbb{E}\left[x^T(0) P x(0)\right] = \mathbf{Tr}[M_0 P] \quad (7.8)$$

ただし

$$\boldsymbol{F}(P, K_1, \cdots, K_N) := PA_K + A_K^T P + A_p^T P A_p + Q_\gamma = 0 \quad (7.9)$$

以上の準備のもとで，状態フィードバック (7.6) による確率パレート最適戦略問題とは，拘束条件 (7.9) のもとで，$J(K_1, \cdots, K_N) = \mathbf{Tr}[PM_0]$ を最小にする K_i を求める最適化問題となる。

7.1.2 確率パレート最適戦略の解

以下に主要な結果を示す[9]。

定理 7.1 (A_K, A_p) が安定かつ行列対 $[A_K, A_p \mid M_0]$ が完全可観測となるような K_i および P が存在すると仮定する。

$$\boldsymbol{v}^* := ([\text{vec}P^*]^T, \ [\text{vec}G^*]^T, \ [\text{vec}K_1^*]^T, \cdots, [\text{vec}K_N^*]^T)$$

が最適解であるための必要条件は，$\boldsymbol{v}^*$ において制約想定を満足し，以下の連立型リカッチ方程式を成立させるような $P > 0, \ G > 0, \ K_i$ が存在することである。

$$PA + A^T P + A_p^T P A_p - P \left(\sum_{j=1}^{N} \frac{1}{\gamma_j} B_j R_j^{-1} B_j^T \right) P$$

$$+ \sum_{j=1}^{N} \gamma_j Q_j = 0 \qquad (7.10\text{a})$$

$$GA_K^T + A_K G + A_p G A_p^T + M_0 = 0 \qquad (7.10\text{b})$$

$$K_i = K_i^* = -\frac{1}{\gamma_i} R_i^{-1} B_i^T P \qquad (7.10\text{c})$$

このとき,$v^* = ([\text{vec}P^*]^T, [\text{vec}G^*]^T, [\text{vec}K_1^*]^T, \cdots, [\text{vec}K_N^*]^T)$ は式 (7.10) を解くことによって得られる。

【証明】 証明は,必要条件として,ラグランジュの未定乗数法による。まず,以下のラグランジュ関数を定義する。

$$\boldsymbol{L}(P, G, K_1, \cdots, K_N)$$
$$= \text{Tr}\,[M_0 P] + \text{Tr}\,[G\boldsymbol{F}(P, K_1, \cdots, K_N)] \qquad (7.11)$$

このとき

$$\frac{\partial \boldsymbol{L}}{\partial P} = GA_K^T + A_K G + A_p G A_p^T + M_0 = 0 \qquad (7.12\text{a})$$

$$\frac{\partial \boldsymbol{L}}{\partial K_i} = 2(B_i^T P + \gamma_i R_i K_i) = 0 \qquad (7.12\text{b})$$

$$\frac{\partial \boldsymbol{L}}{\partial G} = \boldsymbol{F}(P, K_1, \cdots, K_N) = 0 \qquad (7.12\text{c})$$

を得る。まず,式 (7.12b) より,$\gamma_i R_i > 0$ であるので,$(\gamma_i R_i)^{-1}$ が存在し,式 (7.10c) を得る。さらに,式 (7.10c) を式 (7.12c) に代入すれば,式 (7.10a) を得る。最後に,v^* は最適解であるための必要条件であることに注意すべきである。

ここでは詳細は解説しないが,線形行列不等式 (LMI) による結果も示されている[9]。特に,近年 LMI では,動的ゲーム理論への応用が報告されており[11),12)],新規な解析手法として注目を集めている。今後も,LMI による均衡解の性質に関する結果も期待される。

7.2 ナッシュ均衡戦略

本節では，はじめに不確定要素や環境変動を考慮しない確定システムに対して，動的ゲーム理論におけるナッシュ均衡解に関する基本事項を確認する。つぎに，確率ナッシュ均衡戦略を解説したあと，確率ナッシュ均衡戦略の応用例を紹介する。

以下の確定システムを考える[7]。ただし，一般性を失うことなく，2プレーヤ問題を考察する。

$$\dot{x}(t) = Ax(t) + B_1 u_1(t) + B_2 u_2(t), \; x(0) = x_0 \tag{7.13}$$

ここで，$x(t) \in \mathbb{R}^n$ は状態ベクトル，$u_i(t) \in \mathbb{R}^{m_i}$ $(i = 1, 2)$ は制御入力をそれぞれ表す。

つぎに式 (7.14) の評価関数を定義する。

$$J_i(u_i, u_j) = \frac{1}{2} \int_0^\infty \left[x^T(t) Q_i x(t) + u_i^T(t) R_{ii} u_i(t) + u_j^T(t) R_{ij} u_j(t) \right] dt \tag{7.14}$$

ただし

$$i, j = 1, 2, \; i \neq j, \; Q_i = Q_i^T \geq 0, \; R_{ii} = R_{ii}^T > 0, \; R_{ij} = R_{ij}^T \geq 0$$

このとき，ナッシュ均衡解は，不等式 (7.15) を満足する戦略対 (u_1^*, u_2^*) のことである。

$$J_1(u_1^*, u_2^*) \leq J_1(u_1, u_2^*) \tag{7.15a}$$

$$J_2(u_1^*, u_2^*) \leq J_2(u_1^*, u_2) \tag{7.15b}$$

動的システム (7.13) に対して一般性を失うことなく，行列対 (A, B_i) $(i = 1, 2)$ は可安定であると仮定する。従来より，以下の定理が知られている[7]。

7.2 ナッシュ均衡戦略

定理 7.2 不等式 (7.15) を満足する戦略対 (u_1^*, u_2^*) は式 (7.16) で与えられる。

$$u_i^*(t) = K_i^* x(t) = -R_{ii}^{-1} B_i^T P_i x(t), \ i = 1, \ 2 \tag{7.16}$$

ただし，$P_i, (i = 1, 2)$ は以下の連立型リカッチ代数方程式 (7.17) の準正定対称行列である。

$$P_i A + A^T P_i + Q_i - P_i S_i P_i - P_i S_j P_j - P_j S_j P_i$$
$$+ P_j G_j P_j = 0, \qquad i, j = 1, 2, \ i \neq j \tag{7.17}$$

ただし，$S_i := B_i R_{ii}^{-1} B_i^T, \ S_j := B_j R_{jj}^{-1} B_j^T, \ G_j := B_j R_{jj}^{-1} R_{ij} R_{jj}^{-1} B_j^T$

【証明】　ここでは，簡易な証明に留める。詳細は，文献7) を参照されたい。

基本的な考え方は，まず，ほかのプレーヤが均衡戦略をとると仮定する。続いて，自身のプレーヤが評価関数 $J_i(u_i)$ を最小にする制御則 $u_i(t) = K_i x(t)$ を，式 (7.18) によって定義される無限時間 LQR 問題として解くというものである。

まず，プレーヤ j が，ナッシュ均衡戦略 $u_j(t) = K_j x(t)$ をとると仮定すれば，以下の LQR 問題に帰着できる。

$$\min_{u_i} J_i(u_i) := \int_0^\infty \left[x^T(t)(Q_i + K_j R_{ij} K_j) x(t) + u_i^T(t) R_{ii} u_i(t) \right] dt \tag{7.18a}$$

s.t. $\dot{x}(t) = [A + B_j K_j] x(t) + B_i u_i(t), \ x(0) = x_0 \tag{7.18b}$

このとき

$$A + B_j K_j \to A, \ B_i \to B, \ Q_i + K_j R_{ij} K_j \to Q, \ R_{ii} \to R$$

として，式 (1.101) に代入すれば

$$P_i(A + B_j K_j) + (A + B_j K_j)^T P_i - P_i B_i R_{ii}^{-1} B_i^T P_i$$
$$+ Q_i + K_j R_{ij} K_j = 0 \tag{7.19}$$

を得る。さらに，式 (1.100) に代入すれば

$$K_i = -R_{ii}^{-1} B_i^T P_i \tag{7.20}$$

となり,これを式 (7.19) に代入すれば,最終的に式 (7.17) を得る.

連立型リカッチ方程式 (7.17) を満足する準正定対称解は複数存在することが知られている[13]).その結果,どの戦略対を使用すればよいか未解決な問題である.一方,式 (7.17) を満足する複数解が存在するため,解を求めるためのアルゴリズムの使用には,十分な注意が必要となる.現在までに知られている求解アルゴリズムは,リアプノフ代数方程式に基づく再帰的方法[14]) とニュートン法に基づく方法[15),16)] などがある.近年では,LMI による数値解法も報告されている[12]).詳細は 4 章に説明している.

1 プレーヤの場合,すなわち制御入力が一つである場合には,容易に LQR 問題であることが確認される.よく知られているように,LQR 問題の解はゲイン余裕 ∞,位相余裕 ± 60 度以上であるというロバスト性を有する[17]).これを踏まえれば,ナッシュ均衡戦略も同様なロバスト性を有すると期待される.実際,弱結合システムにナッシュ均衡戦略を適用した場合,システム間の結合が十分小さければ,LQR 問題の解に近づくことが示されている[15]).さらに,厳密な理論は示されていないが,アクティブ磁気ベアリング制御にナッシュゲーム理論が適用され,そのロバスト性能の高さが示されている[18]).しかし,一般的な動的システムでのこのようなロバスト性に関する理論的な解析はまだ十分に行われていないのが現状である.

7.2.1 混合 H_2/H_∞ 制御問題

本項では,ナッシュゲーム理論の応用として,混合 H_2/H_∞ 制御問題と戦略対について紹介する[19]).ただし,結果のみ示し,詳細な証明は文献19) を参照されたい.また,以下では確定系の結果を紹介する.

以下の線形時不変システムを考える.

$$\dot{x}(t) = Ax(t) + B_1 w(t) + B_2 u(t),\ x(0) = 0 \tag{7.21a}$$

$$z(t) = Cx(t) + Du(t) \tag{7.21b}$$

ここで，$x(t) \in \mathbb{R}^n$ は状態ベクトル，$u(t) \in \mathbb{R}^m$ は制御入力，$w(t) \in \mathbb{R}^l$ は外乱，$z(t) \in \mathbb{R}^m$ は評価出力とする．また，各係数行列は適当な次元をもつと仮定する．また，$C^T D = 0, D^T D = I_n$ を仮定する．さらに，戦略対の存在を保証するために一般性を失うことなく行列対 $(A, B_1), (A, B_2)$ はともに可安定であり，行列対 (A, C) は可検出であると仮定する．続いて，混合 H_2/H_∞ 最適制御則が存在するための必要十分条件を与える[19]．

定理 7.3 $S = B_2 B_2^T, U = B_1 B_1^T, Q = C^T C$ とおく．このとき，連立型リカッチ代数方程式 (7.22) の準正定対称解 $X \geqq 0, Y \geqq 0$ が存在するならば以下の条件 (1), (2) が成立する．

$$(A - SY)^T X + X(A - SY) + Q + \gamma^{-2} XUX + YSY = 0 \tag{7.22a}$$

$$(A + \gamma^{-2} UX)^T Y + Y(A + \gamma^{-2} UX) + Q - YSY = 0 \tag{7.22b}$$

(1) 行列 $A - SY$ は安定行列

(2) もし行列対 $(A + \gamma^{-2} UX, C)$ が可検出ならば

　(i) 行列 $A + \gamma^{-2} UX - SY$ は安定行列

　(ii) 以下に定義される戦略 (7.23)

$$w^*(t, x) = \gamma^{-2} B_1^T X x(t),\ u^*(t, x) = -B_2^T Y x(t) \tag{7.23}$$

　は，さらに二つの条件 (a), (b) を満足する．

　(a) $u(t) = u^*(t, x)$ をシステム (7.21a) に入力したとき，プロパかつ実有理安定な伝達関数 $G(s)$ は $\|G(s)\|_\infty < \gamma$ を満足する．ただし

$$G(s) = \begin{bmatrix} C & -DB_2^T Y \end{bmatrix} (sI - A + SY)^{-1} B_1$$

(b) 以下の不等式を満足する。

$$J_2(u^*, w^*) \leq J_2(u, w^*) \tag{7.24}$$

ただし，$J_2(u,w) = \int_0^\infty z^T(t)z(t)dt$

逆に，以下 (3)〜(6) の四つの条件：

(3) $u(t) = u^*(t,x)$ を入力したとき，$\|G(s)\|_\infty < \gamma$

(4) $J_2(u^*, w^*) \leq J_2(u, w^*)$

(5) 行列 $A + B_2 K_2$ は安定行列

(6) 行列対 $(A + B_1 K_1, C)$ は可検出

以上をすべて満足するような時不変状態フィードバック戦略

$$w^*(t,x) = K_1 x(t) \tag{7.25a}$$

$$u^*(t,x) = K_2 x(t) \tag{7.25b}$$

が存在すると仮定する。このとき，連立型リカッチ代数方程式 (7.22) を満足する準正定対称解 $X \geq 0, Y \geq 0$ が存在する。

物理的解釈としては，ある与えられた γ に対して，$\|G(s)\|_\infty < \gamma$ を満足し，システムの内部安定を実現するような $u^*(t,x)$ を求めていることを意味する。さらに，この $u^*(t,x)$ は最悪外乱 $w^*(t,x)$ のもとで出力エネルギーを最小化している。その意味で，制御入力 $u^*(t,x)$ と最悪外乱 $w^*(t,x)$ の均衡状態として作用する。また，このような戦略対を求めるために，Freiling ら[13]は，設計パラメータ γ を含む連立型リカッチ代数方程式に対して，リカッチ型再帰的数値解法を提案している。文献20) では，同じ問題をニュートン法を利用して検討している。

確率システムにおける H_2/H_∞ 制御問題においては，いままで解説したように容易に拡張可能であることから扱わないが，詳細は，文献21),22) を参照されたい。そのほか，マルチプレーヤへの拡張として，マルコフジャンプ確率システムへの応用[23]，確率非線形システムへの応用[24]，確率むだ時間システムへの応用[25]，有限離散時間線形確率システムへの応用[26]，大規模システムへの応用[27]

などが報告されている。一方，スタッケルベルグゲームの適用例も報告されている[28),29)]。

7.2.2　確率ナッシュ均衡戦略

近年，確率微分方程式によって記述される確率制御問題は，多数の研究者によって精力的に研究されている。現在まで，状態と制御に依存するノイズを伴う H_∞ 確率制御が扱われた。一方，ナッシュゲーム理論に基づいた混合 H_2/H_∞ 制御が提案された[19)]。その後，確率微分方程式によって記述される確率システムへの拡張[21),22)] や，マルコフジャンプシステムへの応用[30)] が行われ，さまざまな成果が報告されている。

ここで，注目すべきことは，従来ではモデル化誤差をマッチング条件によって拘束し，不確定要素を表現していたものを，システムに含まれる不確定要素をウィナー過程によって記述し，環境変動を外乱として捉えた点である。特に，H_∞ 制御とは異なるアプローチによって不確定要素を扱った意味で評価できる。この概念は，不確定要素を含むシステムにおけるナッシュ均衡を厳密に定式化する一つの手法として採用された。以下では，確定システムでのナッシュ均衡戦略との違いを明らかにしながら現在までに得られた結果を示すことにする。

式 (7.26) の確率微分方程式によって記述される確率システムを考える[31)]。

$$dx(t) = \left[Ax(t) + \sum_{j=1}^{N} B_j u_j(t)\right] dt + A_p x(t) dw(t), \ x(0) = x_0 \tag{7.26}$$

ただし，$x(t) \in \mathbb{R}^n$ は状態ベクトル，$u_i(t) \in \mathbb{R}^{m_i}$ はプレーヤ i の制御入力をそれぞれ表す。また，N はプレーヤの数を表す。$w(t) \in \mathbb{R}$ は一次元標準ウィナー過程である。初期値 $x(0) = x_0$ は任意の確定値である。続いて，評価関数 (7.27) を定義する。

$$J_i(u_1, \cdots, u_N) = \mathbb{E}\left[\int_0^\infty \left[x^T(t) Q_i x(t) + u_i^T(t) R_{ii} u_i(t)\right] dt\right] \tag{7.27}$$

ただし，$Q_i = Q_i^T \geq 0$, $R_{ii} = R_{ii}^T > 0$ であり，簡略化するために，$R_{ij} = 0$

($i \neq j$) と仮定する。また，確率システムを扱っているため，評価関数の期待値を考慮している。

確定システム (7.13) との決定的な差異は，一次元標準ウィナー過程である $w(t)$ を含んでいることである。この $w(t)$ によって，確率的な不確かさを表現し，ナッシュ均衡状態を定義することが初めて可能となる。確率微分方程式によって記述される確率システム (7.26) が平均二乗安定化可能である仮定のもと，確率ナッシュ均衡戦略集合とは，以下の不等式

$$J_i(u_1^*, \cdots, u_N^*) \leq J_i(u_1^*, \cdots, u_{i-1}^*, u_i, u_{i+1}^*, \cdots, u_N^*) \tag{7.28}$$

を満足するような集合 $(u_1^*, \cdots, u_N^*)$ を意味する。ただし，戦略組 $u_i(t) = u_i^*(t)$ は線形状態フィードバック

$$u_i(t) = K_i x(t), \ i = 1, \cdots, N \tag{7.29}$$

で与えられると仮定する。確率微分方程式に従う条件のもとで，確率ナッシュ均衡戦略に関する結果を与える[31]。

定理 7.4 連立型確率リカッチ代数方程式 (7.30) が，準正定対称解 P_i をもつと仮定する。

$$P_i \left(A - \sum_{j=1}^{N} S_j P_j \right) + \left(A - \sum_{j=1}^{N} S_j P_j \right)^T P_i$$
$$+ A_p^T P_i A_p + P_i S_i P_i + Q_i = 0 \tag{7.30}$$

ただし $i = 1, \cdots, N, \ S_i := B_i R_{ii}^{-1} B_i^T$。このとき，線形フィードバック戦略

$$u_i^*(t) := K_i^* x(t) = -R_{ii}^{-1} B_i^T P_i x(t), \ i = 1, \cdots, N \tag{7.31}$$

は，確率ナッシュ均衡戦略と呼ばれる。さらに，確率システムは平均二乗安定であり，評価関数の値に関して

$$J_i(K_1^* x(t), \cdots, K_N^* x(t)) = \mathbb{E}[x^T(0) P_i x(0)] \tag{7.32}$$

が成立する。

【証明】 式 (7.33) で表現される評価関数 ϕ が $K_i = K_i^*$ で最小となる以下の問題を考える。

$$\phi(K) := \mathbb{E}\left[\int_0^\infty x^T(t)\left[Q_i + K_i^T R_{ii} K_i\right] x(t) dt\right] \tag{7.33}$$

ここで，$x(t)$ は以下の確率微分方程式に従うと仮定する。

$$dx(t) = \left[A - \sum_{j=1,\,j\neq i}^N S_j P_j + B_i K_i\right] x(t) dt + A_p x(t) dw(t) \tag{7.34}$$

このとき，定理 3.2 をこの最小化問題に適用するため，以下のように行列を置き換える。

$$A - \sum_{j=1,\,j\neq i}^N S_j P_j \to A, \ B_i \to B, \ Q_i \to Q, \ R_{ii} \to R$$

その結果，評価関数 ϕ は

$$K_i^* = -R_{ii}^{-1} B_i^T P_i \tag{7.35}$$

で最小となる。さらに最小値，すなわち均衡を達成するときの評価関数の値は $\mathbb{E}[x^T(0) P_i x(0)]$ となる。

連立型リカッチ代数方程式 (7.17) と比較して，連立型確率リカッチ代数方程式 (7.30) には，確率項 $A_p^T P_i A_p$ という項が存在することに注意を要する。求解アルゴリズムには，連立型リカッチ代数方程式 (7.17) を解くためのアルゴリズムと同様に，ニュートン法によるもの[32]や再帰的アルゴリズムによるもの[33]が報告されている。4 章を参照されたい。

一方，解の存在性や唯一性については，確定的な連立型リカッチ代数方程式と同様，特殊なシステム（弱結合システムなど[31]）を除いて，決定的な結果が得られていない。そのほかの結果として，静的出力フィードバックによる結果

も存在する[33]。また，弱結合システムに対しては，十分小さな結合パラメータに依存しない近似確率ナッシュ均衡戦略が提案されている[31]。具体的には，連立型確率リカッチ代数方程式の解の漸近構造を陰関数定理によって明らかにしており，この得られた漸近構造を利用して，近似確率ナッシュ均衡戦略を構築している。さらに，導出された近似確率ナッシュ均衡戦略による評価関数の劣化の程度を明らかにしている。最後に，実用的な電力システムに対して数値例を与え，その有効性を示している。

7.2.3 マルコフジャンプ確率システムにおけるナッシュ均衡戦略

以下の状態依存ノイズを伴う確率微分方程式で記述されるマルコフジャンプ確率システムを考える。

$$dx(t) = \Big[A(r_t)x(t) + B_1(r_t)u_1(t) + B_2(r_t)u_2(t)\Big]dt \\ + A_p(r_t)x(t)dw(t), \ x(0) = x_0 \tag{7.36}$$

ただし，$x(t) \in \mathbb{R}^n$ は状態ベクトル，$u_k(t) \in \mathbb{R}^{m_k}$ はプレーヤ k $(k = 1, \ 2)$ の制御入力をそれぞれ表す。$w(t) \in \mathbb{R}$ は一次元標準ウィナー過程である。初期値 $x(0) = x_0$ は任意の確定値である。マルコフ連鎖の状態空間 $\mathbf{S} = \{1, \ 2, \ \cdots, \ s\}$ は有限であると仮定する[34],[35]。また，$r_t = i$ $(i = 1, \ 2, \ \cdots, \ s)$ のとき，係数行列をそれぞれ $A(r_t) = A(i)$, $B_1(r_t) = B_1(i)$, $B_2(r_t) = B_2(i)$, $A_p(r_t) = A_p(i)$ とし，それぞれ適切な次元をもつと仮定する。さらに，マルコフ連鎖 r_t は式 (5.2) と同様に以下の定常遷移確率をもつと仮定する。

$$\mathcal{P}\{r_{t+\Delta t} = j \mid r_t = i\} = \begin{cases} \pi_{ij}\Delta t + o(\Delta t), & \text{if } i \neq j \\ 1 + \pi_{ii}\Delta t + o(\Delta t), & \text{else} \end{cases} \tag{7.37}$$

ただし，$\lim_{\Delta t \to +0} o(\Delta t)/\Delta t = 0$ である。

ここで，遷移行列 Π を以下のように定義する。

$$\Pi = \begin{bmatrix} \pi_{11} & \pi_{12} & \cdots & \pi_{1s} \\ \pi_{21} & \pi_{22} & \cdots & \pi_{2s} \\ \vdots & \vdots & \ddots & \vdots \\ \pi_{s1} & \pi_{s2} & \cdots & \pi_{ss} \end{bmatrix}$$

$$\pi_{ii} = -\sum_{j=1,\, j\neq i}^{s} \pi_{ij},\ \pi_{ij} \geqq 0,\ i \neq j \tag{7.38}$$

一方,それぞれのプレーヤ k の評価関数を式 (7.39) のように与える。

$$\begin{aligned} J_k(u_1(t), u_2(t), x_0) = \mathbb{E}\bigg[\int_0^\infty \Big[&x^T(t)Q_k(r_t)x(t) \\ &+ u_k^T(t)R_k(r_t)u_k(t)\Big]dt \mid r_0 = i\bigg],\ k=1,\ 2 \end{aligned}$$
$$\tag{7.39}$$

ただし,$Q_k(r_t) = Q_k(i)$,$R_k(r_t) = R_k(i)$ であり,$Q_k(r_t)$ は準正定対称行列,$R_k(r_t)$ は正定対称行列であると仮定する。ここで,式 (7.39) の右辺には,$u_k(t)$ しか存在しないが,$x(t)$ はマルコフジャンプ確率システム (7.36) において,$u_1(t)$,$u_2(t)$ の関数であるので,すべての $u_k(t)$ ($k=1,\ 2$) が関係していることに注意されたい。

マルコフジャンプ確率ナッシュ均衡戦略対とは,式 (7.40) の不等式

$$J_1(u_1^*, u_2^*, x_0) \leqq J_1(u_1, u_2^*, x_0) \tag{7.40a}$$
$$J_2(u_1^*, u_2^*, x_0) \leqq J_2(u_1^*, u_2, x_0) \tag{7.40b}$$

を満足するような戦略対 $(u_1^*(t), u_2^*(t))$ を意味する。

ただし,戦略対 $u_k(t) = u_k^*(t)$ に関して,式 (7.41) の線形状態フィードバック戦略を考える。

$$u_k(t) := \sum_{i=1}^{s} K_k(i)x(t)\chi_{r_t=i},\ k=1,\ 2 \tag{7.41}$$

以下の結果が知られている[36),37)]。

定理 7.5　状態依存ノイズを伴う確率微分方程式で記述されるマルコフジャンプ確率システム (7.36) に対して，$(\boldsymbol{A}, \boldsymbol{B}_1, \boldsymbol{B}_2, \boldsymbol{A}_p)$ は平均二乗安定化可能かつ，$(\boldsymbol{A}, \boldsymbol{A}_p \mid \sqrt{\boldsymbol{Q}_k})$ $(k = 1, 2)$ は確率的可検出であると仮定する。このとき，ナッシュ均衡状態 (7.40) を満足する戦略対 (u_1^*, u_2^*) は，式 (7.42) で与えられる。

$$u_k^*(t) = -\sum_{i=1}^{s} R_k^{-1}(i) B_k^T(i) P_k(i) x(t) \chi_{r_t=i} \quad (7.42)$$

ただし，$k = 1, 2$ であり，$P_k(i)$ は以下の連立型確率リカッチ代数方程式 (7.43) の準正定対称行列である。

$$\begin{aligned}
& P_k(i)[A(i) - S_l(i) P_l(i)] + [A(i) - S_l(i) P_l(i)]^T P_k(i) \\
& + A_p^T(i) P_k(i) A_p(i) + Q_k(i) \\
& + \sum_{j=1}^{s} \pi_{ij} P_k(j) - P_k(i) S_k(i) P_k(i) = 0
\end{aligned} \quad (7.43)$$

ただし，$k \neq l$, $k, l = 1, 2$, $S_k(i) := B_k(i) R_k^{-1}(i) B_k^T(i)$
さらに

$$J_k(u_1^*(t), u_2^*(t), x_0) = \mathbb{E}[x^T(0) P_k(r_0) x(0) \mid r_0 = i], \ k = 1, 2 \quad (7.44)$$

である。

【証明】　$x(t)$ は以下のマルコフジャンプ確率システムに従うとする。

$$\begin{aligned}
dx(t) = & \Big[[A(r_t) + B_l(r_t) K_l(r_t)] x(t) + B_k(r_t) u_k(t)\Big] dt \\
& + A_p(r_t) x(t) dw(t), \ x(0) = x_0
\end{aligned} \quad (7.45)$$

このとき，以下の評価関数 $\phi(u_k(t), x_0)$ を最小にするような戦略 $u_k(t)$ を求める。

$$\phi(u_k(t), x_0) = \mathbb{E}\bigg[\int_0^\infty \Big[x^T(t) Q_k(r_t) x(t)$$

$$+ u_k^T(t) R_k(r_t) u_k(t) \Big] dt \mid r_0 = i \Big] \quad (7.46)$$

この最小化問題に定理 5.4 を適用するため，以下のように行列を置き換える。

$$A(r_t) + B_l(r_t) K_l(r_t) \to A(r_t),\ B_k(r_t) \to B(r_t),\ 0 \to B_p(r_t)$$

$$Q_k(r_t) \to Q(r_t),\ R_k(r_t) \to R(r_t)$$

その結果，評価関数 ϕ は

$$\begin{aligned}u_k^*(t) &= -\sum_{i=1}^{s} R^{-1}(i) B^T(i) P_k(i) x(t) \chi_{r_t=i} \\ &\to -\sum_{i=1}^{s} R_k^{-1}(i) B_k^T(i) P_k(i) x(t) \chi_{r_t=i}\end{aligned} \quad (7.47)$$

で最小となる。さらに，均衡状態を達成した場合の評価関数の値は，定理 5.4 の式 (5.46) から，$P_k(r_0) \to P(r_0)$ と考えればよいので，$\mathbb{E}[x^T(0) P_k(r_0) x(0) \mid r_0 = i]$ となる。

$\diamondsuit$

7.2.4 ナッシュ均衡戦略対が存在するための必要十分条件

ナッシュ均衡戦略対が存在するための必要十分条件を与える。

定理 7.6 マルコフジャンプ確率システム (7.36) を考える。このとき，連立型確率リカッチ代数方程式 (7.43) の準正定対称解 $\boldsymbol{P}_k$ ($k = 1, 2$) が存在すると仮定する。もし，$(\boldsymbol{A} - \boldsymbol{S}_l \boldsymbol{P}_l, \boldsymbol{A}_p \mid \sqrt{\boldsymbol{Q}_k})$ ($k \neq l,\ k,\ l = 1, 2$) が確率的可検出であるならば，戦略対 (7.42) は，平均二乗安定かつナッシュ均衡条件 (7.40) を満足する。

逆に，もしマルコフジャンプ確率ナッシュ均衡戦略問題に対して，ナッシュ均衡条件 (7.40) を満足するような戦略対 (7.48)

$$u_k^*(t) = \sum_{i=1}^{s} K_k(i) x(t) \chi_{r_t=i},\ k = 1,\ 2 \quad (7.48)$$

が存在し，さらに $(\boldsymbol{A} + \boldsymbol{B}_l \boldsymbol{K}_l, \boldsymbol{B}_k\ \boldsymbol{A}_p)$ ($k \neq l,\ k,\ l = 1, 2$) が平均二乗安定化可能かつ $(\boldsymbol{A} + \boldsymbol{B}_l \boldsymbol{K}_l, \boldsymbol{A}_p \mid \sqrt{\boldsymbol{Q}_k})$ ($k \neq l,\ k,\ l = 1, 2$) が確率的可

検出であれば，連立型確率リカッチ代数方程式 (7.43) の解 P_k $(k = 1, 2)$ が存在し，戦略対 $(u_1^*(t), u_2^*(t))$ は式 (7.42) で与えられる．

【証明】 まず，連立型確率リカッチ代数方程式 (7.43) を式 (7.49) のように変形する．

$$\begin{aligned}&P_k(i)[A(i) - S_1(i)P_1(i) - S_2(i)P_2(i)] \\ &+ [A(i) - S_1(i)P_1(i) - S_2(i)P_2(i)]^T P_k(i) \\ &+ A_p^T(i)P_k(i)A_p(i) + \tilde{H}_k^T(i)\tilde{H}_k(i) + \sum_{j=1}^{s} \pi_{ij} P_k(j) = 0, \ k = 1, \ 2\end{aligned}$$
(7.49)

ただし，$\tilde{H}_k^T(i) := \begin{bmatrix} \sqrt{Q_k(i)} & P_k(i)B_k(i)\sqrt{[R(i)]^{-1}} \end{bmatrix}$

ここで，$(\boldsymbol{A} - \boldsymbol{S}_l \boldsymbol{P}_l, \boldsymbol{A}_p \mid \sqrt{\boldsymbol{Q}_k})$ $(k \neq l, \ k, \ l = 1, \ 2)$ が確率的可検出であるならば，定義 5.3 により

$$\begin{aligned}dx(t) &= \Big[A(r_t) - S_l(r_t)P_l(r_t) + F(r_t)H_k(r_t)\Big]x(t)dt \\ &+ A_p(r_t)x(t)dw(t)\end{aligned}$$
(7.50)

が平均二乗安定となるような行列空間 $\boldsymbol{F}$ が存在する．したがって，$(\boldsymbol{A} - \boldsymbol{S}_1\boldsymbol{P}_1 - \boldsymbol{S}_2\boldsymbol{P}_2, \boldsymbol{A}_p \mid \tilde{\boldsymbol{H}}_k)$ $(k = 1, 2)$ も確率的可検出となる．以上から，定理 5.4 により，連立型確率リカッチ代数方程式 (7.43) の準正定対称解 $\boldsymbol{P}_k$ $(k = 1, 2)$ の存在が仮定されているので，$(\boldsymbol{A} - \boldsymbol{S}_l\boldsymbol{P}_l, \boldsymbol{A}_p)$ $(k \neq l, \ k, \ l = 1, 2)$ は平均二乗安定となる．一方，$(\boldsymbol{A} - \boldsymbol{S}_l\boldsymbol{P}_l, \boldsymbol{A}_p)$ の平均二乗安定を考慮すれば

$$\lim_{T \to \infty} \mathbb{E}[x^T(T)x(T) \mid r_0 = i] = 0$$

を満足する．以上の条件のもとで，$k = 1$ の場合を考える．$k = 1$ のとき，$x(t)$ は以下のマルコフジャンプ確率システム (7.51) に従う．

$$\begin{aligned}dx(t) &= \Big[[A(r_t) - S_2(r_t)P_2(r_t)]x(t) + B_1(r_t)u_1(t)\Big]dt \\ &+ A_p(r_t)x(t)dw(t)\end{aligned}$$
(7.51)

ここで，線形状態フィードバック戦略 (7.42) を考えているので，$u_1(t) = K_1(r_t)x(t)$ となる．したがって，補題 5.2 に対して

$$f(t, r_t, x(t)) = \Big[A(r_t) - S_2(r_t)P_2(r_t)\Big]x(t) + B_1(r_t)u_1(t)$$

$$g(t, r_t, x(t)) = A_p(r_t)x(t)$$

とみなし

$$V_1(t, x(t), i) = x^T(t)P_1(i)x(t) \tag{7.52}$$

と置くことにより，一般化伊藤の公式および連立型確率リカッチ代数方程式 (7.43) を利用して式 (7.53) の関係式を得る．

$$\begin{aligned}
& \boldsymbol{L}V_1(t, x(t), i) + x^T(t)Q_1(i)x(t) + u_1^T(t)R_1(i)u_1(t) \\
&= 2\Big[[A(i) - S_2(i)P_2(i)]x(t) + B_1(i)u_1(t)\Big]^T P_1(i)x(t) \\
&\quad + x^T(t)A_p^T(i)P_1(i)A_p(i)x(t) + \sum_{j=1}^{s}\pi_{ij}x^T(t)P_1(j)x(t) \\
&\quad + x^T(t)Q_1(i)x(t) + u_1^T(t)R_1(i)u_1(t) \\
&= x^T(t)\bigg[P_1(i)[A(i) - S_2(i)P_2(i)] + [A(i) - S_2(i)P_2(i)]^T P_1(i) \\
&\quad + A_p^T(i)P_1(i)A_p(i) + Q_1(i) + \sum_{j=1}^{s}\pi_{ij}P_1(j)\bigg]x(t) \\
&\quad + u_1^T(t)R_1(i)u_1(t) + 2u_1^T(t)B_1^T(i)P_1(i)x(t) \\
&= \Big[u_1(t) + R_1^{-1}(i)B_1^T(i)P_1(i)x(t)\Big]^T \\
&\quad \times R_1(i)\Big[u_1(t) + R_1^{-1}(i)B_1^T(i)P_1(i)x(t)\Big] \tag{7.53}
\end{aligned}$$

ここで，式 (7.53) の両辺を積分し，期待値を考えれば以下を得る．

$$\begin{aligned}
& J_1(u_1(t), u_2^*(t), x_0) \\
&= \mathbb{E}\bigg[\int_0^{\infty}\Big[x^T(t)Q_1(r_t)x(t) + u_1^T(t)R_1(r_t)u_1(t)\Big]dt \mid r_0 = i\bigg] \\
&= \mathbb{E}[x^T(0)P_1(i)x(0)] + \mathbb{E}\bigg[\int_0^{\infty}\big[u_1(t) - u_1^*(t)\big]R_1(r_t) \\
&\quad \times \big[u_1(t) - u_1^*(t)\big]dt \mid r_0 = i\bigg] \tag{7.54}
\end{aligned}$$

このとき，$u_1(t) = u_1^*(t)$ であれば

$$\begin{aligned}
J_1(u_1(t), u_2^*(t), x_0) &\geqq J_1(u_1^*(t), u_2^*(t), x_0) \\
&= \mathbb{E}[x^T(0)P_1(r_0)x(0) \mid r_0 = i] \tag{7.55}
\end{aligned}$$

となり，ナッシュ均衡条件 (7.40) を満足する．$k=2$ もまったく同様の手順で証明が可能なので省略する．

引き続き，逆の証明を行う．$u_2(t) = K_2(r_t)x(t)$ がマルコフジャンプ確率システム (7.43) に実装されたとして，$\tilde{u}_2(t)$ に関する閉ループマルコフジャンプ確率システム (7.56a) と対応する評価関数 (7.56b) を以下に示す．

$$d\tilde{x}(t) = \Big[[A(r_t) + B_2(r_t)K_2(r_t)]\tilde{x}(t) + B_1(r_t)\tilde{u}_1(t)\Big]dt$$
$$+ A_p(r_t)\tilde{x}(t)dw(t) \tag{7.56a}$$

$$J_1(u_1(t), K_2(r_t)\tilde{x}(t), x_0)$$
$$= \mathbb{E}\bigg[\int_0^\infty \Big[\tilde{x}^T(t)Q_1(r_t)\tilde{x}(t) + \tilde{u}_1^T(t)R_1(r_t)\tilde{u}_1(t)\Big]dt \mid r_0 = i\bigg]$$
$$\tag{7.56b}$$

ここで，制御入力はプレーヤ 1 のみで，J_1 において，決定すべき戦略は $\tilde{u}_1(t)$ である．$(\boldsymbol{A} + \boldsymbol{B}_2\boldsymbol{K}_2, \boldsymbol{B}_1, \boldsymbol{A}_p)$ が平均二乗安定化可能かつ $(\boldsymbol{A} + \boldsymbol{B}_2\boldsymbol{K}_2, \boldsymbol{A}_p \mid \sqrt{\boldsymbol{Q}_1})$ が確率的可検出であるという仮定より，補題 5.3 から以下の確率リカッチ代数方程式は唯一解 $\tilde{\boldsymbol{P}}_1$, $\tilde{P}_1(i) \geqq 0$ をもつ．

$$\tilde{P}_1(i)[A(i) + B_2(i)K_2(i)] + [A(i) + B_2(i)K_2(i)]^T \tilde{P}(i)$$
$$+ A_p^T(i)\tilde{P}(i)A_p(i) + Q_1(i) + \sum_{j=1}^s \pi_{ij}P_1(j)$$
$$- \tilde{P}_1(i)B_1(i)R_1^{-1}(i)B_1^T(i)\tilde{P}_1(i) = 0 \tag{7.57}$$

このとき

$$\tilde{u}_1^*(t) = \sum_{i=1}^s K_1(i)\tilde{x}(t)\chi_{r_t=i} = -\sum_{i=1}^s R_1^{-1}(i)B_1^T(i)\tilde{P}_1(i)\tilde{x}(t)\chi_{r_t=i}$$
$$\tag{7.58}$$

は，以下の不等式を満足する戦略となる．

$$J_1(\tilde{u}_1(t), \tilde{u}_2^*(t), x_0) \geqq J_1(\tilde{u}_1^*(t), \tilde{u}_2^*(t), x_0)$$
$$= \mathbb{E}[x^T(0)\tilde{P}_1(r_0)x(0) \mid r_0 = i] \tag{7.59}$$

つぎに，$\tilde{u}_1(t) = K_1(r_t)\tilde{x}(t) = -R_1^{-1}(r_t)B_1^T(r_t)\hat{P}_1(r_t)\tilde{x}(t)$ がマルコフジャンプ確率システム (7.36) に実装された場合，以下のマルコフジャンプ確率システム (7.60) を得る．

$$d\tilde{x}(t) = \Big[[A(r_t) - S_1(r_t)P_1(r_t)]\tilde{x}(t) + B_2(r_t)\tilde{u}_2(t)\Big]dt$$
$$+ A_p(r_t)\tilde{x}(t)dw(t) \tag{7.60}$$

同様にして，補題 5.3 から以下の確率リカッチ代数方程式は唯一解 $\tilde{\boldsymbol{P}}_2$, $\tilde{P}_2(i) \geqq 0$ をもつ．

$$\tilde{P}_2(i)[A(i) - S_1(i)\tilde{P}_1(i) - S_2(i)\tilde{P}_2(i)]$$
$$+ [A(i) - S_1(i)\tilde{P}_1(i) - S_2(i)\tilde{P}_2(i)]^T \tilde{P}_2(i)$$
$$+ A_p^T(i)\tilde{P}_2(i)A_p(i) + Q_2(i) + \sum_{j=1}^{s} \pi_{ij} P_2(j)$$
$$- \tilde{P}_2(i)B_2(i)R_2^{-1}(i)B_2^T(i)\tilde{P}_2(i) = 0 \qquad (7.61)$$

さらに，$\tilde{\boldsymbol{P}}_2 \to \boldsymbol{P}_2$ により連立型確率リカッチ代数方程式 (7.43) が示される．同様に

$$\tilde{u}_2^*(t) = \sum_{i=1}^{s} K_2(i)\tilde{x}(t)\chi_{r_t=i} = -\sum_{i=1}^{s} R_2^{-1}(i)B_2^T(i)\tilde{P}_2(i)\tilde{x}(t)\chi_{r_t=i}$$
$$(7.62)$$

$\tilde{\boldsymbol{P}}_1 \to \boldsymbol{P}_1$ とすることで，もう一つの連立型確率リカッチ代数方程式が得られる．

7.2.5 ニュートン法

ナッシュ均衡を満足する戦略対 $(u_1^*(t), u_2^*(t))$ を求めるために，連立型確率リカッチ代数方程式 (7.43) を解く必要がある．そこで，ニュートン法の適用を考える．リカッチ方程式のニュートン法の導出と同様な手順を踏む．連立型確率リカッチ代数方程式 (7.43) の $P_k(i)$ の二次の項のみ

$$P_k(i) \leftarrow P_k^{(n+1)}(i) = P_k^{(n)}(i) + \Delta_k(i), \ k = 1, \ 2$$

として，連立型確率リカッチ代数方程式 (7.43) に代入し，$\Delta_k(i)$ の二次の項を無視することによって，ニュートン法が得られる．すなわち

$$P_k(i)S_k(i)P_k(i)$$
$$\leftarrow \left(P_k^{(n)}(i) + \Delta_k(i)\right) S_k(i) \left(P_k^{(n)}(i) + \Delta_k(i)\right)$$
$$= P_k^{(n)}(i)S_k(i)P_k^{(n)}(i) + \Delta_k(i)S_k(i)P_k^{(n)}(i)$$
$$+ P_k^{(n)}(i)S_k(i)\Delta_k(i) + \Delta_k(i)S_k(i)\Delta_k(i)$$

において

$$P_k(i)S_k(i)P_k(i)$$
$$\approx P_k^{(n)}(i)S_k(i)P_k^{(n)}(i) + \Delta_k(i)S_k(i)P_k^{(n)}(i) + P_k^{(n)}(i)S_k(i)\Delta_k(i)$$
$$= P_k^{(n)}(i)S_k(i)P_k^{(n)}(i) + \left(P_k^{(n+1)}(i) - P_k^{(n)}(i)\right)S_k(i)P_k^{(n)}(i)$$
$$+ P_k^{(n)}(i)S_k(i)\left(P_k^{(n+1)}(i) - P_k^{(n)}(i)\right)$$
$$= P_k^{(n+1)}(i)S_k(i)P_k^{(n)}(i) + P_k^{(n)}(i)S_k(i)P_k^{(n+1)}(i)$$
$$- P_k^{(n)}(i)S_k(i)P_k^{(n)}(i)$$

のように近似計算を行う。以下に，ニュートン法に基づくアルゴリズムを与える。

$$P_1^{(n+1)}(i)\tilde{A}^{(n)}(i) + \tilde{A}^{(n)T}(i)P_1^{(n+1)}(i)$$
$$+ A_p^T(i)P_1^{(n+1)}(i)A_p(i) + \sum_{j=1}^{s}\pi_{ij}P_1^{(n+1)}(j)$$
$$- P_2^{(n+1)}(i)S_2(i)P_1^{(n)}(i) - P_1^{(n)}(i)S_2(i)P_2^{(n+1)}(i)$$
$$+ P_2^{(n)}(i)S_2(i)P_1^{(n)}(i) + P_1^{(n)}(i)S_2(i)P_2^{(n)}(i)$$
$$+ P_1^{(n)}(i)S_1(i)P_1^{(n)}(i) + Q_1(i) = 0 \quad (7.63\text{a})$$
$$P_2^{(n+1)}(i)\tilde{A}^{(n)}(i) + \tilde{A}^{(n)T}(i)P_2^{(n+1)}(i)$$
$$+ A_p^T(i)P_2^{(n+1)}(i)A_p(i) + \sum_{j=1}^{s}\pi_{ij}P_2^{(n+1)}(j)$$
$$- P_1^{(n+1)}(i)S_1(i)P_2^{(n)}(i) - P_2^{(n)}(i)S_1(i)P_1^{(n+1)}(i)$$
$$+ P_1^{(n)}(i)S_1(i)P_2^{(n)}(i) + P_2^{(n)}(i)S_1(i)P_1^{(n)}(i)$$
$$+ P_2^{(n)}(i)S_2(i)P_2^{(n)}(i) + Q_2(i) = 0 \quad (7.63\text{b})$$
$$n = 0,\ 1,\ 2,\ \cdots,\ i = 1,\ \cdots, s$$

ただし，$\tilde{A}^{(n)}(i) := A(i) - S_1(i)P_1^{(n)}(i) - S_2(i)P_2^{(n)}(i)$。また，初期値はすべての i に対して，$\tilde{A}^{(0)}(i)$ が平均二乗安定になるように選択する。

よく知られているように，ニュートン法は局所二次収束であり，収束解は初

期値に強く依存する。したがって，初期値の選択には十分な注意が必要である[38),39)]。

7.2.6 非線形確率ナッシュ均衡戦略

本項では，伊藤の確率微分方程式に基づく非線形確率システムにおける有限時間ナッシュゲーム問題を考える。ここで，制御則の構造として，閉ループ型を考える。文献40) では，確率システムにおける有限時間開ループナッシュゲーム問題を扱っているが，確率システムが線形の場合に限られ，さらに，戦略対を得るための数値計算アルゴリズムは議論されていない。したがって，非線形確率システムにおける有限時間ナッシュゲーム問題の数値解法を与えることは，今後の実用化において，非常に重要な問題であると考えられる。

まず，式 (7.64) の非線形確率微分方程式を考える[41),42)]。

$$dx(t) = \Big[f(x) + g_1(x)u_1(t) + g_2(x)u_2(t)\Big]dt + h(x)dw, \ x(0) = x_0 \tag{7.64}$$

ただし，$f(0) = 0$, $h(0) = 0$ を仮定する。また，$x = x(t) \in \mathbb{R}^n$ は状態ベクトルを表す。$u_i = u_i(t) \in \mathbb{R}^{m_i}$ $(i = 1, 2)$ は制御入力を表し，動的ゲームにおけるプレーヤを表す。また，$w(t) \in \mathbb{R}$ は一次元標準ウィナー過程である。一方，評価関数を式 (7.65) のように定義する。

$$\begin{aligned} J_i(u_i) = \mathbb{E}[U_i(x(t_f))] + \mathbb{E}\bigg[\int_0^{t_f} &\Big[x^T(t)Q_i(t)x(t) \\ &+ u_i^T(t)R_i(t)u_i(t)\Big]dt\bigg] \end{aligned} \tag{7.65}$$

ただし，$U_i(\cdot)$ は，$x(t_f)$ の関数であり，最終状態に対する評価を表す。さらに，t_f は正の定数で終端時間を表し，$Q_i(t) = Q_i^T(t) \geq 0$, $R_i(t) = R_i^T(t) > 0$ $(i = 1, 2)$ を満足する。

このとき，確率ナッシュ均衡戦略対とは，式 (7.66) の不等式

$$J_1(u_1^*, u_2^*) \leq J_1(u_1, u_2^*) \tag{7.66a}$$
$$J_2(u_1^*, u_2^*) \leq J_2(u_1^*, u_2) \tag{7.66b}$$

を満足するような集合 $(u_1^*(t), u_2^*(t))$ を意味する[7]。以下では，確率ナッシュ均衡条件 (7.66) を満足する閉ループ確率フィードバック戦略を求める。

〔1〕 閉ループナッシュ均衡戦略　　ここでは，閉ループナッシュ均衡条件を満足するための必要条件を導出する。特に，得られる必要条件が，**連立型 FBSDEs** の可解条件によって記述されることを示す。

定理 7.7　　式 (7.67) の連立型 FBSDEs を考える。

$$dp_1(t) = b_1(t,p,x)dt + \sigma_1(t,p,x)dw(t) \tag{7.67a}$$

$$dp_2(t) = b_2(t,p,x)dt + \sigma_2(t,p,x)dw(t) \tag{7.67b}$$

$$dx(t) = F(t,p,x)dt + h(x)dw(t) \tag{7.67c}$$

ただし，$p(t) = \begin{bmatrix} p_1(t) & p_2(t) \end{bmatrix}^T, p_i(t) \in \mathbb{R}^n$

$$b_i(t,p,x) := -\nabla_x \left(p_i^T(t) \left[\tilde{f}_j(x) + g_i(x)u_i(t) \right] \right)$$
$$\qquad - 2Q_i(t)x(t) - \nabla_x \left(h^T(x)[\nabla_x p_i(t)]h(x) \right), \ i \neq j$$

$$\tilde{f}_j(x) := f(x) + g_j(x)u_j(x)$$

$$\sigma_i(t,p,x) = [\nabla_x p_i(t)]^T h(x)$$

$$F(t,p,x) := f(x) - \frac{1}{2}g_1(x)\bigl[R_1(t)\bigr]^{-1}g_1^T(x)p_1(t)$$
$$\qquad - \frac{1}{2}g_2(x)\bigl[R_2(t)\bigr]^{-1}g_2^T(x)p_2(t)$$

である。また，初期条件および終端条件は以下で与えられるものとする。

$$x(0) = x_0, \ p_i(t_f) = \frac{\partial}{\partial x}U_i(x(t_f)), \ i = 1, 2 \tag{7.68}$$

このとき，連立型 FBSDEs (7.67) が解をもてば，戦略対は式 (7.69) によって与えられる。

$$u_i^*(t) = -\frac{1}{2}\bigl[R_i(t)\bigr]^{-1}g_i^T(x)p_i(t), \ i = 1, 2 \tag{7.69}$$

7.2 ナッシュ均衡戦略

【証明】 それぞれのプレーヤについての最適化問題を考える．また，$R_i(t) = R_i$，$Q_i(t) = Q_i$ と略記する．

(1) プレーヤ 2 の任意の戦略を $u_2(t) = s_2(x)$ と仮定する．このとき，確率システム (7.64) は式 (7.70) となる．

$$dx(t) = \left[\tilde{f}_2(x) + g_1(x)u_1(t)\right]dt + h(x)dw(t) \tag{7.70}$$

ただし，$\tilde{f}_2(x) := f(x) + g_2(x)s_2(x)$．

ここで，ハミルトニアン H_1 を式 (7.71) のように定義する．

$$\begin{aligned}H_1 &= p_1^T(t)\left[\tilde{f}_2(x) + g_1(x)u_1(t)\right] + x^T(t)Q_1 x(t) \\ &\quad + u_1^T(t)R_1 u_1(t) + q_1^T(t)h(x)\end{aligned} \tag{7.71}$$

ここで，確率最大原理により式 (7.72) を得る．

$$\begin{aligned}dp_1(t) &= \Big[-\nabla_x\left(p_1^T(t)\left[\tilde{f}_2(x) + g_1(x)u_1(t)\right]\right) \\ &\quad - 2Q_1 x(t) - \nabla_x\left[q_1^T(t)h(x)\right]\Big]dt + q_1(t)dw(t)\end{aligned} \tag{7.72a}$$

$$q_1(t) = \left[\nabla_x p_1(t)\right]^T h(x) \tag{7.72b}$$

$$\frac{\partial H_1}{\partial u_1} = g_1^T(x)p_1(t) + 2R_1 u_1(t) = 0 \tag{7.72c}$$

したがって，式 (7.72c) から

$$u_1^*(t) = -\frac{1}{2}R_1^{-1}g_1^T(x)p_1(t) \tag{7.73}$$

が得られる．これは，式 (7.69) で $i = 1$ に相当する．また，式 (7.72a) より式 (7.67a) が得られる．

(2) (1) と同様にして，プレーヤ 1 の任意の戦略を $u_1(t) = s_1(x)$ と仮定する．このとき，確率システム (7.64) は式 (7.74) となる．

$$dx(t) = \left[\tilde{f}_1(x) + g_2(x)u_2(t)\right]dt + h(x)dw(t) \tag{7.74}$$

ただし，$\tilde{f}_1(x) := f(x) + g_1(x)s_1(x)$．

ここで，ハミルトニアン H_2 を式 (7.75) のように定義する．

$$\begin{aligned}H_2 &= p_2^T(t)\left[\tilde{f}_1(x) + g_2(x)u_2(t)\right] + x^T(t)Q_2 x(t) \\ &\quad + u_2^T(t)R_2 u_2(t) + q_2^T(t)h(x)\end{aligned} \tag{7.75}$$

したがって，同様の計算によって式 (7.76) を得る．

$$dp_2(t) = \left[-\nabla_x \left(p_2^T(t) [\tilde{f}_1(x) + g_2(x) u_2(t)] \right) \right.$$
$$\left. - 2Q_2 x(t) - \nabla_x [q_2^T(t) h(x)] \right] dt + q_2(t) dw(t) \qquad (7.76a)$$

$$q_2(t) = \left[\nabla_x p_2(t) \right]^T h(x) \qquad (7.76b)$$

$$\frac{\partial H_2}{\partial u_2} = g_2^T(x) p_2(t) + 2R_2 u_2(t) = 0 \qquad (7.76c)$$

したがって，式 (7.76c) から

$$u_2^*(t) = -\frac{1}{2} R_2^{-1} g_2^T(x) p_2(t) \qquad (7.77)$$

が得られる．これは，式 (7.69) で $i=2$ に相当する．また，式 (7.76a) より式 (7.67b) が得られる．最後に，得られた戦略対 (7.69) を非線形確率システム (7.64) に代入して，式 (7.67c) を得る．

$\diamondsuit$

連立型 FBSDEs (7.67) を初期条件および終端条件 (7.68) のもとで $p_i(t)$ を解き，その結果を式 (7.69) に代入することによって戦略対を得ることが可能となる．

〔2〕 **動的計画法による導出** 前節では，確率最大原理によって，ナッシュ均衡戦略を導出したが，別解として，動的計画法によっても導出されるので，以下に結果のみを示す．なお，証明は，文献43),44) の確率最適制御問題の結果を 2 プレーヤに拡張し，文献45) の結果を有限時間の範囲で扱うことによって完了するので省略する．また，数値解については，得られた確定系の偏微分方程式を前進差分によって解いたあと，数値微分も差分化して戦略対を計算する必要があるので，数値解の精度に限界があることに注意されたい．

定理 7.8 不等式 (7.78) を満足する非負スカラ関数 V_i が存在すると仮定する．

$$c_{i0} \|x\|^2 \leq V_i(x) \leq c_{i1} \|x\|^2, \quad c_{i0}, c_{i1} > 0 \qquad (7.78)$$

また，以下の**連立型 SHJBEs** を考える．

7.2 ナッシュ均衡戦略

$$-\frac{\partial V_i^T(t,x)}{\partial t} = f_{-i}^T(x)\frac{\partial V_i(t,x)}{\partial x} + x^T(t)Q_i(t)x(t)$$
$$-\frac{1}{4}\left(\frac{\partial V_i(t,x)}{\partial x}\right)^T g_i(x)\bigl[R_i(t)\bigr]^{-1} g_i^T(x)\frac{\partial V_i(t,x)}{\partial x}$$
$$+\frac{1}{2}h^T(x)\frac{\partial}{\partial x}\left(\frac{\partial V_i(t,x)}{\partial x}\right)^T h(x), \ i=1,\ 2$$

$$V_i(t_f, x(t_f)) = U_i(x(t_f)) \tag{7.79}$$

ただし

$$f_{-1}(x) = f(x) - \frac{1}{2}g_2(x)\bigl[R_2(t)\bigr]^{-1} g_2^T \frac{\partial V_2}{\partial x}$$
$$f_{-2}(x) = f(x) - \frac{1}{2}g_1(x)\bigl[R_1(t)\bigr]^{-1} g_1^T \frac{\partial V_1}{\partial x}$$

連立型 SHJBEs (7.79) の解 $(V_1^*, V_2^*, u_1^{d*}, u_2^{d*})$ が存在するとき，有限時間確率ナッシュ均衡戦略は式 (7.80) で与えられる．

$$u_i(t) = u_i^{d*}(t,x) = -\frac{1}{2}\bigl[R_i(t)\bigr]^{-1} g_i^T \frac{\partial V_i^*}{\partial x},\ i=1,\ 2 \tag{7.80}$$

文献21), 46) では，制御入力と外部入力の2プレーヤが存在するため，実質は動的ゲーム問題となっているが，文献43), 44) は，プレーヤが一つである最適制御問題であるため，連立型 SHJBEs とならない．したがって，2プレーヤであれば連立型 SHJBEs を解く必要があり，1プレーヤであれば，SHJBE を解く必要があることに注意されたい．当然，解が存在する条件や数値解法も両者で異なってくることに注意されたい．

動的ゲーム問題では，2プレーヤが存在するため，連立型 SHJBEs になることに注意されたい．その結果，文献47), 48) で扱われている確定的な HJBE の数値解法（多項式展開）および文献49) で扱われている確定的な HJBE の数値解法（4ステップスキーム）のいずれも1プレーヤを考えているため，これらの結果の利用には工夫が必要である．

〔3〕 4 ステップスキーム　　戦略対 (7.69) を求めるために，連立型 FBSDEs (7.67) を解く必要がある。しかしながら，この方程式は，非線形確率偏微分方程式であるため，解析解を求めることが困難であることが知られている。そこで，4 ステップスキーム[43),44),49)]を利用して，数値解を得ることを考える。

まず，$p_i(t)$ と $x(t)$ には以下の関係式があると仮定する。

$$p_i(t) = \theta_i(t, x), \ i = 1, 2 \tag{7.81}$$

ただし，$\theta_i(t, x)$ は，各成分がスカラ関数 $\theta_i^k(t, x) \in \mathbb{R}$ であるベクトル値関数であると仮定する。

$$\theta_i(t, x) = \begin{bmatrix} \theta_i^1(t, x) & \cdots & \theta_i^n(t, x) \end{bmatrix}^T \in \mathbb{R}^n \tag{7.82}$$

各要素である $\theta_i^k(t, x)$ に伊藤の公式を利用すれば，式 (7.83) を得る。

$$\begin{aligned}
d\theta_i^k(t, x) = &\left[\frac{\partial \theta_i^k(t, x)}{\partial t} + F^T(t, \theta, x) \frac{\partial \theta_i^k(t, x)}{\partial x} \right. \\
&\left. + \frac{1}{2} h^T(x) \frac{\partial}{\partial x} \left(\frac{\partial \theta_i^k(t, x)}{\partial x} \right)^T h(x) \right] dt \\
&+ \left(\frac{\partial \theta_i^k(t, x)}{\partial x} \right)^T h(x) dw(t), \ i = 1, 2, \ k = 1, \cdots, n
\end{aligned} \tag{7.83}$$

ただし，$\theta(t, x) = \begin{bmatrix} \theta_1(t, x) & \theta_2(t, x) \end{bmatrix}^T, \theta_i(t, x) \in \mathbb{R}^n$

ここで，式 (7.81) より，$p_i(t) = \theta_i(t, x)$ であることに注意すれば，式 (7.67a)，式 (7.67b) と係数比較することによって，式 (7.84) を得る。

$$\begin{aligned}
-\frac{\partial \theta_i^k(t, x)}{\partial t} = &F^T(t, \theta, x) \frac{\partial \theta_i^k(t, x)}{\partial x} \\
&+ \frac{1}{2} h^T(x) \frac{\partial}{\partial x} \left(\frac{\partial \theta_i^k(t, x)}{\partial x} \right)^T h(x) - b_i^k(t, \theta, x)
\end{aligned} \tag{7.84a}$$

$$\left(\frac{\partial \theta_i^k(t,x)}{\partial x}\right)^T h(x) = \sigma_i^k(t,\theta,x) \tag{7.84b}$$

ただし

$$\begin{aligned}
F(t,\theta,x) &:= f(x) - \frac{1}{2}g_1(x)R_1^{-1}g_1^T(x)\theta_1(t) \\
&\quad - \frac{1}{2}g_2(x)R_2^{-1}g_2^T(x)\theta_2(t) - b_i^k(t,\theta,x) \\
&:= -\frac{\theta_i^T(t)}{2} \cdot \frac{\partial}{\partial x_k}\left(g_j(x)R_j^{-1}g_j^T(x)\theta_j(t,x)\right) \\
&\quad + \frac{\partial}{\partial x_k}\left[\theta_i^T(t)\left(f(x) - \frac{1}{2}g_i(x)R_i^{-1}g_i^T(x)\theta_i(t)\right)\right. \\
&\quad \left. + x^T(t)Q_i(t)x(t) + h^T(x)[\nabla_x \theta_i(t)]h(x)\right]
\end{aligned}$$

$i, j = 1, 2, i \neq j, k = 1, \cdots, n$

$$x(t) = \begin{bmatrix} x_1(t) & \cdots & x_n(t) \end{bmatrix}^T \in \mathbb{R}^n$$

$$b_i(t,\theta,x) = \begin{bmatrix} b_i^1(t,\theta,x) & \cdots & b_i^n(t,\theta,x) \end{bmatrix}^T \in \mathbb{R}^n$$

$$\sigma_i(t,\theta,x) = \begin{bmatrix} \sigma_i^1(t,\theta,x) & \cdots & \sigma_i^n(t,\theta,x) \end{bmatrix}^T \in \mathbb{R}^n$$

一方,終端条件は以下で与えられる.

$$\theta_i^k(t_f, x(t_f)) = \frac{\partial}{\partial x_k}U_i(x(t_f)), \ i=1, 2, \ k=1, \cdots, n$$

ここで,式 (7.84a) は,確定的な偏微分方程式であるが,2 プレーヤが存在する連立型となっているために,従来の方法[47),48)]を利用して数値的に求めることは困難である.以上から,確定的な偏微分方程式 (7.84a) をメッシュに区切って計算する.その結果,$\theta_i^k(t_f)$ を利用して,$p_i^k(t) = \theta_i^k(t,x)$ として $p_i(t)$ を求め,戦略対 (7.69) を得ることが可能となる.

〔4〕例題　ここでは,先に得られた結果の正当性を確認するために,線形確率システムに対して,制御戦略対を導出し,従来の結果と同一であることを示す.

式 (7.85) の線形確率微分方程式を考える.

7. 動的ゲーム理論への応用

$$dx(t) = \Big[A(t)x(t) + B_1(t)u_1(t) + B_2(t)u_2(t)\Big]dt$$
$$+ A_p(t)x(t)dw(t),\ x(0) = x_0 \tag{7.85}$$

一方,評価関数を式 (7.86) のように定義する.

$$J_i(u_i) = \frac{1}{2}\mathbb{E}[x^T(t_f)L_i x(t_f)] + \frac{1}{2}\mathbb{E}\Big[\int_0^{t_f}\Big[x^T(t)Q_i(t)x(t)$$
$$+ u_i^T(t)R_i(t)u_i(t)\Big]dt\Big] \tag{7.86}$$

このとき,一般性を失うことなく式 (7.87) を仮定する.

$$p_i(t) = P_i(t)x(t) \tag{7.87}$$

このとき

$$dp_i(t) = \dot{P}_i(t)x(t)dt + P_i(t)\bar{F}(x)dt + P_i(t)A_p(t)x(t)dw(t) \tag{7.88}$$

である.一方,以下の FBSDEs を得る.

$$dp_1(t) = \Big[-[A(t) - S_2(t)P_2(t)]^T P_1(t) - Q_1(t)$$
$$- A_p^T(t)P_1(t)A_p(t)\Big]x(t)dt + P_1(t)A_p(t)x(t)dw(t) \tag{7.89a}$$
$$dp_2(t) = \Big[-[A(t) - S_1(t)P_1(t)]^T P_2(t) - Q_2(t)$$
$$- A_p^T(t)P_2(t)A_p(t)\Big]x(t)dt + P_2(t)A_p(t)x(t)dw(t) \tag{7.89b}$$
$$dx(t) = \bar{F}(x)dt + A_p(t)x(t)dw(t) \tag{7.89c}$$

ただし,$S_i(t) := B_i(t)\big[R_i(t)\big]^{-1}B_i^T(t)\ (i = 1,\ 2)$

$$\bar{F}(x) := \Big[A(t) - S_1(t)P_1(t) - S_2(t)P_2(t)\Big]x(t)$$

である.また,初期条件および終端条件は式 (7.90) で与えられるものとする.

$$x(0) = x_0,\ p_i(t_f) = L_i x(t_f),\ i = 1,\ 2 \tag{7.90}$$

最終的に,以下の連立型確率リカッチ微分方程式を得る.

$$-\dot{P}_1(t) = P_1(t)\bar{A}(t) + \bar{A}^T(t)P_1(t) + A_p^T(t)P_1(t)A_p(t)$$
$$+ P_1(t)S_1(t)P_1(t) + Q_1(t) \tag{7.91a}$$
$$-\dot{P}_2(t) = P_2(t)\bar{A}(t) + \bar{A}^T(t)P_2(t) + A_p^T(t)P_2(t)A_p(t)$$
$$+ P_2(t)S_2(t)P_2(t) + Q_2(t) \tag{7.91b}$$

ただし，$\bar{A}(t) := A(t) - S_1(t)P_1(t) - S_2(t)P_2(t),\ P_i(t_f) = L_i$ である．

以上より，連立型確率リカッチ微分方程式 (7.91) を解くことによって戦略対，式 (7.92) を得ることができる．

$$u_i(t) = -[R_i(t)]^{-1}B_i^T(t)P_i(t)x(t),\ i = 1,\ 2 \tag{7.92}$$

この結果は，動的計画法において，$V_i(t,x) = 1/2x^T(t)P_i(t)x(t)$ として計算した結果にも等しいことが確認される．

〔5〕**数 値 例** 提案された数値解法の有用性を検証するため，藍藻類生物であるアオコの抑制問題を考える．非線形確率システムおよび各プレーヤの評価関数は，式 (7.93) で与えられる[50]．

$$dx(t) = \left[-m_P x(t) - \frac{f_P x(t)}{H_P + x(t)} + \frac{1}{2}u_1(t) + \frac{1}{2}u_2(t)\right]dt$$
$$+ \frac{\mu_m N}{H_N + N}x(t)dw(t),\ x(0) = 1.0 \tag{7.93a}$$
$$J_i(u_i) = \mathbb{E}\left[\int_0^2 \left[Q_i x^2(t) + R_i u_i^2(t)\right]dt\right] \tag{7.93b}$$

ただし，状態変数 $x(t)$ の次元および，各プレーヤの戦略である制御入力 $u_i(t)$ の次元はともにスカラであると仮定する．また，状態変数と制御入力の意味は，それぞれ藍藻類生物量〔g·m^{-3}〕，アオコ抑制剤 A（高価格であるが抑制度が高い），アオコ抑制剤 B（低価格かつ長期間抑制力をもつが抑制度が低い）を表す．さらに，藍藻類の最大成長率 μ_m に対して，$\alpha := \mu_m N/(H_N + N)$ とおくとき，拡散項を含め $\alpha x(t)dw(t)$ を状態に依存するノイズと考える．一方，式 (7.93a) の各パラメータは表 **7.1** によって与えられる．評価関数の重みは，制御

表 7.1　モデルにおける各パラメータ

パラメータ	意味	値	単位
μ_m	藍藻類の最大成長率	0.3	day^{-1}
N	栄養塩濃度	8.0	mmol·m^{-3}
H_N	栄養塩濃度に対する半飽和定数	0.2	mmol·m^{-3}
f_P	動物プランクトンによる藍藻類の最大捕食率	2.0	$\text{g·m}^{-3}\text{·day}^{-1}$
H_P	藍藻類生物量に対する半飽和定数	4.0	g·m^{-3}
m_P	藍藻類の除去率	0.1	day^{-1}

設計者が独自に決めることができるため，それぞれ $R_1 = 1/1.4$, $R_2 = 1/1.5$, $Q_1 = 1.1$, $Q_2 = 1.5$ に設定した．

ここで考えている確率動的ゲーム問題とは，アオコ抑制剤 A と B の二種類を利用することにより，アオコの減少を行いつつ，抑制剤の使用量も減少させることを目的としている．具体的には，アオコ抑制剤 A を多く使用すれば，アオコの減少を短時間に達成することが可能となるが，その分，コストがかさむことになる．一方，アオコ抑制剤 B を多く使用すれば，長期間にわたり，効果が期待でき，かつコストがあまりかからないものの，短期間にアオコを減少させることができない．以上のトレードオフを伴うゲーム問題において，ナッシュ均衡を実現する戦略を求めることを目的としている．

非線形確率システム (7.64) に対して，以下の関数が対応する．

$$\left.\begin{aligned} f(x) &= -m_P x(t) - \frac{f_P x(t)}{H_P + x(t)}, \; g_1(x) = g_2(x) = \frac{1}{2} \\ h(x) &= \frac{\mu_m N}{H_N + N} x(t) = \alpha x(t) \end{aligned}\right\} \quad (7.94)$$

さらに，評価関数 (7.65) に関して，$\mathbb{E}[U_i(x(t_f))] = 0$ である．

続いて，式 (7.95) のようにハミルトニアン H_i を定義する．

$$H_i = p_i \left[-m_P x - \frac{f_P x}{H_P + x} + \frac{1}{2} u_1 + \frac{1}{2} u_2 \right] + Q_i x^2 + R_i u_i^2 + q_i \alpha x$$
$$i = 1, 2 \quad (7.95)$$

ここで，閉ループ戦略であることに注意すれば，確率最大原理により式 (7.96) を得る．

$$dp_i = -\frac{\partial H_i}{\partial x}dt + q_i dw$$
$$= -\bigg[\bigg(-m_P - \frac{f_P H_p}{(H_P+x)^2} + \frac{1}{2}\cdot\frac{\partial u_j(x)}{\partial x}\bigg)p_i$$
$$+ 2Q_i x + \alpha q_i\bigg]dt + q_i dw,\ i \neq j \tag{7.96a}$$
$$0 = \frac{\partial H_i}{\partial u_i} \Rightarrow u_i = -\frac{1}{4R_i}p_i \tag{7.96b}$$

続いて，4 ステップスキームを適用するために，式 (7.97) を仮定する．

$$p_i(t) = \theta_i(t,x),\ i = 1,\ 2 \tag{7.97}$$

このとき，$\theta_i(t,x)$ に伊藤の公式を利用すれば

$$d\theta_i = \bigg[\frac{\partial \theta_i}{\partial t} + \frac{\partial \theta_i}{\partial x}\bigg(-m_P x - \frac{f_P x}{H_P+x} - \frac{1}{8R_1}\theta_1 - \frac{1}{8R_2}\theta_2\bigg)$$
$$+ \frac{1}{2}\alpha^2 x^2 \frac{\partial^2 \theta_i}{\partial x^2}\bigg]dt + \frac{\partial \theta_i}{\partial x}\cdot\alpha x dw \tag{7.98}$$

以上から，式 (7.96a) および式 (7.98) を比較し，式 (7.97) の関係式を利用すれば，$\theta_i = \theta_i(t,x)$ に関する確定系偏微分方程式を得る．

$$\frac{\partial \theta_i}{\partial t} + \frac{\partial \theta_i}{\partial x}\bigg(-m_P x - \frac{f_P x}{H_P+x} - \frac{1}{8R_1}\theta_1 - \frac{1}{8R_2}\theta_2\bigg) + \frac{1}{2}\alpha^2 x^2 \frac{\partial^2 \theta_i}{\partial x^2}$$
$$+ \bigg(-m_P - \frac{f_P H_p}{(H_P+x)^2} - \frac{1}{8R_j}\cdot\frac{\partial \theta_j}{\partial x}\bigg)\theta_i$$
$$+ 2Q_i x + \alpha^2 x \frac{\partial \theta_i}{\partial x} = 0,\ i \neq j \tag{7.99}$$

ただし，$\theta_i(2,x) = 0\ (i = 1,\ 2)$ である．

最終的に，式 (7.99) に対して，数値計算によって $\theta_i(t,x)$ を求めることで，式 (7.100) の戦略対を得る．

$$u_i(t,x) = u_i^f(t,x) = -\frac{1}{4R_i}\theta_i(t,x),\ i = 1,\ 2 \tag{7.100}$$

一方，4 ステップスキームである式 (7.99) を数値計算によって解く代わりに，動的計画法から導出された式 (7.101)

$$\frac{\partial V_i}{\partial t} + \frac{\partial V_i}{\partial x}\left(-m_P x - \frac{f_P x}{H_P + x} - \frac{1}{8R_j} \cdot \frac{\partial V_j}{\partial x}\right) + Q_i x^2$$
$$- \frac{1}{16R_i}\left(\frac{\partial V_i}{\partial x}\right)^2 + \frac{1}{2}\alpha^2 x^2 \frac{\partial^2 V_i}{\partial x^2} = 0,\ i \neq j$$

$$V_1(1, x(2)) = V_2(1, x(2)) = 0 \tag{7.101}$$

をもとに,数値計算によって $V_i(t,x)$ を求めることで,戦略対

$$u_i(t,x) = u_i^d(t,x) = -\frac{1}{4R_i} \cdot \frac{\partial}{\partial x} V_i(t,x),\ i = 1,\ 2 \tag{7.102}$$

を得ることも可能である。当然,確定系偏微分方程式 (7.99), (7.101) を解くために,文献51), 52) の結果が利用できることに注意されたい。

以上の結果をもとに,シミュレーションを行う。ただし,偏微分方程式の数値解は,空間差分 $\Delta x = 0.05$, 時間差分 $\Delta t = 0.1$ として,前進差分によって得た。

まず,確定系偏微分方程式から構成される4ステップスキーム (7.99) による

$$u_i(t,x) = u_i^f(t,x) = -\frac{1}{4R_i}\theta_i(t,x),\ i = 1,\ 2$$

の結果を図 **7.1**,図 **7.2** に示す。

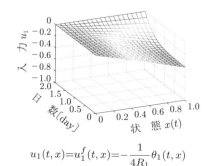

$u_1(t,x) = u_1^f(t,x) = -\dfrac{1}{4R_1}\theta_1(t,x)$

図 **7.1** 4ステップスキームによるプレーヤ1

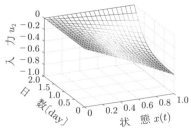

$u_2(t,x) = u_2^f(t,x) = -\dfrac{1}{4R_2}\theta_2(t,x)$

図 **7.2** 4ステップスキームによるプレーヤ2

つぎに,動的計画法に基づく連立型 SHJBEs (7.101) から構成される $V_i(t,x)$ に対して,数値微分を行って得られた $\partial V_i(t,x)/\partial x$ に基づく

$$u_i(t,x) = u_i^d(t,x) = -\frac{1}{4R_i} \cdot \frac{\partial}{\partial x} V_i(t,x), \ i=1,\ 2$$

の結果を図 **7.3**，図 **7.4** に示す．

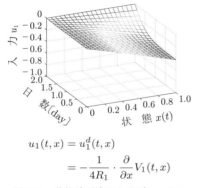

$u_1(t,x) = u_1^d(t,x)$
$= -\dfrac{1}{4R_1} \cdot \dfrac{\partial}{\partial x} V_1(t,x)$

図 **7.3** 動的計画法によるプレーヤ 1

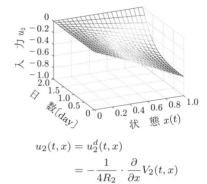

$u_2(t,x) = u_2^d(t,x)$
$= -\dfrac{1}{4R_2} \cdot \dfrac{\partial}{\partial x} V_2(t,x)$

図 **7.4** 動的計画法によるプレーヤ 2

さらに，それらの誤差 $|u_i^f(t,x) - u_i^d(t,x)|$ の結果を図 **7.5**, 図 **7.6** に示す．図 7.5, 図 7.6 から，誤差 $|u_i^f(t,x) - u_i^d(t,x)|$ は，$i=1,\ 2$ で，ともに $x=0$ の近辺であり，おおむね 0.015 以下であることが確認される．したがって，両者の値はほぼ同じであることがわかる．ここで，連立型 SHJBEs (7.101) と数値微分による数値解に基づく戦略対 (7.102) を求める場合，連立型 SHJBEs (7.101) を前進差分による近似解によって計算し，さらに $\partial V_i(t,x)/\partial x$ を数値微分によって求めているため，近似解のさらに近似解を計算していることになる．し

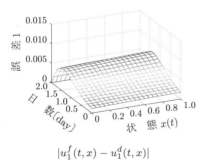

$|u_1^f(t,x) - u_1^d(t,x)|$

図 **7.5** 4 ステップスキームと動的計画法によるプレーヤ 1 の戦略の差

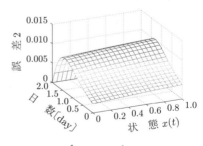

$|u_2^f(t,x) - u_2^d(t,x)|$

図 **7.6** 4 ステップスキームと動的計画法によるプレーヤ 2 の戦略の差

たがって，精度の高い数値微分法を利用しても精度の向上が望めないことに注意されたい。

最後に，藍藻類生物であるアオコの量を状態変数として，図 7.7 に軌道を示す。ただし，ウィナー過程であるノイズ $dw(t)$ は，$dw(t) \approx \sqrt{dt}\xi(t) = \sqrt{0.1}\xi(t)$，$\xi(t) \sim \mathbf{N}(0, 1)$ として近似を行った。$\mathbf{N}(0, 1)$ は，標準正規分布を表し，シミュレーションに利用したデータ $dw(t)$ の平均と分散は，それぞれ -0.0057 と 0.1090 である。図 7.7 から，時間の経過とともにアオコの減少を確認することができる。以上より，実確率システムを基盤としたシミュレーションの結果から，本手法の有用性が確認された。

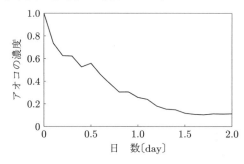

図 7.7 アオコの濃度のシミュレーション結果

〔6〕 H_∞ 拘束条件を伴うマルチプレーヤの場合　　最後に，H_∞ 拘束条件を伴うマルチプレーヤの場合について考える。なお，H_∞ 拘束条件とは，非線形確率システムに確定外乱 $v(t)$ を含み，その確定外乱 $v(t)$ から制御量 $z(t)$ までの H_∞ ノルムが γ より小さくなることを意味する。ここでは，そのような H_∞ 拘束条件を満足する戦略組を求める問題を解く[24]。

式 (7.103) のマルチプレーヤを含む非線形確率システムを考える。

$$dx(t) = \left[f(x(t)) + \sum_{j=1}^{N} g_j(x(t))u_j(t) + k(x(t))v(t) \right] dt$$
$$+ h(x(t))dw(t) \qquad (7.103\text{a})$$
$$z(t) = \left[\begin{array}{cccc} x^T(t) & u_1^T(t) & \cdots & u_N^T(t) \end{array} \right]^T \qquad (7.103\text{b})$$

ただし，$f(0) = 0, k(0) = 0, h(0) = 0$ を仮定する。また，$x = x(t) \in \mathbb{R}^n$ は状

態ベクトルを表す．$u_i = u_i(t) \in \mathbb{R}^{m_i}$ ($i = 1, \cdots, N$) は i 番目の制御入力を表し，N プレーヤいることを表す．また，$w(t) \in \mathbb{R}$ は一次元標準ウィナー過程である．このとき，H_∞ 拘束条件を伴う確率ナッシュ均衡戦略対は，式 (7.104) の不等式を満足する．

$$J_v(u_1^*, \cdots, u_N^*, v^*, x_0) \leqq J_v(u_1^*, \cdots, u_N^*, v, x_0) \tag{7.104a}$$

$$J_i(u_1^*, \cdots, u_N^*, v^*, x_0) \leqq J_i(u_1^*, \cdots, u_{i-1}^*, u_i, u_{i+1}^*, \cdots, u_N^*, v^*, x_0) \tag{7.104b}$$

ただし

$$J_v(u_1, \cdots, u_N, v, x_0) = \mathbb{E}\left[\int_0^\infty \left[\gamma^2 \|v(t)\|^2 - \|z(t)\|^2\right] dt\right]$$

$$J_i(u_1, \cdots, u_N, v, x_0) = \mathbb{E}\left[\int_0^\infty \left[\|x(t)\|_{Q_i}^2 + \|u_i(t)\|_{R_i}^2\right] dt\right]$$

$$\|z(t)\|^2 = \|x(t)\|^2 + \sum_{j=1}^N \|u_j(t)\|^2$$

ここで，$Q_i = Q_i^T \geqq 0$, $R_i = R_i^T > 0$ を満足する．

定理 7.9 不等式 (7.105) を満足する非負スカラ関数 $V_{i\infty}(x)$ および非正スカラ関数 $V_v(x)$ が存在すると仮定する．

$$-c_0\|x\|^2 \leqq V_v(x) \leqq 0, \quad c_0 > 0 \tag{7.105a}$$

$$c_{i0}\|x\|^2 \leqq V_{i\infty}(x) \leqq c_{i1}\|x\|^2, \quad c_{i0}, c_{i1} > 0 \tag{7.105b}$$

また，以下の連立型 SHJBEs を考える．

$$f_K^T(x)\frac{\partial V_v(x)}{\partial x} - \frac{\gamma^{-2}}{4}\left(\frac{\partial V_v(x)}{\partial x}\right)^T k(x)k^T(x)\frac{\partial V_v(x)}{\partial x}$$

$$- m_K^T(x)m_K(x) + \frac{1}{2}h^T(x)\frac{\partial}{\partial x}\left(\frac{\partial V_v(x)}{\partial x}\right)^T h(x) = 0$$

$$V_v(0) = 0 \tag{7.106a}$$

$$f_{-i}^T(x)\frac{\partial V_{i\infty}(x)}{\partial x} + \|x\|_{Q_i}^2$$

$$- \frac{1}{4}\left(\frac{\partial V_{i\infty}(x)}{\partial x}\right)^T g_i(x)R_i^{-1}g_i^T(x)\frac{\partial V_{i\infty}(x)}{\partial x}$$

$$+ \frac{1}{2} h^T(x) \frac{\partial}{\partial x} \left(\frac{\partial V_{i\infty}(x)}{\partial x} \right)^T h(x) = 0$$

$$V_{i\infty}(0) = 0, \ i = 1, \cdots, N \tag{7.106b}$$

ただし

$$f_K(x) = f(x) + \sum_{j=1}^{N} g_j(x) K_j(t)$$

$$f_{-i}(x) = f(x) + \sum_{j=1,\ i \neq i}^{N} g_j(x) K_j(t) + k(x) K_v(t)$$

$$m_K^T(x) m_K(x) := \|x\|^2 + \sum_{j=1}^{N} K_j^T(t) K_j(t)$$

連立型 SHJBEs (7.106) の解 $V_{i\infty}^*(x)$ ($i = 1, \cdots, N$), $V_v^*(x)$ が存在するとき, H_∞ 拘束条件を伴う確率ナッシュ均衡戦略 $u_i^*(t)$, および最悪外乱 $v^*(t)$ は式 (7.107) で与えられる。

$$v(t) = v^*(t) = K_v^*(t) = -\frac{\gamma^{-2}}{2} k^T(x) \frac{\partial V_v^*(x)}{\partial x} \tag{7.107a}$$

$$u_i(t) = u_i^*(t) = K_i^*(t) = -\frac{1}{2} R_i^{-1} g_i^T(x) \frac{\partial V_{i\infty}^*(x)}{\partial x} \tag{7.107b}$$

【証明】　簡易的証明を行う。詳細は文献24) を参照されたい。まず, H_∞ 拘束条件については, すべてのプレーヤが式 (7.107b) を選択したとき, 閉ループシステムは式 (7.108) となる。

$$dx(t) = [f_K(x(t)) + k(x(t)) v(t)] dt + h(x(t)) dw(t) \tag{7.108a}$$

$$z(t) = \begin{bmatrix} x^T(t) & K_1^T(t) & \cdots & K_N^T(t) \end{bmatrix}^T \tag{7.108b}$$

このとき, 補題 6.1 を適用すれば, SHJBEs (7.106a) および最悪外乱 (7.107a) を得る。

一方, ナッシュ均衡条件については, i 番目のプレーヤのみ除いた以下の非線形確率システム

$$dx(t) = [f_{-i}(x(t)) + g_i(x(t)) u_i(t)] dt + h(x(t)) dw(t) \tag{7.109}$$

および, 評価関数

$$J_i(K_1^*, \cdots, K_{i-1}^*, u_i, K_{i+1}^*, \cdots, K_N^*, v^*, x_0)$$
$$= \mathbb{E}\left[\int_0^\infty \Big[\|x(t)\|_{Q_i}^2 + \|u_i(t)\|_{R_i}^2\Big]dt\right] \quad (7.110)$$

に対して，定理 6.5 を適用すれば，SHJBEs (7.106b) および最悪外乱 (7.107b) を得る．以上より証明が完了した．

7.3 スタッケルベルグ均衡戦略

式 (7.111) の線形確率微分方程式を考える．
$$dx(t) = \Big[Ax(t) + B_0 u_0(t) + B_1 u_1(t)\Big]dt + A_p x(t)dw(t) \quad (7.111)$$

ただし，$x(t) \in \mathbb{R}^n$ は状態ベクトル，$u_i(t) \in \mathbb{R}^{m_i}$ はプレーヤ i の制御入力をそれぞれ表す．ここで，u_0 は，リーダを意味し，u_1 は，フォロワを意味する．$w(t) \in \mathbb{R}$ は一次元標準ウィナー過程である．初期値 $x(0) = x_0$ は，$\mathbb{E}[x(0)x^T(0)] = I_n$ を満足する任意の確定値である[53),54)]．

与えられた行列 A，B_i，A_p，$i = 0, 1$ に対して，集合 $\mathbf{F}$ を以下のように定義する．

$\mathbf{F} := \big\{(K_0, K_1) \mid$ 閉ループ確率システム $dx(t) = [A + B_0 K_0 + B_1 K_1]x(t)dt + A_p x(t)dw(t)$ は，平均二乗安定である．$\big\}$

一般性を失うことなく，以下の条件を仮定する[53)]．

(A, B_i, A_p)，$i = 0, 1$ は，平均二乗の意味で可安定である．

つぎに，リーダ，フォロワそれぞれに対して，以下の評価関数を定義する．
$$J_0(u_0, u_1) = \mathbb{E}\bigg[\int_0^\infty \Big[x^T(t)Q_0 x(t)$$
$$+ u_0^T(t)R_{00}u_0(t) + u_1^T(t)R_{01}u_1(t)\Big]dt\bigg] \quad (7.112a)$$
$$J_1(u_0, u_1) = \mathbb{E}\bigg[\int_0^\infty \Big[x^T(t)Q_1 x(t)$$
$$+ u_0^T(t)R_{10}u_0(t) + u_1^T(t)R_{11}u_1(t)\Big]dt\bigg] \quad (7.112b)$$

ただし，$Q_i = Q_i^T \geqq 0$, $R_{ii} = R_{ii}^T > 0$, $R_{ij} = R_{ij}^T \geqq 0$, $i \neq j$, $i = 0, 1$

7.3.1 スタッケルベルグ均衡戦略問題

スタッケルベルグゲーム理論では，まず，リーダの戦略宣言後，フォロワのコストが最小となるように事前戦略を決定する．その後，このフォロワの戦略の達成条件を最適化の拘束条件とし，最終的にリーダが自身のコストの最小化を行うことを指す．

定義 7.3　ある固定されたリーダの戦略 u_0 に対して，$u_1^0 = Tu_0 = u_1(u_0) \in \mathbb{R}^{m_1}$ となるような写像 T が存在すると仮定する．このとき，スタッケルベルグ均衡戦略とは，以下の条件を満足する戦略対 (u_0, u_1), $u_1 = u_1(u_0)$ のことをいう．

$$J_0(u_0^*, u_1^*) \leqq J_0(u_0, u_1^0(u_0)) \tag{7.113a}$$

$$J_1(u_0, u_1^0(u_0)) \leqq J_1(u_0, u_1(u_0)) \tag{7.113b}$$

ただし

$$u_1^* = u_1^0(u_0^*) \tag{7.114}$$

定義 7.3 に従った戦略の概略図を図 **7.8** に示す．

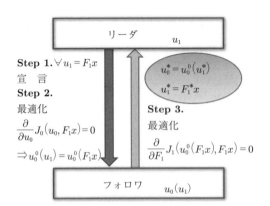

図 **7.8**　スタッケルベルグゲームの概略

7.3.2 主要結果

以下の結果が知られている[55]。

定理 7.10　連立型確率リカッチ代数方程式 (7.115) が，解 $M_0 \geqq 0$, $M_1 \geqq 0$, $N_0 > 0$, N_1 および F_0 をもつと仮定する。

$$M_0 A_F + A_F^T M_0 + A_p^T M_0 A_p + Q_{F_0} = 0 \qquad (7.115\text{a})$$

$$M_1 A_F + A_F^T M_1 + A_p^T M_1 A_p + Q_{F_1} = 0 \qquad (7.115\text{b})$$

$$N_0 A_F^T + A_F N_0 + A_p N_0 A_p^T + I_n = 0 \qquad (7.115\text{c})$$

$$N_1 A_F^T + A_F N_1 + A_p N_1 A_p^T - (S_1 M_0 N_0 + N_0 M_0 S_1)$$
$$+ S_0 M_1 N_0 + N_0 M_1 S_0 = 0 \qquad (7.115\text{d})$$

$$R_{00} F_0 N_0 + R_{10} F_0 N_1 + B_0^T (M_0 N_0 + M_1 N_1) = 0 \qquad (7.115\text{e})$$

ただし

$$F_1 := -R_{11}^{-1} B_1^T M_1, \ A_F := A + B_0 F_0 - S_1 M_1$$

$$Q_{F_0} := Q_0 + F_0^T R_{00} F_0 + M_1 S_0 M_1$$

$$Q_{F_1} := Q_1 + F_0^T R_{10} F_0 + M_1 S_1 M_1$$

$$S_0 := B_1 R_{11}^{-1} R_{01} R_{11}^{-1} B_1^T, \ S_1 := B_1 R_{11}^{-1} B_1^T$$

このとき，スタッケルベルグ戦略対 (u_0, u_1) は，以下によって計算される。ただし

$$u_i(t) = F_i x(t), \ i = 0, 1 \qquad (7.116)$$

さらに，$(A_F, A_p \mid I_n)$ が完全可観測であれば，閉ループ確率システムは平均二乗漸近安定である。

【証明】　定義 7.3 に従って最適化問題を解く。まず，任意のリーダ戦略 $u_0(t) = F_0 x(t)$ に対して，評価関数 (7.112b) に代入し，以下の確率 LQ 問題に帰着させる。

$$\min_{u_1} J_1(F_0 x, u_1) = \min_{u_1} \mathbb{E}\left[\int_0^\infty \left[x^T(t)(Q_1 + F_0^T R_{10} F_0)x(t) \right.\right.$$
$$\left.\left. + u_1^T(t)R_{11}u_1(t)\right]dt\right] \tag{7.117a}$$

s.t. $dx(t) = \left[(A + B_0 F_0)x(t) + B_1 u_1(t)\right]dt + A_p dw(t)$ (7.117b)

したがって，$u_1^0(u_0)$ は以下となる．

$$u_1^0(u_0) = F_1 x(t) := -R_{11}^{-1} B_1^T M_1 x(t) \tag{7.118}$$

ただし，M_1 は式 (7.119) の確率リカッチ代数方程式の準正定値解である．

$$\boldsymbol{F}_1(M_1, F_0) = M_1(A + B_0 F_0) + (A + B_0 F_0)^T M_1 + A_p^T M_1 A_p$$
$$- M_1 S_1 M_1 + Q_1 + F_0^T R_{10} F_0 = 0 \tag{7.119}$$

式 (7.119) は，容易に式 (7.115b) と等価であることが示される．一方，$A_F = A_{F0} - S_1 M_1$ が平均二乗安定であれば，リーダの評価関数の値 J_0 は，式 (7.120) のように表される．

$$J_0(u_0, u_1^0(u_0)) = J_0(F_0 x, -R_{11}^{-1} B_1^T M_1 x) = \mathbf{Tr}\,[M_0] \tag{7.120}$$

ただし，M_0 は以下の確率リアプノフ代数方程式 (7.121) の準正定値解である．

$$\boldsymbol{F}_0(M_0, M_1, F_0) = M_0 A_F + A_F^T M_0 + A_p^T M_0 A_p$$
$$+ Q_0 + F_0^T R_{00} F_0 + F_1^T R_{01} F_1 = 0 \tag{7.121}$$

同様に，式 (7.121) が式 (7.115a) と等価であることが示される．

式 (7.121) を拘束条件とし，式 (7.120) を最小化する問題をラグランジュの未定乗数法によって解く．以下のラグランジュ関数 $\boldsymbol{H}$ を定義する．

$$\boldsymbol{H}(M_0, M_1, F_0)$$
$$= \mathbf{Tr}\,[M_0] + \mathbf{Tr}\,[N_1 \boldsymbol{F}_1(M_1, F_0)] + \mathbf{Tr}\,[N_0 \boldsymbol{F}_0(M_1, M_0, F_0)]$$
$$\tag{7.122}$$

ただし，N_0 および N_1 は，$N_0 = N_0^T$, $N_1 = N_1^T$ を満足するラグランジュ乗数である．

$\mathbf{Tr}\,[M_0]$ について，M_0, M_1, F_0 に関して偏微分を行えば，必要条件として式 (7.123) を得る．

$$\frac{\partial \boldsymbol{H}}{\partial M_0} = N_0 A_F^T + A_F N_0 + A_p N_0 A_p^T + I_n = 0 \qquad (7.123\text{a})$$

$$\frac{\partial \boldsymbol{H}}{\partial M_1} = N_1 A_F^T + A_F N_1 + A_p N_1 A_p^T - (S_1 M_0 N_0 + N_0 M_0 S_1)$$
$$+ S_0 M_1 N_0 + N_0 M_1 S_0 = 0 \qquad (7.123\text{b})$$

$$\frac{1}{2} \cdot \frac{\partial \boldsymbol{H}}{\partial F_0} = R_{00} F_0 N_0 + R_{10} F_0 N_1 + B_0^T (M_0 N_0 + M_1 N_1) = 0 \quad (7.123\text{c})$$

したがって，式 (7.115c)，式 (7.115d) および式 (7.115e) がそれぞれ得られる．

最終的に，もし $N_0 > 0$ が成立し，$(A_F, A_p \mid I_n)$ が完全可観測であれば，補題 3.2 によって，閉ループ確率システムが平均二乗安定であることが示される．

7.3.3 数値計算アルゴリズム

CANMEs (7.115) の解を得るために，さまざまな数値計算アルゴリズムが考えられる．まず，ニュートン法に基づくアルゴリズムを与える．

$$\begin{aligned}
\boldsymbol{x}^{(k+1)} = \boldsymbol{x}^{(k)} &- \left[\nabla \boldsymbol{F}\left(M_0^{(k)}, M_1^{(k)}, N_0^{(k)}, N_1^{(k)}, F_0^{(k)}\right) \right]^{-1} \\
&\times \begin{bmatrix} \text{vec}\boldsymbol{F}_1\left(M_0^{(k)}, M_1^{(k)}, N_0^{(k)}, N_1^{(k)}, F_0^{(k)}\right) \\ \vdots \\ \text{vec}\boldsymbol{F}_5\left(M_0^{(k)}, M_1^{(k)}, N_0^{(k)}, N_1^{(k)}, F_0^{(k)}\right) \end{bmatrix}
\end{aligned} \qquad (7.124)$$

ただし

$$\begin{aligned}
&\nabla \boldsymbol{F}\left(M_0, M_1, N_0, N_1, F_0\right) \\
&:= \frac{\partial}{\partial \boldsymbol{x}^T} \begin{bmatrix} \text{vec}\boldsymbol{F}_1 & \text{vec}\boldsymbol{F}_2 & \text{vec}\boldsymbol{F}_3 & \text{vec}\boldsymbol{F}_4 & \text{vec}\boldsymbol{F}_5 \end{bmatrix} \\
&= \begin{bmatrix} \Xi_{11} & \Xi_{12} & 0 & 0 & \Xi_{15} \\ 0 & \Xi_{11} & 0 & 0 & \Xi_{25} \\ 0 & \Xi_{32} & \Xi_{11}^T & 0 & \Xi_{35} \\ \Xi_{32} & \Xi_{42} & \Xi_{12}^T & \Xi_{11}^T & \Xi_{45} \\ \Xi_{51} & \Xi_{52} & \Xi_{53} & \Xi_{54} & \Xi_{55} \end{bmatrix}
\end{aligned}$$

$$\boldsymbol{x} := \begin{bmatrix} \text{vec}M_0 \\ \text{vec}M_1 \\ \text{vec}N_0 \\ \text{vec}N_1 \\ \text{vec}F_0 \end{bmatrix}, \quad \boldsymbol{x}^{(k)} := \begin{bmatrix} \text{vec}M_0^{(k)} \\ \text{vec}M_1^{(k)} \\ \text{vec}N_0^{(k)} \\ \text{vec}N_1^{(k)} \\ \text{vec}F_0^{(k)} \end{bmatrix}$$

$\Xi_{11} = I_n \otimes A_F^T + A_F^T \otimes I_n + A_p^T \otimes A_p^T$

$\Xi_{12} = I_n \otimes (S_0 M_1 - S_1 M_0)^T + (S_0 M_1 - S_1 M_0)^T \otimes I_n$

$\Xi_{15} = I_n \otimes (B_0^T M_0 + R_{00} F_0)^T) + \left[B_0^T M_0 + R_{00} F_0)^T \otimes I_n \right] U_{m_0 n}$

$\Xi_{25} = I_n \otimes (B_0^T M_1 + R_{10} F_0)^T) + \left[(B_0^T M_1 + R_{10} F_0)^T \otimes I_n \right] U_{m_0 n}$

$\Xi_{32} = -S_1 \otimes N_0 - N_0 \otimes S_1, \ \Xi_{35} = N_0 \otimes B_0 + \left[B_0 \otimes N_0 \right] U_{m_0 n}$

$\Xi_{42} = -S_1 \otimes N_1 - N_1 \otimes S_1 + S_0 \otimes N_0 + N_0 \otimes S_0$

$\Xi_{45} = N_1 \otimes B_0 + \left[B_0 \otimes N_1 \right] U_{m_0 n}, \ \Xi_{51} = N_0 \otimes B_0^T, \ \Xi_{52} = N_1 \otimes B_0^T$

$\Xi_{53} = I_n \otimes (R_{00} F_0 + B_0^T M_0), \ \Xi_{54} = I_n \otimes (R_{10} F_0 + B_0^T M_1)$

$\Xi_{55} = N_0 \otimes R_{00} + N_1 \otimes R_{10}, \ A_F = A + B_0 F_0 - S_1 M_1$

$\boldsymbol{F}_1 = M_0 A_F + A_F^T M_0 + A_p^T M_0 A_p + Q_{F_0} = 0$

$\boldsymbol{F}_2 = M_1 A_F + A_F^T M_1 + A_p^T M_1 A_p + Q_{F_1} = 0$

$\boldsymbol{F}_3 = N_0 A_F^T + A_F N_0 + A_p N_0 A_p^T + I_n = 0$

$\boldsymbol{F}_4 = N_1 A_F^T + A_F N_1 + A_p N_1 A_p^T - (S_1 M_0 N_0 + N_0 M_0 S_1)$
$\qquad + S_0 M_1 N_0 + N_0 M_1 S_0 = 0$

$\boldsymbol{F}_5 = R_{00} F_0 N_0 + R_{10} F_0 N_1 + B_0^T (M_0 N_0 + M_1 N_1) = 0$

上記のアルゴリズムを，一般化連立リアプノフ代数方程式に変換すれば，式 (7.125) を得る。

$$M_0^{(k+1)} A_F^{(k)} + A_F^{(k)T} M_0^{(k+1)} + A_p^T M_0^{(k+1)} A_p$$

$$+ M_1^{(k+1)}(S_0 M_1^{(k)} - S_1 M_0^{(k)}) + (S_0 M_1^{(k)} - S_1 M_0^{(k)})^T M_1^{(k+1)}$$
$$+ F_0^{(k+1)T}(B_0^T M_0^{(k)} + R_{00} F_0^{(k)}) + (B_0^T M_0^{(k)} + R_{00} F_0^{(k)})^T F_0^{(k+1)}$$
$$+ \boldsymbol{L}_1^{(k)} = 0 \qquad (7.125\text{a})$$
$$M_1^{(k+1)} A_F^{(k)} + A_F^{(k)T} M_1^{(k+1)} + A_p^T M_1^{(k+1)} A_p$$
$$+ (B_0^T M_1^{(k)} + R_{10} F_0^{(k)})^T F_0^{(k+1)} + F_0^{(k+1)T}(B_0^T M_1^{(k)} + R_{10} F_0^{(k)})$$
$$+ \boldsymbol{L}_2^{(k)} = 0 \qquad (7.125\text{b})$$
$$- N_0^{(k)} M_1^{(k+1)} S_1 - S_1 M_1^{(k+1)} N_0^{(k)}$$
$$+ N_0^{(k+1)} A_F^{(k)T} + A_F^{(k)} N_0^{(k+1)} + A_p N_0^{(k+1)} A_p^T$$
$$+ N_0^{(k)} F_0^{(k+1)T} B_0^T + B_0 F_0^{(k+1)} N_0^{(k)} + \boldsymbol{L}_3^{(k)} = 0 \qquad (7.125\text{c})$$
$$- S_1 M_0^{(k+1)} N_0^{(k)} - N_0^{(k)} M_0^{(k+1)} S_1$$
$$- N_1^{(k)} M_1^{(k+1)} S_1 - S_1 M_1^{(k+1)} N_1^{(k)}$$
$$+ S_0 M_1^{(k+1)} N_0^{(k)} + N_0^{(k)} M_1^{(k+1)} S_0$$
$$+ N_0^{(k+1)}(S_0 M_1^{(k)} - S_1 M_0^{(k)})^T + (S_0 M_1^{(k)} - S_1 M_0^{(k)}) N_0^{(k+1)}$$
$$+ N_1^{(k+1)} A_F^{(k)T} + A_F^{(k)} N_1^{(k+1)} + A_p N_1^{(k+1)} A_p^T$$
$$+ N_1^{(k)} F_0^{(k+1)T} B_0^T + B_0 F_0^{(k+1)} N_1^{(k)} + \boldsymbol{L}_4^{(k)} = 0 \qquad (7.125\text{d})$$
$$B_0^T M_0^{(k+1)} N_0^{(k)} + B_0^T M_1^{(k+1)} N_1^{(k)}$$
$$+ (R_{00} F_0^{(k)} + B_0^T M_0^{(k)}) N_0^{(k+1)} + (R_{10} F_0^{(k)} + B_0^T M_1^{(k)}) N_1^{(k+1)}$$
$$+ R_{00} F_0^{(k+1)} N_0^{(k)} + R_{10} F_0^{(k+1)} N_1^{(k)} - \boldsymbol{L}_5^{(k)} = 0 \qquad (7.125\text{e})$$

ただし

$$\boldsymbol{L}_1^{(k)} = M_1^{(k)} S_1 M_0^{(k)} + M_0^{(k)} S_1 M_1^{(k)} - M_1^{(k)} S_0 M_1^{(k)}$$
$$\quad - F_0^{(k)T} B_0^T M_0^{(k)} - M_0^{(k)} B_0 F_0^{(k)} - F_0^{(k)T} R_{00} F_0^{(k)} + Q_0$$
$$\boldsymbol{L}_2^{(k)} = M_1^{(k)} S_1 M_1^{(k)} - F_0^{(k)T} B_0^T M_1^{(k)} - M_1^{(k)} B_0 F_0^{(k)}$$
$$\quad - F_0^{(k)T} R_{10} F_0^{(k)} + Q_1$$

$$\begin{aligned}
\boldsymbol{L}_3^{(k)} &= N_0^{(k)} M_1^{(k)} S_1 + S_1 M_1^{(k)} N_0^{(k)} \\
&\quad + N_0^{(k)} F_0^{(k)T} B_0^T + B_0 F_0^{(k)} N_0^{(k)} + I_n \\
\boldsymbol{L}_4^{(k)} &= N_1^{(k)} M_1^{(k)} S_1 + S_1 M_1^{(k)} N_1^{(k)} + N_0^{(k)} M_0^{(k)} S_1 + S_1 M_0^{(k)} N_0^{(k)} \\
&\quad - N_0^{(k)} M_1^{(k)} S_0 - S_0 M_1^{(k)} N_0^{(k)} - N_1^{(k)} F_0^{(k)T} B_0^T - B_0 F_0^{(k)} N_1^{(k)} \\
\boldsymbol{L}_5^{(k)} &= R_{00} F_0^{(k)} N_0^{(k)} + R_{10} F_0^{(k)} N_1^{(k)} + B_0^T M_0^{(k)} N_0^{(k)} + B_0^T M_1^{(k)} N_1^{(k)}
\end{aligned}$$

さらに，初期値 $M_1^{(0)}$, $M_0^{(0)}$, $N_\rho^{(0)}$, $N_0^{(0)}$ および $F_0^{(0)}$ は，閉ループシステムが平均二乗安定となるように選ばれる．

ニュートン法は，必要とされる解と初期値が十分近ければ，二次収束を保証する．しかしながら，そのような初期値を見つけることは一般的に困難である．さらに，ニュートン法を適用するときは，ヤコビ行列 $\nabla \boldsymbol{F}$ の計算を伴う．ここで扱ったプレーヤは，リーダとフォロワの二人だけなので，計算は比較的簡単に行えるが，フォロワの数が一般の N 人になった場合[55]，計算は非常に複雑性をきわめる．そこで，この複雑性を回避するために，確率リアプノフ代数方程式によるアルゴリズムの適用が有効である．このアルゴリズムは，確定系のナッシュ均衡戦略を得るためのリアプノフ再帰的法[56]による．式 (7.126) に，リアプノフ再帰的法によるアルゴリズムを与える．

$$M_0^{(k+1)} A_F^{(k)} + A_F^{(k)T} M_0^{(k+1)} + A_p^T M_0^{(k+1)} A_p + Q_{F_0}^{(k)} = 0 \quad (7.126\text{a})$$

$$M_1^{(k+1)} A_F^{(k)} + A_F^{(k)T} M_1^{(k+1)} + A_p^T M_1^{(k+1)} A_p + Q_{F_1}^{(k)} = 0 \quad (7.126\text{b})$$

$$N_0^{(k+1)} A_F^{(k)T} + A_F^{(k)} N_0^{(k+1)} + A_p N_0^{(k+1)} A_p^T + I_n = 0 \quad (7.126\text{c})$$

$$\begin{aligned}
&N_1^{(k+1)} A_F^{(k)T} + A_F^{(k)} N_1^{(k+1)} + A_p N_1^{(k+1)} A_p^T \\
&\quad - (S_1 M_0^{(k)} N_0^{(k)} + N_0^{(k)} M_0^{(k)} S_1) \\
&\quad + S_0 M_1^{(k)} N_0^{(k)} + N_0^{(k)} M_1^{(k)} S_0 = 0
\end{aligned} \quad (7.126\text{d})$$

$$\begin{aligned}
&R_{00} F_0^{(k+1)} N_0^{(k)} + R_{10} F_0^{(k+1)} N_1^{(k)} \\
&\quad + B_0^T (M_0^{(k)} N_0^{(k)} + M_1^{(k)} N_1^{(k)}) = 0
\end{aligned} \quad (7.126\text{e})$$

ただし

$$F_1^{(k)} := -R_{11}^{-1} B_1^T M_1^{(k)}, \quad A_F^{(k)} := A + B_0 F_0^{(k)} - S_1 M_1^{(k)}$$

$$Q_{F_0}^{(k)} := Q_0 + F_0^{(k)T} R_{00} F_0^{(k)} + M_1^{(k)} S_0 M_1^{(k)}$$

$$Q_{F_1}^{(k)} := Q_1 + F_0^{(k)T} R_{10} F_0^{(k)} + M_1^{(k)} S_1 M_1^{(k)}$$

ただし，初期値は，ニュートン法 (7.125) と同一でかまわない。

リアプノフ再帰的法によるアルゴリズム (7.126) は，確率リアプノフ代数方程式に基づくため，線形計算のみで実装できる点で，非常に有用である。しかしながら，収束の保証がないことに注意されたい。最後に，LMI に基づく SDP を利用したアルゴリズムを紹介する。

Step 1. 閉ループシステムが平均二乗安定となるように $F_0^{(0)}$ を選択する。

Step 2. LMI (7.127b) を拘束条件にもつ以下の SDP 問題を解く。

$$\max_{M_1^{(k+1)}} \mathbf{Tr}\ [M_1^{(k+1)}] \tag{7.127a}$$

$$\text{s.t.}\ \begin{bmatrix} \Phi_1(M_1^{(k+1)}) & M_1^{(k+1)} B_1 \\ B_1^T M_1^{(k+1)} & R_{11} \end{bmatrix} \geq 0 \tag{7.127b}$$

ただし

$$\Phi_1(M_1^{(k+1)}) = M_1^{(k+1)} A_{F_0}^{(k)} + A_{F_0}^{(k)T} M_1^{(k+1)} + A_p^T M_1^{(k+1)} A_p$$
$$+ Q_1 + F_0^{(k)T} R_{10} F_0^{(k)}$$

$$A_{F_0}^{(k)} = A + B_0 F_0^{(k)}$$

Step 3. LMI (7.128b) を拘束条件にもつ以下の SDP 問題を解く。

$$\max_{M_0^{(k+1)}} \mathbf{Tr}\ [M_0^{(k+1)}] \tag{7.128a}$$

$$\text{s.t.}\ M_0^{(k+1)} A_F^{(k)} + A_F^{(k)T} M_0^{(k+1)}$$
$$+ A_p^T M_0^{(k+1)} A_p + Q_{F_0}^{(k)} \geq 0 \tag{7.128b}$$

ただし

$$A_F^{(k)} = A + B_0 F_0^{(k)} - S_1 M_1^{(k)}$$
$$Q_{F_0}^{(k)} = Q_0 + F_0^{(k)T} R_{00} F_0^{(k)} + M_1^{(k)} S_0 M_1^{(k)}$$

Step 4. LMI (7.129b) を拘束条件にもつ以下の SDP 問題を解く。

$$\max_{N_0^{(k+1)}} \mathbf{Tr}\,[N_0^{(k+1)}] \tag{7.129a}$$

$$\text{s.t.}\ N_0^{(k+1)} A_F^{(k)T} + A_F^{(k)} N_0^{(k+1)} + A_p N_0^{(k+1)} A_p^T + I_n \geqq 0 \tag{7.129b}$$

Step 5. LMI (7.130b) を拘束条件にもつ以下の SDP 問題を解く。

$$\max_{N_1^{(k+1)}} \mathbf{Tr}\,[N_1^{(k+1)}] \tag{7.130a}$$

$$\text{s.t.}\ N_1^{(k+1)} A_F^{(k)T} + A_F^{(k)} N_1^{(k+1)} + A_p N_1 A_p^{(k+1)T}$$
$$- (S_1 M_0^{(k)} N_1^{(k)} + N_1^{(k)} M_0^{(k)} S_1)$$
$$+ S_0 M_1^{(k)} N_1^{(k)} + N_1^{(k)} M_1^{(k)} S_0 \geqq 0 \tag{7.130b}$$

Step 6. $F_0^{(k+1)}$ を以下によって求める。

$$\mathrm{vec}\,F_0^{(k+1)} = \left(N_0^{(k)} \otimes R_{00} + N_1^{(k)} \otimes R_{10}\right)^{-1}$$
$$\times \mathrm{vec}\left[B_0^T \left(M_0^{(k+1)} N_0^{(k+1)} + M_1^{(k+1)} N_1^{(k+1)}\right)\right] \tag{7.131}$$

Step 7. ある十分小さな ε に対して，収束条件 $\|F_0^{(k+1)} - F_0^{(k)}\| < \varepsilon$ を満足した場合，収束解として $F_0^{(k+1)}$ を採用する。逆に，収束条件を満足しない場合，$n \to n+1$ として，**Step 2** へ戻る。以上の操作を収束条件を満足するまで繰り返す。一方，収束しない場合は，解がないと判断する。

SDP に基づく数値計算アルゴリズムは，実装が容易である反面，収束の保証がない。しかしながら，実際に使用した場合，収束することが確認されており[55]，実用上，非常に有用である。

7.3.4 数　値　例

提案された数値解法の有用性を検証するため，簡単な数値例をあげる．

$$A = \begin{bmatrix} 0 & 1 \\ -1 & -3 \end{bmatrix}, \ B_0 = \begin{bmatrix} 0.1 \\ 0.2 \end{bmatrix}, \ B_1 = \begin{bmatrix} 0 \\ 1 \end{bmatrix}$$

$$A_p = \begin{bmatrix} 0.1 & 0.05 \\ 0.05 & 0.1 \end{bmatrix}, \ Q_0 = \begin{bmatrix} 1 & 0 \\ 0 & 3 \end{bmatrix}, \ Q_1 = \begin{bmatrix} 1 & 0 \\ 0 & 2 \end{bmatrix}$$

$$R_{00} = 2, \ R_{01} = 1, \ R_{10} = 2, \ R_{11} = 0.5$$

ここでは，ニュートン法，確率リアプノフ再帰的法，SDPによる3種類の方法によって，解を計算する．3種類とも，以下の共通の解が得られる．

$$M_0 = \begin{bmatrix} 2.1119 & 4.3749 \times 10^{-1} \\ 4.3749 \times 10^{-1} & 5.9459 \times 10^{-1} \end{bmatrix}$$

$$M_1 = \begin{bmatrix} 1.7832 & 3.6358 \times 10^{-1} \\ 3.6358 \times 10^{-1} & 4.0170 \times 10^{-1} \end{bmatrix}$$

$$N_0 = \begin{bmatrix} 1.2719 & -4.8982 \times 10^{-1} \\ -4.8982 \times 10^{-1} & 3.5643 \times 10^{-1} \end{bmatrix}$$

$$N_1 = \begin{bmatrix} 2.7754 \times 10^{-1} & 2.6202 \times 10^{-3} \\ 2.6202 \times 10^{-3} & -3.6496 \times 10^{-2} \end{bmatrix}$$

$$F_0 = \begin{bmatrix} -1.4254 \times 10^{-1} & -7.3407 \times 10^{-2} \end{bmatrix}$$

$$F_1 = \begin{bmatrix} -7.2716 \times 10^{-1} & -8.0340 \times 10^{-1} \end{bmatrix}$$

収束回数については，それぞれ，ニュートン法を利用した場合7回，確率リアプノフ再帰的法を利用した場合12回，SDPを利用した場合39回であった．ただし，収束の判定は，$\|F_0^{(k+1)} - F_0^{(k)}\| < 10^{-11}$ であり，初期値は以下のとおりである．

$$F_0^{(0)} = \begin{bmatrix} -1 & -1 \end{bmatrix}$$

$$M_1^{(0)} A_D^{(0)} + A_D^{(0)T} M_1^{(0)} - M_1^{(0)} S_1 M_1^{(0)} + Q_{F_1}^{(0)} = 0$$

$$M_0^{(0)} A_F^{(0)} + A_F^{(0)T} M_0^{(0)} + Q_{F_0}^{(0)} = 0$$

$$N_0^{(0)} A_F^{(0)T} + A_F^{(0)} N_0^{(0)} + I_n = 0$$

$$N_1^{(0)} A_F^{(0)T} + A_F^{(0)} N_1^{(0)} - \left(S_1 M_0^{(0)} N_0^{(0)} + N_0^{(0)} M_0^{(0)} S_1 \right)$$

$$+ S_0 M_1^{(0)} N_0^{(0)} + N_0^{(0)} M_1^{(0)} S_0 = 0$$

$$A_D^{(0)} = A + B_0 F_0^{(0)}, \quad A_F^{(0)} = A + B_0 F_0^{(0)} - S_1 M_1^{(0)}$$

$$Q_{F_0}^{(0)} = Q_0 + F_0^{(0)T} R_{00} F_0^{(0)} + M_1^{(0)} S_0 M_1^{(0)}$$

$$Q_{F_1}^{(0)} = Q_1 + F_0^{(0)T} R_{10} F_0^{(0)}$$

ニュートン法を利用した場合が，最も早く収束したが，ヤコビ行列の計算を必要とするため，行列の次元が大きくなると，計算時間を要する点で，最良の方法とは言い難い．SDPを利用した場合は，収束回数が最も多く，計算時間も要するため，注意が必要である．さらに，収束するとは限らない点に注意が必要である．確率リアプノフ再帰的法を利用した場合は，収束回数こそ，ニュートン法には及ばないものの，計算時間に差はほとんどなく，さらに，係数行列の次元が大きくなっても，計算時間の増大にはそれほど影響はない．したがって，この三つのアルゴリズムの中では，最良の方法と考えられる．ただし，SDPを利用したアルゴリズム同様，収束の保証がないことに注意が必要である．

7.4 min-max戦略：サドルポイント均衡

H_∞ 制御が盛んに研究されたころ，従来，解析手法として動的ゲーム理論での手法が応用されていた[17),57),58)]．H_∞ 制御は，二次形式評価関数に基づく動的ゲーム理論と関係しており，以下のように解釈できることが知られている．
システム外乱 $w_1(t)$ と検出雑音 $w_2(t)$ の加わった線形システム (7.132)

$$\dot{x}(t) = Ax(t) + B_1 w_1(t) + B_2 u(t), \quad x(0) = 0 \tag{7.132a}$$

$$y(t) = Cx(t) + Dw_2(t) \tag{7.132b}$$

に対して，二次評価関数を定義する。

$$J(u,w) := \int_0^\infty \left[x^T(t)Qx(t) + u^T(t)Ru(t) - \gamma^2 w^T(t)w(t) \right] dt \tag{7.133a}$$

$$w(t) := \left[\begin{array}{c} w_1(t) \\ w_2(t) \end{array} \right] \tag{7.133b}$$

ただし，$Q = Q^T \geqq 0, R = R^T > 0$

最悪な外生信号 $w(t)$ に対して評価関数の値を最小にする最適制御問題を考える。上記の評価関数の中に $-\gamma^2 w^T(t)w(t)$ の項が含まれている点に注意してほしい。すなわち，この最適制御問題は，制御入力 $u(t)$ は評価関数 J を小さくしようとし，これに対して，外生信号 $w(t)$ は J を大きくしようとする。これは，外生信号 $w(t)$ に対する最悪ケース設計問題となっており，動的ゲーム問題の安定化解が適当な仮定のもと，H_∞ 制御問題の中心解となることが知られている[57]。数学的な解釈として，鞍点定理[59]が基礎となっており，式 (7.134) のように定義される戦略集合を形成する。

$$J(u^*, w) \leqq J(u^*, w^*) \leqq J(u, w^*) \tag{7.134}$$

ただし，$w^*(t)$ は最悪外乱である。

一般に，式 (7.134) において，(u^*, w^*) を鞍点という。通常，鞍点は，多変数関数の変域の中で，ある方向で見れば極大値となり，別の方向で見れば極小値となる点を指す。ゲーム理論の鞍点というと，式 (7.134) を満足する戦略組 (u^*, w^*) のことである。

つぎに，式 (7.133a) の評価関数について，制御目的は

$$\int_0^\infty \left[x^T(t)Qx(t) + u^T(t)Ru(t) \right] dt \leqq \gamma^2 \int_0^\infty w^T(t)w(t) dt \tag{7.135}$$

として γ を最小にするように努力することが多い。しかし，式 (7.133) のように定義することにより，問題を簡略化し，$w(t)$ の拘束を緩めることによって LQR 問題にもとづく動的ゲーム問題として定式化できることに注意されたい。これらの拡張として，弱拘束確率ナッシュ均衡戦略が扱われた[58),60),61)]。

7.4.1 弱拘束確率ナッシュ均衡戦略問題

7.3 節では，制御入力 $u^*(t,x)$ と最悪外乱 $w^*(t,x)$ の均衡状態として定義される混合 H_2/H_∞ 制御問題を考察した。しかし，制御入力 $u^*(t,x)$ であるプレーヤが複数存在する場合，同様な均衡状態を定義することは難しい。そこで，複数のプレーヤの戦略に対し，最悪外乱 $w^*(t,x)$ を求めておき，その後，ナッシュ均衡と同様に，プレーヤどうしの均衡状態を実現することができる。このように求められた戦略を弱拘束ナッシュ均衡戦略と呼んでいるが[60)]，以下では，確率システムに関する戦略について概略を述べる[61)]。

式 (7.136) の線形時不変システムを考える[61)]。

$$dx(t) = \left[Ax(t) + \sum_{j=1}^{N} B_j u_j(t) + Ev(t) \right] dt + A_p x(t) w(t), \ x(0) = x_0$$

(7.136)

ただし，$x(t) \in \mathbb{R}^n$ は状態ベクトル，$u_i(t) \in \mathbb{R}^{m_i}$ はプレーヤ i $(i=1,\cdots,N)$ の制御入力をそれぞれ表す。$v(t) \in \mathbb{R}^l$ は確定外乱とする。$w(t) \in \mathbb{R}$ は一次元標準ウィナー過程である。初期値 $x(0) = x_0$ は，$\mathbb{E}[x(0)x^T(0)] = I_n$ を満足する任意の確定値である[53),54)]。

つぎに，式 (7.137) の評価関数を定義する。

$$J_i(u_1,\cdots,u_N,v,x(0))$$
$$= \mathbb{E}\left[\int_0^\infty \left[x^T(t)Q_i x(t) + \sum_{j=1}^{N} u_j^T(t) R_{ij} u_j(t) - v^T(t) V_i v(t) \right] dt \right]$$

(7.137)

ただし，$i = 1,\cdots,N, i \neq j, Q_i = Q_i^T, R_{ii} = R_{ii}^T > 0, R_{ij} = R_{ij}^T \geqq 0$ であ

る．このとき，$J_i(u_1, \cdots, u_N, v, x(0))$ に対して，修正した以下の評価関数を定義する．

$$\bar{J}_i(u_1, \cdots, u_N, x(0)) := \sup_{v \in L_2^l(0, \infty)} J_i(K_1 x, \cdots, K_N x, v, x(0)) \quad (7.138)$$

このとき，弱拘束確率ナッシュ均衡解は，不等式 (7.139) を満足する戦略対 $(u_1^*, \cdots, u_N^*)$ である[61]．

$$\bar{J}_i(u_1^*, \cdots, u_N^*, x(0))$$
$$\leqq \bar{J}_i(u_1^*, \cdots, u_{i-1}^*, u_i, u_{i+1}^*, \cdots, u_N^*, x(0)) \quad (7.139)$$

7.4.2 主　要　結　果

以下の結果が知られている．

定理 7.11 連立型リカッチ代数方程式 (7.140a) と連立型行列不等式 (7.140b) に対して，準正定対称解 $P_i \geqq 0$ と対称解 W_i が存在すると仮定する．

$$P_i \boldsymbol{A} + \boldsymbol{A}^T P_i + A_p^T P_i A_p - P_i S_i P_i$$
$$+ \sum_{j=1,\, j\neq i}^{N} P_j S_{ij} P_j + P_i M_i P_i + Q_i = 0 \quad (7.140a)$$

$$W_i \boldsymbol{A} + \boldsymbol{A}^T W_i + A_p^T W_i A_p - W_i S_i W_i$$
$$+ \sum_{j=1,\, j\neq i}^{N} P_j S_{ij} P_j + Q_i \geqq 0 \quad (7.140b)$$

ただし，$i = 1, \cdots, N$

$$\boldsymbol{A} := A - \sum_{j=1,\, j\neq i}^{N} S_j P_j, \ S_i := B_i R_{ii}^{-1} B_i^T$$

$$S_{ij} := B_j R_{jj}^{-1} R_{ij} R_{jj}^{-1} B_j^T, \ i \neq j, \ M_i := E V_i^{-1} E^T$$

また，戦略集合 $(K_1^*, \cdots, K_N^*)$ を以下によって定義する．

$$u_i^*(t) := K_i^* x(t) = -R_{ii}^{-1} B_i^T P_i x(t), \ i = 1, \cdots, N \quad (7.141)$$

このとき，閉ループ系は安定かつ戦略集合 $(K_1^*, \cdots, K_N^*)$ は，弱拘束確率ナッシュ均衡戦略と呼ばれる．さらに

$$\bar{J}_i(K_1^* x, \cdots, K_N^* x, x(0)) = \mathbb{E}[x^T(0) P_i x(0)] \quad (7.142)$$

を満足する．

まず，注意しなければならない点として，Q_i の準正定性を仮定していないことである．すなわち，対称行列でありさえすればよい[5),60)]．実際にこのような条件が経済問題で現れることが知られている[5)]．つぎに，この問題では，H_∞ 制御特有の設計パラメータ γ は含まれていないが，この設計パラメータ γ を含む強拘束確率ナッシュ均衡戦略も考えることが可能である[60)]．最後に，数値解を求めるためのアルゴリズムについては，文献61) を参照されたい．

7.5 ま と め

動的ゲーム理論における基本的な結果から最新の研究成果までを紹介した．紙面の都合上，詳細な証明や関連するトピックまで十分に扱えなかったが，解説記事[62)]や，適宜この章で引用された文献を追うなどして補足可能であろう．また，近年では，確率インセンティブスタッケルベルグ戦略に関しても精力的に研究されている[63)~65)]．

著者の経験からシステム理論での動的ゲーム理論がよく扱われている雑誌として IEEE TAC や Automatica のほか，J. Optimization Theory Applications が非常に助けになるであろう[6),7),59),60)]．また，動的ゲーム理論を専門的に扱っている国際学会（ISDG[66)]）も存在するので，最近のトレンドに関して参考にしてほしい．

従来よりこの分野の研究において，戦略組の存在性やその性質，どの解を選

択するかといった基本的な問題から，確定的・確率的不確定要素に対するロバスト性解析に至るまで，まだまだ多くの問題が山積みである。さらには，実システムに対する応用はほとんど手つかずの状態である。少しでもこの分野での研究者が増え，活性化することを願ってやまない。

引用・参考文献

1 章
1) 児玉, 須田：システム制御理論のためのマトリクス理論, 計測自動制御学会 (1978)
2) J. R. Magnus and H. Neudecker: Matrix Differential Calculus with Applications in Statistics and Econometrics, John Wiley and Sons, New York (1999)
3) 藤田, 今野, 田邉：岩波講座 応用数学–最適化法, 岩波書店 (1994)
4) 福島雅夫：非線形最適化の基礎, 朝倉書店 (2001)
5) 金谷健一：これなら分かる最適化数学, 共立出版 (2005)
6) 杉原, 室田：数値計算法の数理, 岩波書店 (1994)
7) 井村順一：システム制御のための安定論, コロナ社 (2000)
8) システム制御情報学会（編），西村, 狩野（著）：制御のためのマトリクス・リカッチ方程式, 朝倉書店 (1996)
9) 岩崎徹也：LMI と制御, 昭晃堂 (1997)
10) 蛯原義雄：LMI によるシステム制御–ロバスト制御系設計のための体系的アプローチ–, 森北出版 (2012)
11) ミニ特集「ロバスト制御–H_∞ 制御を中心にして」, 計測と制御, **29**, 2 (1990)
12) ミニ特集「実用期を迎えたロバスト制御」, 計測と制御, **30**, 8 (1991)
13) 前田, 杉江：アドバンスト制御のためのシステム制御理論, 朝倉書店 (1990)
14) SICE 夏期セミナー–新しい制御理論に基づく制御系設計法–テキスト, 計測自動制御学会 (1993)
15) SICE セミナー–ロバスト制御入門–テキスト, 計測自動制御学会 (1998)
16) G. Zames: Feedback and optimal sensitivity: Model reference transformations, multiplicative seminorms, and approximate inverses, IEEE Trans. Automatic Control, **26**, 2, pp.301–320 (1981)
17) K. Glover and J. C. Doyle: State-space formulae for stabilizing controllers that satisfy an H_∞ norm bound and relations to risk sensitivity, System and Control Letters, **11**, 2, pp.167–172 (1988)
18) J. C. Doyle, K. Glover, P. P. Khargonekar, and B. A. Francis: State space solution to standard H_2, and H_∞ control problems, IEEE Trans. Automatic Control, **34**, 8, pp.831–847 (1989)
19) 広中平祐（編）：現代数理科学辞典, 大阪書籍 (1991)

20) 占部, 佐々木：微分・積分教科書, 共立出版 (1965)
21) 佐藤, 横手：基礎課程 微分積分学, 森北出版 (1975)
22) 杉浦光夫：解析入門 II, 東京大学出版会 (1985)
23) 阿部, 岩本, 島, 向谷：専門基礎 微分積分学, 培風館 (2017)
24) 篠崎, 松森, 吉田：変分学入門, 現代工学社 (1991)
25) 太田, 兼田, 沖田, 米澤, 小林, 奥山, 山口, 水上：自動制御, 朝倉書店 (1984)

2 章

1) N. Wiener（著）, 池原, 永, 室賀, 戸田（訳）：ウィーナー サイバネティックス−動物と機械における制御と通信, 岩波書店 (2011)
2) 砂原善文：確率システム理論, コロナ社 (1979)
3) 砂原善文（編）：確率システム理論 II, 朝倉書店 (1982)
4) B. Øksendal（著）, 谷口説男（訳）：確率微分方程式−入門から応用まで, シュプリンガーフェアラーク東京 (1999)
5) 佐藤訓志：あるクラスの非線形確率システムの安定化について（マクロ経済動学と非線形数理）, 数理解析研究所講究録, **1899**, pp.65–77 (2014)
6) 佐藤, 藤本：力学系の性質を利用した非線形確率システムの制御, 計測と制御, **50**, 11, pp.981–986 (2011)
7) 大住晃：確率システム入門, 朝倉書店 (2002)
8) 山本有作：計算ファイナンスの基礎 (2009), http://www.na.scitec.kobe-u.ac.jp/~yamamoto/lectures/special_lecture_IIc/special_lecture_IIc_091021.PDF, 2017 年 10 月参照
9) 白田由香利：演繹推論法によるブラック＝ショールズ方程式の導出, 学習院大学経済論集, **50**, 3, pp.43–55 (2013)
10) I. R. Petersen, V. A. Ugrinovskii, and A. V. Savkin: Robust Control Design Using H^∞ Methods, Springer-Verlag, London (2000)
11) V. A. Ugrinovskii: Robust H_∞ control in the presence of stochastic uncertainty, Int. J. Control, 71, 2, pp.219–237 (1998)
12) O. I. Elgerd and C. E. Fosha, Jr.: Optimum megawatt-frequency control of multiarea electric energy systems, IEEE Trans. Power Apparatus and Systems, **PAS-89**, 4, pp.556–563 (1970)
13) 松田健：電力・社会システム, 東芝レビュー, **59**, 3, pp.58–75 (2004)
14) 向谷博明：弱結合大規模確率システムのための Nash 均衡戦略, 計測自動制御学会論文集, **44**, 3, pp.260–268 (2008)
15) Z. Gajic, D. Petkovski, and X. Shen: Singularly Perturbed and Weakly Coupled Linear Control Systems—A Recursive Approach, Lecture Notes in Control and Information Sciences, **140**, Springer-Verlag, Berlin (1990)
16) 伊藤清：確率論, 岩波書店 (1953)

17) 森平，小島：コンピュテーショナルファイナンス，朝倉書店 (1997)
18) 成田清正：確率解析への誘い：確率微分方程式の基礎と応用，共立出版 (2016)
19) X. Mao: Stochastic Differential Equations and Applications, Woodhead Publishing, Cambridge (2007)
20) V. N. Afanasiev, V. B. Kolmanovskii, and V. R. Nosov: Mathematical Theory of Control Systems Design, Kluwer Academic Publishers, Netherlands (1996)
21) 土屋，橋本：Rotation invariant α-stable process から導かれる SDE のオイラー丸山近似の収束について，数理解析研究所講究録，**1855**, pp.229–235 (2013)

3 章

1) B. S. Chen and W. Zhang: Stochastic H_2/H_∞ control with state-dependent noise, IEEE Trans. Automatic Control, **49**, 1, pp.45–57 (2004)
2) 大住晃：確率システム入門，朝倉書店 (2002)
3) M. A. Rami and X. Y. Zhou: Linear matrix inequalities, Riccati equations, and indefinite stochastic linear quadratic controls, IEEE Trans. Automatic Control, **45**, 6, pp.1131–1143 (2000)
4) W. Zhang, Y. Huang, and L. Xie: Infinite horizon stochastic H_2/H_∞ control for discrete-time systems with state and disturbance dependent noise, Automatica, **44**, 9, pp. 2306–2316 (2008)
5) Y. Huang, W. Zhang, and H. Zhang: Infinite horizon linear quadratic optimal control for discrete-time stochastic systems, Asian J. Control, **10**, 5, pp.608–615 (2008)
6) Y. Li, W. Zhang, and X. Liu: Stability of nonlinear stochastic discrete-time systems, J. Applied Mathematics, **2013**, Article ID 356746, 8 pages, http://dx.doi.org/10.1155/2013/356746 (2013)
7) M. Ahmed, H. Mukaidani, and T. Shima: H_∞-constrained incentive Stackelberg games for discrete-time stochastic systems with multiple followers, IET Control Theory & Appllications, **11**, 15, pp.2475–2485 (2017)
8) S. Boyd, L. E. Ghaoui, E. Feron, and V. Balakrishnan: Linear Matrix Inequalities in System and Control Theory, SIAM, Philadelphia (1994)
9) V. Dragan, T. Morozan, and A.-M. Stoica: Mathematical Methods in Robust Control of Linear Stochastic Systems, Springer-Verlag, New York (2013)
10) W. Zhang, L. Xie, and B.-S. Chen: Stochastic H_2/H_∞ Control, CRC Press (2017)

4 章

1) D. L. Kleinman: On an iterative technique for Riccati equation computa-

tions, IEEE Trans. Automatic Control, **13**, 1, pp.114–115 (1968)
2) A. J. Laub: A Schur method for solving algebraic Riccati equations, IEEE Trans. Automatic Control, **24**, 6, pp.913–921 (1979)
3) S. Bittanti, A. J. Laub, and J. C. Willems: The Riccati Equation, Springer-Verlag, Berlin (1991)
4) J. M. Ortega: Numerical analysis, A second course, SIAM, Philadelphia (1990)
5) 森, 名取, 鳥居：岩波講座 情報科学-18 数値計算, 岩波書店 (1982)
6) V. Ionescu, C. Oară, and M. Weiss: Generalized Riccati Theory and Robust Control, John Wiley and Sons, New York (1999)
7) M. A. Rami and L. E. Ghaoui: LMI Optimization for Nonstandard Riccati Equations Arising in Stochastic Control, IEEE Trans. Automatic Control, **41**, 11, pp.1666–1671 (1996)
8) Z. Gajic, D. Petkovski, and X. Shen: Singularly Perturbed and Weakly Coupled Linear Control Systems—A Recursive Approach, Lecture Notes in Control and Information Sciences, **140**, Springer-Verlag, Berlin (1990)
9) 岩崎徹也：LMI と制御, 昭晃堂 (1997)
10) H. Mukaidani, H. Xu, and V. Dragan: Static Output-Feedback Incentive Stackelberg Game for Discrete-Time Markov Jump Linear Stochastic Systems with External Disturbance, IEEE Control Systems Letters, **2**, 4, pp.701–706 (2018)
11) O. L. V. Costa and R. P. Marques: Maximal and stabilizing Hermitian solutions for discrete-time coupled algebraic Riccati equations, Mathematics of Control, Signals and Systems, **12**, 2, pp.167–195 (1999)

5 章

1) M. Mariton: Jump Linear Systems in Automatic Control, Marcel Dekker, New York (1990)
2) V. Dragan, T. Morozan, and A.-M. Stoica: Mathematical Methods in Robust Control of Linear Stochastic Systems, Springer, New York (2006)
3) E.-K. Boukas: Stochastic Switching Systems, Birkhäuser, Boston (2006)
4) Y. Huang, W. Zhang, and G. Feng: Infinite horizon H_2/H_∞ control for stochastic systems with Markovian jumps, Automatica, **44**, 3, pp.857–863 (2008)
5) H. Liu, E.-K. Boukas, F. Sun, and D. W. C. Ho: Controller design for Markov jumping systems subject to actuator saturation, Automatica, **42**, 3, pp.459–465 (2006)
6) K. S. Narendra and S. S. Tripathi: Identification and optimization of aircraft

dynamics, J. Aircraft, **10**, 4, pp.193–199 (1973)
7) H. Mukaidani, L. Cai, and X. Shen: Stable queue management for supporting TCP flow over wireless networks, Proc. IEEE Int. Conf. Communications, USB Memory, Kyoto, Japan (2011)
8) S. Sathananthana, O. Adetonab, C. Beanea, and L. H. Keela: Feedback stabilization of Markov jump linear systems with time-varying delay, Stochastic Analysis and Applications, **26**, 3, pp.577–594 (2008)
9) X. Li, X. Y. Zhou, and M. A. Rami: Indefinite stochastic linear quadratic control with Markovian jumps in infinite time horizon, J. Global Optimization, **27**, pp.149–175 (2003)
10) L. E. Ghaoui and M. A. Rami: Robust state-feedback stabilization of jump linear systems via LMIs, Int. J. Robust and Nonlinear Control, **6**, 9-10, pp.1015–1022 (1996)
11) H. Ma, W. Zhang, and T. Hou: Infinite horizon H_2/H_∞ control for discrete-time time-varying Markov jump systems with multiplicative noise, Automatica, **48**, 7, pp.1447–1454 (2012)
12) X. Guan, J. Wu, C. Long, and P. Shi: Resilient guaranteed cost control for uncertain discrete linear jump systems, Int. J. Systems Science, **34**, 4, pp.283–292 (2010)
13) H. Sun, L. Jiang, and W. Zhang: Feedback control on Nash equilibrium for discrete-time stochastic systems with Markovian jumps: Finite-horizon case, Int. J. Control, Automation and Systems, **10**, 5, pp.940–946 (2012)
14) T. Hou and H. Ma: Exponential stability for discrete-time infinite Markov jump systems, IEEE Trans. Automatic Control, **61**, 12, pp.4241–4246 (2016)
15) V. Dragan, T. Morozan, and A.-M. Stoica: Mathematical Methods in Robust Control of Linear Stochastic Systems, Springer-Verlag, New York (2013)

6 章

1) G. N. Saridis and C.-S. G. Lee: An approximation theory of optimal control for trainable manipulators, IEEE Trans. Systems, Man and Cybernetics, **9**, 3, pp.152–159 (1979)
2) F.-Y. Wang and G. N. Saridis: On successive approximation of optimal control of stochastic dynamic systems, Int. Series in Operations Research & Management Science, **46**, pp.333–358 (1979)
3) M. G. Crandall and P.-L. Lions: Two approximations of solutions of Hamilton-Jacobi equations, Mathematics of Computation, **43**, 167, pp.1–19 (1984)
4) C. W. Shu and S. Osher: High-order essentially nonoscillatory schemes for

Hamilton-Jacobi equations, SIAM J. Numerical Analysis, **28**, 4, pp.907–922 (1991)
5) T. J. Barth and J. A. Sethian: Numerical schemes for the Hamilton-Jacobi and level set equations on triangulated domains, J. Computational Physics, **145**, 1, pp.1–40 (1998)
6) R. Abgrall: Numerical discretization of the first-order Hamilton-Jacobi equation on triangular meshes, Communications on Pure and Applied Mathematics, **49**, 12, pp.1339–1373 (1996)
7) W. M. Lukes: Optimal regulation of nonlinear dynamical systems, SIAM J. Control, **7**, 1, pp.75–100 (1969)
8) E. Zeidler: Nonlinear Functional Analysis and Its Applications, II/A: Linear Monotone Operators, Springer-Verlag, Berlin (1990)
9) R. W. Beard, G. N. Saridis, and J. T. Wen: Galerkin approximations of the generalized Hamilton-Jacobi-Bellman equation, Automatica, **33**, 12, pp.2159–2177 (1997)
10) R. W. Beard, G. N. Saridis, and J. T. Wen: Approximate solutions to the time-invariant Hamilton-Jacobi-Bellman equation, J. Optimization Theory and Applications, **96**, 3, pp.589–626 (1998)
11) 水野, 藤本：Chebyshev 多項式を用いた Hamilton-Jacobi 方程式の近似計算法, 計測自動制御学会論文集, **44**, 2, pp.113–118 (2008)
12) M. Bando and H. Yamakawa: New Lambert algorithm using the Hamilton-Jacobi-Bellman Equation, J. Guidance, Control, and Dynamics, **33**, 3, pp.1000–1008 (2010)
13) S. Satoh, H. J. Kappen, and M. Saeki: An iterative method for nonlinear stochastic optimal control based on path integrals, IEEE Trans. Automatic Control, **62**, 1, pp.262–276 (2017)
14) H. Mukaidani: Nonlinear stochastic H_2/H_∞ control with multiple decision makers, Proc. 52nd IEEE Conf. Decision and Control, pp.1186–1191, Florence, Italy (2013)
15) M. Sagara, H. Mukaidani, M. Unno, and H. Xu: Nonlinear stochastic dynamic Games, Proc. 5th Int. Symp. Advanced Control of Industrial Processes, pp.79–84, Hiroshima, Japan (2014)
16) M. Ishikawa: Optimal strategies for vaccination using the stochastic SIRV model, Trans. Institute of Systems, Control and Information Engineers, **25**, 12, pp.343–348 (2012)
17) M. Ishikawa: Optimal vaccination strategy under saturated treatment using the stochastic SIR model, Trans. Institute of Systems, Control and Information Engineers, **26**, 11, pp.382–388 (2013)

18) J. Ma, P. Protter, and J. Yong: Solving forward-backward stochastic differential equations explicitly—A four step scheme, Probability Theory and Related Fields, **98**, 3, pp.339–359 (1994)
19) 佐藤訓志：あるクラスの非線形確率システムの安定化について（マクロ経済動学と非線形数理），数理解析研究所講究録，**1899**, pp.65–77 (2014)
20) H. J. Kushner: Stochastic Stability and Control, Academic Press, New York (1967)
21) W. Zhang, H. Zhang, and B. S. Chen: Stochastic H_2/H_∞ control with (x, u, v)-dependent noise: Finite horizon case, Automatica, **42**, 11, pp.1891–1898 (2006)
22) W. Zhang and G. Feng: Nonlinear stochastic H_2/H_∞ control with (x, u, v)-dependent noise: Infinite horizon case, IEEE Trans. Automatic Control, **53**, 5, pp.1323–1328 (2008)
23) W. Zhang and B. S. Chen: State feedback H_∞ control for a class of nonlinear stochastic systems, SIAM J. Control and Optimization, **44**, 6, pp.1973–1991 (2006)
24) 土屋, 橋本：Rotation invariant α-stable process から導かれる SDE のオイラー丸山近似の収束について，数理解析研究所講究録，**1855**, pp.229–235 (2013)
25) H. Ito and Y. Nishimura: Stability of stochastic nonlinear systems in cascade with not necessarily unbounded decay rates, Automatica, **62**, 12, pp.51–64 (2015)
26) H. Ito and Y. Nishimura: An iISS framework for stochastic robustness of interconnected nonlinear systems, IEEE Trans. Automatic Control, **61**, 6, pp.1508–1523 (2016)

7 章

1) 鈴木光男：新装版 ゲーム理論入門，共立出版 (2003)
2) 山田雄二：金融工学と制御，計測と制御，**46**, 3, pp.185–191 (2007)
3) Q. Lin: A BSDE approach to Nash equilibrium payoffs for stochastic differential games with nonlinear cost functionals, Stochastic Processes and their Applications, **122**, 1, pp.357–385 (2012)
4) T. Basar and G. J. Olsder: Dynamic noncooperative game theory, second edition, SIAM, Philadelphia (1999)
5) J. C. Engwerda: LQ dynamic Optimization and Differential Games, John Wiley and Sons, Chichester (2005)
6) M. V. Salapaka, P. G. Voulgaris, and M. Dahleh: Controller design to optimize a composite performance measure, J. Optimization Theory Applications, **91**, 1, pp.91–113 (1996)

7) A. W. Starr and Y. C. Ho: Nonzero-sum differential games, J. Optimization Theory Applications, **3**, 3, pp.184–206 (1969)
8) J. V. Medanic: Closed-loop Stackelberg strategies in linear-quadratic problems, IEEE Trans. Automatic Control, **23**, 4, pp.632–637 (1978)
9) H. Mukaidani: Robust guaranteed cost control for uncertain stochastic systems with multiple decision makers, Automatica, **45**, 7, pp.1758–1764 (2009)
10) H. Mukaidani and H. Xu: Pareto optimal strategy for stochastic weakly coupled large scale systems with state dependent system noise, IEEE Trans. Automatic Control, **54**, 9, pp.2244–2250 (2009)
11) M. D. S. Aliyu: Mixed H_2/H_∞ control for state-delayed linear systems and a LMI approach to the solution of coupled AREs, ASME J. Dynamic Systems, Measurement, and Control, **125**, 2, pp.249–253 (2003)
12) M. Jungers, E. B. Castelan, E. de Pieri, and H. Abou-Kandil: Bounded Nash type controls for uncertain linear systems, Automatica, **44**, 7, pp.1874–1879 (2008)
13) G. Freiling, G. Jank, and H. Abou-Kandil: On global existence of solutions to coupled matrix Riccati equations in closed-loop Nash games, IEEE Trans. Automatic Control, **41**, 2, pp.264–269 (1996)
14) T. Y. Li and Z. Gajić: Lyapunov iterations for solving coupled algebraic Lyapunov equations of Nash differential games and algebraic Riccati equations of zero-sum games, New Trends in Dynamic Games and Applications, pp.333–351, Birkhäuser, Boston (1994)
15) H. Mukaidani: A numerical analysis of the Nash strategy for weakly coupled large-scale systems, IEEE Trans. Automatic Control, **51**, 8, pp.1371–1377 (2006)
16) H. Mukaidani: A new design approach for solving linear quadratic Nash games of multiparameter singularly perturbed systems, IEEE Trans. Circuits and Systems I: Regular Paper, **52**, 5, pp.960–974 (2005)
17) 木村, 藤井, 森: ロバスト制御, コロナ社 (1994)
18) M. Jungers, A. L. D. Franco, E. de Pieri, and H. Abou-Kandil: Nash strategy applied to active magnetic bearing control, Proc. 16th IFAC World Congress, IFAC Proceedings Volumes, **38**, 1, pp.165–170 (2005)
19) D. J. N. Limebeer, B. D. O. Anderson, and B. Hendel: A Nash game approach to mixed H_2/H_∞ control, IEEE Trans. Automatic Control, **39**, 1, pp.69–82 (1994)
20) H. Mukaidani, T. Shimomura, and H. Xu: Numerical computation of cross-coupled algebraic Riccati equations related to H_2/H_∞ control problem for singularly perturbed systems, Int. J. Robust and Nonlinear Control, **14**, 8,

pp.697–717 (2004)
21) B. S. Chen and W. Zhang: Stochastic H_2/H_∞ control with (x, u, v)-dependent noise: Finite horizon case, Automatica, **42**, 11, pp.1891–1898 (2006)
22) W. Zhang, Y. Huang, and L. Xie: Infinite horizon stochastic H_2/H_∞ control for discrete-time systems with state and disturbance dependent noise, Automatica, **44**, 9, pp.2306–2316 (2008)
23) H. Mukaidani, H. Xu, T. Yamamoto, and V. Dragan: Static Output feedback H_2/H_∞ control of infinite horizon Markov jump linear stochastic systems with multiple decision makers, Proc. 51st IEEE Conf. Decision and Control, pp.6003–6008, Maui, Hawaii (2012)
24) H. Mukaidani: Nonlinear stochastic H_2/H_∞ control with multiple decision makers, Proc. 52nd IEEE Conf. Decision and Control, pp.1186–1191, Florence, Italy (2013)
25) H. Mukaidani: H_2/H_∞ control problem for stochastic delay systems with multiple decision makers, Proc. 53rd IEEE Conf. Decision and Control, pp.2648–2653, Los Angeles, CA (2014)
26) H. Mukaidani and T. Yamamoto: Finite-horizon H_2/H_∞ control for discrete-time stochastic systems with multiple decision makers, Proc. American Control Conf., pp.1493–1498, Chicago, IL (2015)
27) H. Mukaidani and M. Ahmed: Group differential game approach of H_2/H_∞ for large-scale linear stochastic systems, Proc. American Control Conf., pp.2959–2964, Boston, MA (2016)
28) H. Mukaidani: H_2/H_∞ control of stochastic systems with multiple decision makers: A Stackelberg game approach, Proc. 52nd IEEE Conf. Decision and Control, pp.1750–1755, Florence, Italy (2013)
29) H. Mukaidani: Stackelberg strategy for discrete-time stochastic system and its application to H_2/H_∞ control, Proc. American Control Conf., pp.4488–4493, Portland, OR (2014)
30) Y. Huang, W. Zhang, and G. Feng: Infinite horizon H_2/H_∞ control for stochastic systems with Markovian jumps, Automatica, **44**, 3, pp.857–863 (2008)
31) 向谷博明：弱結合大規模確率システムのための Nash 均衡戦略, 計測自動制御学会論文集, **44**, 3, pp.260–268 (2008)
32) M. Sagara, H. Mukaidani, and T. Yamamoto: Numerical solution of stochastic Nash games with state-dependent noise for weakly coupled large-scale systems, Applied Mathmatics and Computation, **197**, 2, pp.844–857 (2008)
33) M. Sagara, H. Mukaidani, and T. Yamamoto: Recursive computation of

static output feedback stochastic Nash games for weakly-coupled large-scale systems, IEICE Trans. Fundamentals, **E91-A**, 10, pp.3022–3029 (2008)
34) M. Mariton: Jump Linear Systems in Automatic Control, Marcel Dekker, New York (1990)
35) V. Dragan, T. Morozan, and A.-M. Stoica: Mathematical Methods in Robust Control of Linear Stochastic Systems, Springer, New York (2006)
36) 相良, 向谷：弱結合大規模マルコフジャンプ確率システムのためのナッシュゲーム, 電気学会論文誌 C, **131-C**, 3, pp.644–654 (2011)
37) H. Mukaidani and T. Yamamoto: Nash strategy for multiparameter singularly perturbed Markov jump stochastic systems, IET Control Theory & Applications, **6**, 14, pp.2337–2345 (2012)
38) T. Yamamoto: A method for finding sharp error bounds for Newton's method under the Kantorvich assumptions, Numerische Mathematik, **49**, pp.203–220 (1986)
39) J. M. Ortega: Numerical analysis, A second course, SIAM, Philadelphia (1990)
40) L. Mou and J. Yong: Two-person zero-sum linear quadratic stochastic differential games by a Hilbert space method, J. Industrial and Management Optimization, **2**, 1, pp.93–115 (2006)
41) 向谷, 三宅：確率システムにおける有限時間ナッシュゲームの数値解, 電気学会論文誌 C, **135-C**, 7, pp.865–871 (2015)
42) H. Mukaidani, H. Xu, V. Dragan, and T. Yamamoto: Finite-Horizon dynamic games for a class of nonlinear stochastic systems, Proc. 54th IEEE Conf. Decision and Control, pp.519–524, Osaka, Japan (2015)
43) M. Ishikawa: Optimal strategies for vaccination using the stochastic SIRV model, Trans. Institute of Systems, Control and Information Engineers, **25**, 12, pp.343–348 (2012)
44) M. Ishikawa: Optimal vaccination strategy under saturated treatment using the stochastic SIR model, Trans. Institute of Systems, Control and Information Engineers, **26**, 11, pp.382–388 (2013)
45) M. Sagara, H. Mukaidani, M. Unno, and H. Xu: Nonlinear stochastic dynamic Games, Proc. 5th Int. Symp. Advanced Control of Industrial Processes, pp.79–84, Hiroshima, Japan (2014)
46) W. Zhang and G. Feng: Nonlinear stochastic H_2/H_∞ control with (x, u, v)-dependent noise: Infinite horizon case, IEEE Trans. Automatic Control, **53**, 5, pp.1323–1328 (2008)
47) 水野, 藤本：Chebyshev 多項式を用いた Hamilton-Jacobi 方程式の近似計算法, 計測自動制御学会論文集, **44**, 2, pp.113–118 (2008)

48) M. Bando and H. Yamakawa: New Lambert algorithm using the Hamilton-Jacobi-Bellman Equation, J. Guidance, Control, and Dynamics, **33**, 3, pp.1000–1008 (2010)
49) J. Ma, P. Protter, and J. Yong: Solving forward-backward stochastic differential equations explicitly—A four step scheme, Probability Theory and Related Fields, **98**, 3, pp.339–359 (1994)
50) 芹沢，雨宮，伊藤：相模湖と津久井湖におけるアオコ異常発生現象の数理モデル，技術マネジメント研究，No.9, pp.1–14 (2010)
51) H. J. Kushner and P. G. Dupuis: Numerical Methods for Stochastic Control Problems in Continuous Time (Stochastic Modelling and Applied Probability, **24**), Springer-Verlag, New York (1992)
52) W. H. Fleming and H. M. Soner: Controlled Markov Processes and Viscosity Solutions, Springer, New York (2006)
53) B. S. Chen and W. Zhang: Stochastic H_2/H_∞ control with state-dependent noise, IEEE Trans. Automatic Control, **49**, 1, pp.45–57 (2004)
54) M. A. Rami and X. Y. Zhou: Linear matrix inequalities, Riccati equations, and indefinite stochastic linear quadratic controls, IEEE Trans. on Automatic Control, **45**, 6, pp.1131–1143 (2000)
55) H. Mukaidani and H. Xu: Stackelberg strategies for stochastic systems with multiple followers, Automatica, **53**, March, pp.53–59 (2015)
56) Z. Gajic, D. Petkovski, and X. Shen: Singularly Perturbed and Weakly Coupled Linear Control Systems—A Recursive Approach, Lecture Notes in Control and Information Sciences, **140**, Springer-Verlag, Berlin (1990)
57) K. Uchida and M. Fujita: On the central controller: Characterizations via differential games and LEQG control problems, Systems & Control Letters, **13**, 1, pp.9–13 (1989)
58) T. Basar and P. Bernhard: H^∞-Optimal Control and Related Minimax Design Problems: A Dynamic Game Approach, Birkhäuser, Boston, MA (1995)
59) W. Schmitendorf: Optimal control of systems with multiple criteria when disturbances are present, J. Optimization Theory Applications, **27**, 1, pp.135–146 (1979)
60) W. A. V. D. Broek, J. C. Engwerda, and J. M. Schumacher: Robust equilibria in indefinite linear-quadratic differential games, J. Optimization Theory Applications, **119**, 3, pp.565–595 (2003)
61) H. Mukaidani: Soft-constrained stochastic Nash games for weakly coupled large-scale system, Automatica, **45**, 5, pp.1272–1279 (2009)
62) 向谷博明：動的ゲーム理論とロバスト性, 計測と制御, **48**, 9, pp.718–723 (2009)
63) H. Mukaidani: Infinite-horizon team-optimal incentive Stackelberg games

for linear stochastic systems, IEICE Trans. Fundamentals of Electronics, Communications and Computer Sciences, **E99-A**, 9, pp.1721–1725 (2016)
64) M. Ahmed, H. Mukaidani, and T. Shima: H_∞-constrained incentive Stackelberg games for discrete-time stochastic systems with multiple followers, IET Control Theory & Applications, **11**, 15, pp.2475–2485 (2017)
65) H. Mukaidani, H. Xu, T. Shima, and V. Dragan: A stochastic multiple-leader-follower incentive Stackelberg strategy for Markov jump linear systems, IEEE Control Systems Letters, **1**, 2, pp.250–255 (2017)
66) The International Society of Dynamic Games (ISDG) http://www.isdg-site.org/, 2019 年 4 月参照

索引

【あ】
安定 20
安定化解 110
鞍点 4, 237
鞍点定理 174, 237

【い】
一次元ウィナー過程 52
一次元ブラウン運動 52
一様安定 20
伊藤の公式 67, 160, 171
伊藤の連鎖則 67

【お】
オイラーの正準方程式 27
オイラー法 17
オイラー・丸山近似 83

【か】
概収束 53
拡散過程 60
拡散係数 60
確率 49
確率安定 77
確率的可検出 146
確率過程 51
確率空間 51
確率積分 59
確率漸近安定 77, 80, 95
確率ハミルトン・ヤコビ・ベルマン方程式 154
確率微分方程式 60
確率変数 52
確率リアプノフ関数 154

確率リアプノフ代数方程式 90, 96
価値関数 159
完全可観測 89

【き】
幾何ブラウン運動 69
擬似上三角行列 107
基本行列 96, 141
強平均二乗指数安定 96, 141
局所的確率漸近安定 78
局所的リプシッツ条件 76
局所リプシッツ 169
極値 4
許容集合 11

【く】
グラディエント 2
クロネッカ積 7

【け】
ゲーム理論 185

【こ】
コルモゴルフの後退方程式 71
根源事象 49

【さ】
最急降下法 17
最大原理 26
最大値原理 40
裁定取引 73
最適解 12
最適性の原理 30, 159

最適レギュレータ 25, 155
雑音 51

【し】
σ-加法族 49
次元の呪い 175
試行 49
事象 49
指数安定 23
実行可能解 12
実シュール分解 109
集中質量ガラーキン近似 174
シュール分解 107
シュール法 105
シュール補題 100, 131, 145
首座小行列式 2
準（半）正定 23
準（半）正定値対称行列 3
準（半）負定値対称行列 3

【す】
随伴変数 27
スタッケルベルグ均衡戦略 185
スペクトル 122

【せ】
正規白色雑音 58
正定 23
正定値対称行列 3
制約条件 12
漸近安定 20
線形行列不等式 45
線形増大条件 76

索引

【そ】
相補性条件 15

【た】
大域的確率漸近安定 78
大域的最適解 12
大域的指数安定 23

【ち】
置換行列 8
逐次近似 174
蓄積関数 170

【て】
ディニ微分 127
停留点 4
ディンキンの公式 80

【と】
等式制約 12
動的計画法 26
動的ゲーム 185
凸最適化問題 45
ドリフト係数 60

【な】
ナッシュ均衡戦略 185
ナブラ 2

【に】
二次形式 5

【は】
ハミルトニアン関数 27
ハミルトン・ヤコビ・
　ベルマン方程式 31, 153
パレート解 187
パレート改善 187
パレート効率性 186
パレート最適戦略 185
パレートフロンティア 187
半正定値計画問題
　46, 94, 113

【ひ】
非線形確率有界実補題 169
微分ゲーム 185
標準ウィナー過程 53
標準ブラウン運動 53
標本空間 49
標本点 49
標本路 52

【ふ】
ファインマン・カッツの
　公式 175
確率不安定 77
不安定 20
フィルタ付き確率空間 51
フィルトレーション 51
4ステップスキーム 153, 214
不確定現象 51
負定値対称行列 3
ブラック・ショールズの
　偏微分方程式 73
ブラック・ショールズ
　モデル 61
プロパ 40

【へ】
平均二乗指数安定 78
平均二乗安定 85
平均二乗安定化可能 88
平均二乗漸近安定 88, 227
平衡解 20, 77
ヘッシアン 2
ヘッセ行列 2, 179

ヘッセンベルグ行列 108
変動率 62

【ほ】
ボラティリティ 62

【ま】
マルコフ過程 53
マルチンゲール 54

【む】
無限小生成作用素
　71, 127, 154
無裁定条件 73

【も】
目的関数 11

【や】
ヤコビ行列 17

【ゆ】
唯一強解 169
有限体積法 175

【ら】
ラグランジュ乗数 13, 15
ランジュバン方程式 84

【り】
リーマン・スティルチェス
　積分 59
リカッチ代数方程式 30
リカッチ微分方程式 29
リプシッツ定数 76

【れ】
連立型 FBSDEs 210
連立型 SHJBEs 212

【F】

F_t–可測 55
F_t–適合 55
FBSDEs 153

【H】

HJBE 31, 153

【K】

KKT 条件 14

【M】

min-max 戦略 174

【P】

p 乗モーメント指数安定 78
p 乗モーメント大域的
　漸近安定 78

【Q】

QR 法 107

【S】

SHJBE 154, 159

―― 著者略歴 ――

- 1992年　広島大学総合科学部総合科学科数理情報科学コース卒業
- 1994年　広島大学大学院工学研究科博士課程前期修了（情報工学専攻）
- 1997年　広島大学大学院工学研究科博士課程後期修了（情報工学専攻），博士（工学）
- 1998年　広島市立大学助手
- 2002年　広島大学講師
- 2005年　広島大学助教授
- 2007年　広島大学准教授
- 2012年　広島大学教授
- 　　　　現在に至る

確率システムにおける制御理論
Control Theory of Stochastic Systems　　　　　Ⓒ Hiroaki Mukaidani 2019

2019 年 7 月 3 日　初版第 1 刷発行

検印省略	著　者	向　谷　博　明
	発行者	株式会社　コロナ社
		代表者　牛来真也
	印刷所	三美印刷株式会社
	製本所	有限会社　愛千製本所

112-0011　東京都文京区千石 4-46-10
発行所　株式会社　コ ロ ナ 社
CORONA PUBLISHING CO., LTD.
Tokyo Japan
振替 00140-8-14844・電話(03)3941-3131(代)
ホームページ　http://www.coronasha.co.jp

ISBN 978-4-339-02836-2 C3355　Printed in Japan　　　　（新井）

JCOPY ＜出版者著作権管理機構 委託出版物＞
本書の無断複製は著作権法上での例外を除き禁じられています。複製される場合は、そのつど事前に、出版者著作権管理機構（電話 03-5244-5088, FAX 03-5244-5089, e-mail: info@jcopy.or.jp）の許諾を得てください。

本書のコピー、スキャン、デジタル化等の無断複製・転載は著作権法上での例外を除き禁じられています。購入者以外の第三者による本書の電子データ化及び電子書籍化は、いかなる場合も認めていません。
落丁・乱丁はお取替えいたします。

計測・制御テクノロジーシリーズ

(各巻A5判,欠番は品切または未発行です)

■計測自動制御学会 編

	配本順		著者	頁	本体
1.	(9回)	計測技術の基礎	山﨑 弘郎・田中 充 共著	254	3600円
2.	(8回)	センシングのための情報と数理	出口 光一郎・本多 敏 共著	172	2400円
3.	(11回)	センサの基本と実用回路	中沢 信明・松井 利一・山田 功 共著	192	2800円
4.	(17回)	計測のための統計	寺本 顕武・椿 広計 共著	288	3900円
5.	(5回)	産業応用計測技術	黒森 健一他著	216	2900円
6.	(16回)	量子力学的手法によるシステムと制御	伊丹・松井・乾・全 共著	256	3400円
7.	(13回)	フィードバック制御	荒木 光彦・細江 繁幸 共著	200	2800円
9.	(15回)	システム同定	和田 隆広・田中・奥 大松 共著	264	3600円
11.	(4回)	プロセス制御	高津 春雄 編著	232	3200円
13.	(6回)	ビークル	金井 喜美雄他著	230	3200円
15.	(7回)	信号処理入門	小畑 秀文・浜田 望・田村 安孝 共著	250	3400円
16.	(12回)	知識基盤社会のための人工知能入門	國藤 進・中山 豊・羽田 徹彩 共著	238	3000円
17.	(2回)	システム工学	中森 義輝 著	238	3200円
19.	(3回)	システム制御のための数学	田村 捷利・武藤 康彦・笹川 徹史 共著	220	3000円
20.	(10回)	情報数学 ─組合せと整数およびアルゴリズム解析の数学─	浅野 孝夫 著	252	3300円
21.	(14回)	生体システム工学の基礎	福岡 豊・内山 孝憲・野村 泰伸 共著	252	3200円

定価は本体価格+税です。
定価は変更されることがありますのでご了承下さい。

図書目録進呈◆

システム制御工学シリーズ

（各巻A5判，欠番は品切です）

■編集委員長　池田雅夫
■編集委員　足立修一・梶原宏之・杉江俊治・藤田政之

配本順			頁	本体
2．(1回)	信号とダイナミカルシステム	足立 修一 著	216	2800円
3．(3回)	フィードバック制御入門	杉江 俊治／藤田 政之 共著	236	3000円
4．(6回)	線形システム制御入門	梶原 宏之 著	200	2500円
6．(17回)	システム制御工学演習	杉江 俊治／梶原 宏之 共著	272	3400円
7．(7回)	システム制御のための数学(1) ──線形代数編──	太田 快人 著	266	3200円
8．	システム制御のための数学(2) ──関数解析編──	太田 快人 著		
9．(12回)	多変数システム制御	池田 雅夫／藤崎 泰正 共著	188	2400円
10．(22回)	適応制御	宮里 義彦 著	248	3400円
11．(21回)	実践ロバスト制御	平田 光男 著	228	3100円
13．(5回)	スペースクラフトの制御	木田 隆 著	192	2400円
14．(9回)	プロセス制御システム	大嶋 正裕 著	206	2600円
17．(13回)	システム動力学と振動制御	野波 健蔵 著	208	2800円
18．(14回)	非線形最適制御入門	大塚 敏之 著	232	3000円
19．(15回)	線形システム解析	汐月 哲夫 著	240	3000円
20．(16回)	ハイブリッドシステムの制御	井村 順一／東 俊一／増淵 泉 共著	238	3000円
21．(18回)	システム制御のための最適化理論	延瀬／山部 英／沢 昇 共著	272	3400円
22．(19回)	マルチエージェントシステムの制御	東 俊一／永原 正章 編著	232	3000円
23．(20回)	行列不等式アプローチによる制御系設計	小原 敦美 著	264	3500円

定価は本体価格＋税です。
定価は変更されることがありますのでご了承下さい。

図書目録進呈◆

シリーズ 情報科学における確率モデル

(各巻A5判)

■編集委員長　土肥　正
■編集委員　　栗田多喜夫・岡村寛之

配本順			頁	本体
1 （1回）	統計的パターン認識と判別分析	栗田多喜夫／日高章理 共著	236	3400円
2 （2回）	ボルツマンマシン	恐神貴行 著	220	3200円
3 （3回）	捜索理論における確率モデル	宝崎隆祐／飯田耕司 共著	296	4200円
4 （4回）	マルコフ決定過程 —理論とアルゴリズム—	中出康一 著	202	2900円
5 （5回）	エントロピーの幾何学	田中勝 著	206	3000円
6 （6回）	確率システムにおける制御理論	向谷博明 著	270	3900円
	システム信頼性の数理	大鑄史男 著		
	マルコフ連鎖と計算アルゴリズム	岡村寛之 著		
	確率モデルによる性能評価	笠原正治 著		
	ソフトウェア信頼性のための統計モデリング	土肥正／岡村寛之 共著		
	ファジィ確率モデル	片桐英樹 著		
	高次元データの科学	酒井智弥 著		
	リーマン後の金融工学	木島正明 著		

定価は本体価格+税です。
定価は変更されることがありますのでご了承下さい。

図書目録進呈◆